JN180563

アストロバイオロジー

Astrobiology

地球外生命の可能性

山岸明彦 著

Akihiko Yamagishi

丸善出版

はじめに

もし、あなたが「地球にはすでに宇宙人が来たことがある」と信じているのであれば、この本にはがっかりさせられると思う。

もし、あなたが「地球だけが生命を宿すまれな惑星である」と考えているのであれば、あなたはその考えを変える必要が出てくるかもしれない。

本書では、生命が存在する場として地球がどの程度特殊であるのか、どの程度普通の存在であるのかの検討を試みる。人間の存在、生命の偉大さを否定するものではないが、宇宙規模でみれば「地球だけが特別」という理由は特に見当たらない。もし著者が地球外生命の存在を信じているのかと問われれば、答えは「信じている訳ではないが、地球外生命が存在することを願っている」と答えたい。

本書は、地球外生命がいてほしいと願う読者に、その願いが叶う可能性がどの程度あるのか、いつ頃、どのようにその願いが叶う可能性があるのか、ないのか、一緒に考えていくための本と言える。

サイエンスフィクション（ＳＦ）の世界では、宇宙人の存在は珍しくない。宇宙人は高度な文明と発達した武器を持って地球を攻めてくる。優れたＳＦに登場する宇宙人や文明、武器にはよく考えられた合理的なものもたくさんある。

我々が、フィクションの世界、映画やアニメーション、文学を楽しいと感じるのは、擬似体験をすることによって、自分の経験と知識を豊かにできることにある。そのことが、将来何か未知の事態に遭遇したときに適切な対処を可能にすると、意識的にあるいは無意識的に知っているからであろう。

科学にもその一面がある。科学の知識によって、何が可能で、何が不可能で、何が起きえて、何が起こりえないのかを、あらかじめ知ることができれば、未知の事態に遭遇したときに適切な対処を可能にするだろう。

科学には、フィクションにはない決定的な違いがいくつかある。その一つが、科学では必ず「根拠」が問題になることである。なぜ、そう考えるのかという根拠である。その根拠は、実験や観測によって裏付けられていなければならない。専門家は、必ず実験事実や観測結果に基づいて、こうであるとか、こうでないと結論を出す。本書では、根拠をできる限り記述するように努力している。ただし、本書で扱っている話題はたいへん広い分野にわたっている。私の信頼する研究者の本や発表から得た知識が多いことはご了承いただきたい。

科学研究では同時にあらゆる可能性を検討する。根拠なしに「何かがこうである」と肯定するのは間違っているが、「何かがこうでない」と否定することも同様に間違っている。本書では、科学者が場合によっては無意識に否定してしまいそうなことも、できる限り取り上げるようにした。

しかし、こうした事柄は証拠がないままに幾多の議論が展開されてきた内容でもある。こういう場合でも、証拠のないことを了解したうえでとりあえず議論のたたき台とするのは一向に差し支えないとは思う。また、そこで得られた推論を論拠に何か別の推論を立てて、実験的検証課題とする方法もよいかもしれない。しかし、その推論を別の推論の論拠とするような理論の展開は避けるべきであろう。本書は可能性が高いものは何かという議論をするのが目的である。

とは言っても、どうしても自分の願いを完全にないかのごとく振る舞うことも難しい。筆者が地球外生命の存在を「信じている」のではないかと疑われたとすると、再度科学者としては「信じてはいない」と答えるが、「いてほしいと願っている」ことを否定するつもりはない。地球外生命がもし発見できたとすると、それによって我々の生命の知識は飛躍的に深まり、将来のよりよい予測が可能になるからである。

アストロバイオロジーという分野は、まだ成長過程の研究分野である。しかし、急速に発展を始めた分野でもある。この分野の研究者が、何を考え、何をしようとしているのか。本書ではその一端を紹介したい。

2016年1月

山岸　明彦

目次

第一章　宇宙人は存在するか
――地球外知的生命体の可能性

本書がどのような課題に挑もうとしようとしているか、本書で扱う課題を第一章で紹介する。そもそも、知的生命体を科学的に議論しようとしたとき、何をどのように検討すればよいのか。第一章をそこから始めたい。

1 人類と知性、文明の誕生

どのような生命体か

漫画やテレビ、映画の世界では、宇宙人は珍しくない。たいていの宇宙人は好戦的で高度な技術を持ち、地球を侵略してくる。それは当然で、高度な技術を持たなければはるか数光年以上先からやって来ることはできない。1光年は時間の長さではなく、光で1年かかる距離という意味で、9・4兆キロメートルに相当する。太陽系から一番近い恒星でもその何倍かだけ離れている。また、これだけの距離をやって来る理由が単に興味があるからとか、何か経済的な理由で来るとは思えない。やって来る理由としては、自分の惑星での生存が困難になり、新たな居住地を求めてやって来るのはうなずける。

しかし、実際に宇宙人がやって来る可能性はほとんどないかもしれない。今の地球の持つロケット技術は光速（秒速約30万キロメートル）の数万分の1の速度（秒速約11キロメートル）でしかない。したがって、1光年先へいくためだけに数万年かかることになる。これだけの時間かけて、多数の宇宙人が移動するためには、移動する宇宙船の中に生態系を維持できるシステムがなければならない。これだけの時間、生態系を維持できる技術があるのであれば、もとの自分の惑星にその装置をつくり、生存可能な状態に戻すほうが簡単であろう。ただし、その惑星の太陽が終焉する場合には脱出するしかない。

もちろん、はるか数光年の距離をどの程度の時間でやって来るかは技術水準による。もし、SF映画で実現しているような技術、例えば空間をワープ移動する技術、あるいは空間に孔をあけて移動する技術（ワームホール）が実現するのであれば、数光年の距離を瞬時で移動できる。

しかし侵略してきた宇宙人がもし、そのような技術を持っているのであれば現在の地球の技術水準で立ち向かっても歯が立ちそうにない。地球が占領されてしまうことを甘受するしかないであろう。SF映画ではなぜか、ウイルスや地球環境によって、いわば神風で宇宙人が敗北することになっているが、ウイルスや環境対策は宇宙人にとってははるか過去の解決済みの課題のはずである。そうでなくても、ほかの生命が生存する環境に進出するのであれば、当然予想しておかねばならない事態である。

SF映画の宇宙人はなぜか節足動物型の宇宙人が多い。硬い外骨格を持って銃弾を跳ね返す。寄生昆虫に似て、ヒトに卵を産みつけるのも定番の一つである。にもかかわらず、たいがい2本足で歩き、手を2本持ち、眼と口を持つ頭を持っている。体液がたいがい緑色なのは、赤い血を流すと残酷に見えるので映画を見てよい年齢の制限をしなければならないからかもしれない。

SFによっては、肌の色こそ青だったり紫だったりするが、もっとヒトに近い形をしている。最大の理由は想像力の限界、すなわちあまりに独創的な形態を考えることができない、あるいは考えられたとしてもその独創的生命体に合理的な行動様式を取らせることに限界があるためであろう。しかし、もし本当に宇宙に知的生命体がいるとして、どのような形をしているのだろうか？　我々地球人類と同じような形をしているのだろうか？　また、何でできていて、どれくらいの大きさで、何を食べ、何を飲み、どのような大気中で生存しているのだろうか？

知的生命誕生の条件

ＳＦ映画の宇宙人は空想と想像の世界であるが、現実に高度な科学技術を持つ宇宙人は存在するのだろうか。生命が誕生してから、地球で人類が誕生し、現在の文明に到達するまでに40億年かかっている。このような複雑な体と、脳と、文明を持つ人類がそう簡単に誕生するとはとても思えないと、多くの生物学者は悲観的に考えている。

一方、天文学者や物理学者はもう少し楽観的である。我々の太陽系の属する天の川銀河には１０００億の星があり、おそらくその半分以上には惑星があるので、地球に似た惑星はいくらもある。太陽は、宇宙でも普通に存在する恒星の一つである。地球のような岩石惑星もごくごく普通の惑星である。最も普通の恒星である我々の太陽の、普通の岩石惑星地球に生命が誕生して、文明を持つ人類が誕生したのであるから、なぜほかの恒星のほかの惑星で誕生しないのか。地球が何か特別であるような理由はまったくない。地球外に知的生命が誕生してもまったく不思議でない。天文学者や物理学者でそう考える研究者は少なくない。もっとも、公明正大にそう発言すると、危ない研究者であると陰口をたたかれるので、公の場でそういう発言をする場合にはたいへん注意深い表現になるのが常である。

そもそも知的生命が誕生する前には、まず生命が誕生する必要がある。誕生した生命は十分長い時間、継続する必要がある。地球では今から約40億年前に生命が誕生し、その後20億年間は原核生物と呼ばれる、細菌（バクテリア）の仲間の状態であった。今から20億年ほど前、我々と同じ大型の細胞、真核生物が誕生して、さらに10億年たって多細胞生物が誕生し、進化を始めた。

人類の祖先、アウストラロピテクスの誕生は今から数百万年前、現代人の祖先は数十万年前に誕生した。こうした進化のためにはどのような条件があればよいのか。人類の誕生は極めてまれな偶然なのか。

今から数千年前、人類は文字を使い始めた。メソポタミア、中国、ギリシャ・ローマ、インダスなどの古代文明はいずれも滅びた。人類が電波を使い始めたのは、ほんの100年ほど前のことである。

知的文明誕生のためには、個体と個体の間で情報を交換する手段が必要である。手話やボディ・ランゲージでも問題ない、フグの仲買では市場の担当者と仲買人が袋の中で手と手で手探りで値段をつける。しかし、複雑な情報交換には言葉、すなわち音波がよさそうである。言葉を用いて、お互いの考え、情報を交換することができることによって個体の得る情報量が圧倒的に増えるはずである。音波を用いた言語通信、会話のためには音波を発して、音波を受け取る器官が必要である。

さらに、高度な文明を持つようになった人類は、言葉を記録するための文字を発明した。文字の発明によって、情報は時間を超えて保存されることになる。文字を記載するのには、小回りの効く、詳細な制御のできる器官が必要である。文字を読み取るためには判読する器官、眼や触覚が必要である。こういった器官を発達させるための条件は何なのだろうか。

人類は、ついに通信のための装置を発明した。電波、光を用いて、遠距離で情報を交換することができるようになった。情報を交換するだけでなく、デジタル技術の発展によって、超高速で情報を記録し、それを読み出すことも可能になった。奇跡というしかないのだろうか。本書ではこれに答えるための努力をする。

2 どのような惑星に知的生命が誕生するか

どのような惑星で生命が誕生するか

そもそも、生命が誕生するためにはどのような条件があればよいのか。まず、液体の水がなければ生命は誕生しないと考えられる。我々は水を飲まなければ、やがてひからびて死んでしまう。生命生存可能惑星をハビタブル惑星と呼ぶことが多いが、ハビタブル惑星とは液体の水が存在しうる惑星のことを指す。しかし、液体の水が存在するだけで生命が必ず生存できる訳ではない。NASA（アメリカ航空宇宙局）は生命が生存できる条件として、液体の水のほかにエネルギー源の存在、生物を構成する軽元素すなわち水素、炭素、窒素、酸素、硫黄、リンの存在、それに生命生存可能な環境の四つを指標としている。

そもそも、生命が誕生しないといけないが、生命誕生の条件はよくわかっていない。今から40億年前までは、地球には大きな隕石の衝突が続いていた可能性がある。いったん誕生した生命も死滅してしまったかもしれない。今から38億年前には生命がいた証拠があるので、地球ができてから、1億から2億年の間に生命は誕生した。

どのような生命が誕生するか

最初の生命は、生命が誕生してしばらくの間、おそらく当時大量にたまっていた有機物を取り込んで利用し生育する生命体、従属栄養の細胞であっただろう。しかし、細胞によって利用可能な有機物は使い尽くされ枯渇してくる。すると、それまでは利用できなかった、より単純な構造を持つ有機物を利用できるような細胞が有利となる。単純な有機物も使い尽くすとどうなるか。せっかく誕生した生命も絶滅してしまったかもしれない。

ただし、例えたった1細胞であっても、無機化合物から有機化合物を合成できるようになった細胞ができれば、その細胞は生存に有利になったはずである。無機化合物から有機化合物を合成できる細胞が誕生した。さらに、生命は光をエネルギーとして利用できるようになった。光合成生物の誕生である。光合成で発生する酸素は地球の環境を変えた。酸素の蓄積は、有機物を酸素で酸化して効率よくエネルギーを生み出すことを可能にした。大気中の酸素の蓄積によって大型の細胞を持つ真核生物や多細胞生物の誕生が可能になった。

太陽系外にも液体の水を持つハビタブルな地球とほぼ同じ大きさの惑星が見つかっている。そこでも生命は同じように進化をして同じような知的生命が誕生するのだろうか。

地球の生命とどの程度似ている生命か

地球以外の天体、太陽系外の惑星に生命がそもそもいたとして、その生物は有機物でできているだろうか。有機物の中でもアミノ酸でできているだろうか。遺伝子は持っているだろうか。遺伝子は地球生命と同じようにDNAだろうか。遺伝子はDNAの4種の塩基（文字）で書かれているだろうか。文字は地球生命と同じようにA（アデニン）、C（シトシン）、G（グアニン）、T（チミン）だろうか。

いつも、生命には液体の水が必要と考えられているが、液体の水は本当に生命に不可欠なのか。炭素、水素、酸素、窒素、硫黄、リン。生命を構成する元素はどこの生命でも同じなのだろうか。

我々ヒトは2本の足で立ち、2本の腕で作業をし、畑を耕し、魚を獲り、木を切って家をつくる。コンピュータを操作し、自動車を運転し、ビルを建設する。家では食事をつくり、掃除をし、テレビを見る。もし、地球以外の知的生命体がいたとき、同じような生活をしているのだろうか。

　こうした課題はすべて、アストロバイオロジーの研究課題といえる。天文学に関する知識は急速に増えている。生化学に関連した疑問に関しては、実験的に検討可能になった課題も出てきた。しかし、生物、人類、社会、技術に関した疑問は、ごく一部の研究者がやっとそれが研究課題であると認識するに至った段階にすぎない。本書では、こういった問題を読者と一緒に考えていきたい。

3　どう考えるか――ドレイクの方程式

「地球以外に電波で通信をするような知的生命がいるだろうか」。半世紀以上前に、こんな疑問を正面から考えた研究者たちがいる。今から50年ほど前、当時のトップ研究者10名が集まって、地球以外での知的生命の存在可能性を検討する研究会が開かれた。その研究会の名称は「ドルフィン（イルカ）騎士団」。そこで、議論を主導するフランシス・ドレイクは、銀河系に知的生命が存在する確率を計算する式を提案した。この式はドレイクの方程式と呼ばれている。

ドレイクの方程式の各項

ドレイクの方程式は、銀河系に恒星（太陽系の太陽に相当する）が毎年誕生する数、その恒星が惑星を持つ確率、その中に液体の水を持つ惑星がある確率、そこに生命が誕生する確率、その生命が文明を持つ確率、その文明が電波を利用する確率、これらを項とした方程式である。これらの確率を掛け合わせることで銀河系の中にいる電波を利用する知的生命を宿す惑星の数を計算しようと試みた。

このような確率を掛け合わせれば、どれくらいの確率で生命が誕生して、どれくらいの確率で電波を持つ文明が誕生するかを推定することができる。しかし、それはずっと昔に誕生した文明で、もう絶滅してしまっているかもしれない。今地球文明と同時代にその知的生命が存続していないならば、我々との交信はできない。したがって現在存在する知的文明の数を知るためには、電波文明の平均継続時間、すなわち文明の平均寿命を掛け合わせる必要がある。

1961年、ドルフィン騎士団が得た答えは、10万光年の大きさを持つ銀河の中で電波文明を持つ惑星10個であった。

文明の存続時間

そもそも、ドレイクの式に対する批判は多数あり、批判するのは簡単である。生命が誕生する確率、知的生命が誕生する確率など、そもそも計算しようがないと言われてもしかたがない確率もある。仮に計算したとしても、正確さが極めて悪い。確率は1かもしれないが、0・1かもしれないし、0・01かもしれない。そんな計算をして何になる。そう言いたくなる。

実はこれは、フェルミ推定という方法である。フェルミは物理学者で量子力学の発展に寄与して1938年ノーベル賞を受賞している。フェルミ推定は理学系大学やビジネスでは標準的な思考方法の一つになっている。例えば、「世界に電信柱は何本あるか」のように、どう考えてよいかわからない問題を大雑把でよいので、答えを得ようとするときの考え方である。

この方法は、適切な考え方で十分な情報があれば、それなりの信頼性を持つ答えに到達することができる。しかし、フェルミ推定の重要さは、フェルミ推定を行う過程にある。フェルミ推定を行う過程で、その極めて重要な問いに対して、何がわかっていないのか、その問いに答えるためには何がわかればよいのか、どのようにその答えを得ればよいのか、研究を進めるうえでの指針を与えるということがその重要な役割である。

4　我々の文明は何年間続くのか——人類の未来

人類の未来

ドルフィン騎士団が銀河系での知的生命の存在数を推定するためには、知的文明の寿命を1万年として計算した。古代文明の寿命は数百年から1000年程度、核ミサイルの開発や戦争を行う人類の愚かさを目にすると、1万年というのはかなり楽観的な数字かもしれない。

しかし、ドレイクの方程式の最大の意義は、この方程式が銀河における知的生命の数と知的生命の寿命を結びつけた点にある。もし、将来、地球文明が十分な時間継続して、もし地球文明が隣の文明を検出するだけの技術に達したとき、我々地球文明があとどれくらい継続しうるのか、地球文明の寿命が予測可能になる。

逆に、ある範囲に知的文明を見つけられないときには、銀河系で文明を持つ知的生命の数の上限がわかることになる。するとドレイクの方程式を用いると、知的生命の平均寿命の上限がわかる。銀河にある知的文明が少なければ少ないほど、知的文明の平均寿命は短いことになる。地球の知的文明も平均的な寿命に従うのであれば、あとどれくらいで地球文明が崩壊してしまう危険があるのかを推定できるようになる。もし、ドレイクの計算が正しく、銀河に我々以外の知的生命が存在しないとわかったときには、地球の知的文明の継続時間は100年ということになる。

法則を知る

経済を予測することはまだできない。株や通貨の為替レート、その変動が正確に予測できれば大もうけできるはずである。予測できるかのような本はあるようだが、その著者が大もうけしたという話や、本を信頼して大もうけしたという話はついぞ聞かない。これは予測をするのに十分なほど正確な経済法則がまだわかっていないことを意味している。もっとも予測可能になった段階で、だれもがその予測にしたがって経済行動を始めるので、当初の法則はもはや当てにならなくなるかもしれない。

地震も予測したい事柄の一つである。多くの研究者が、何十年も研究を続けているが、まだ予測の精度は低く、何十年あるいは何百年で何十%の確率というような推定しかできない。

読者は、テレビやネットの天気予報を見て、今日の天気を知って傘を持っていくかどうか、洗濯物を干すかどうか決めていると思う。数十年前までは、天気予報は予測が当たらないことの代名詞であった。数十年前に比べて、計算機の計算速度は何桁も向上し、大気の循環やどのような因子が気圧、温度、雲の発生に影響するのかがかなりよくわかってきた。それらの因子を計算機上に数値で再現して、それらの因果関係を示す式で計算することから、今日の午後、明日の温度や湿度、天気をかなり正確に予測できるようになってきた。

一方、遠くにあっても、太陽系の惑星やその衛星の動きは極めて正確に予測することができる。惑星や衛星の動きを決める法則に関しては極めてよくわかっているからである。

つまり、将来の予測ができるようになるためには、予測したい物事の法則がかなり詳しくわかる必要がある。アストロバイオロジーが天文学、惑星科学、地球科学、生命の起源、地球の歴史と生命の歴史、進化、人類の歴史と文明の歴史を研究するのは、その未来予測をするためとも言える。

生命の進化

今から数十年前、「生命の進化」は科学研究の対象ではないと研究者たちは考えていた。しかし、ワトソン・クリックの二重らせんの発見に始まる遺伝子研究の急速な発展は、進化を遺伝子のレベルで研究することを可能にした。進化は実験できないという批判に対して、遺伝子一つであれば、試験管の中で進化させることはごく簡単な実験になっている。生命の誕生すら、既知の遺伝子を組み合わせてつくる生命であれば近づいている。丸ごと合成した遺伝子を持つ生命はすでに誕生している。生命の誕生や進化が、実験や研究の可能な課題となったことは間違いがない。

研究が進むにつれ、生命がどのように進化してきたのかという証拠は次々と明らかになってきている。いまや多くの生物の全遺伝子配列（ゲノム配列）は解読され、生命がどう進化してきたのかが、ゲノム配列をもとに研究されている。それをもとに過去の生物がどのような遺伝子配列を持っていたかを推定することもできるようになり、それを再現することも不可能ではない。どのような生物からどのような生物が誕生してきたのかについては研究の見通しが立って、今後さらに急速に研究が進展するはずである。

しかし、なぜそのような進化が起きたのかという問いは次の大きな課題である。生命の歴史が、太陽系や地球の歴史と不可分に進化してきたことも明らかになっている。地球が何度か凍結して、その影響が生物進化に及んだことや光合成生物が酸素を大量に発生して、地球環境を大幅に変えたことが、地球の陸地に影響を与えたことなど、地球と生命の歴史は共進化という概念でとらえられるようになってきている。しかし、こうした地球と生命の共進化はなぜ、どういう理由で起きたのか、それは必然なのか偶然なのか。共進化がどのような仕掛けで起きたのかが次の大きな謎である。

何が必要か

こういう研究でいつも投げかけられる批判がある。「だけどそれは、地球での話ですよね」、「地球以外でもみんな同じなのですか」。我々研究者が知りたい疑問、つまり地球以外ではどうなのだろうという同じ疑問が、研究者に投げ返されてしまう。研究者の答えはもちろん「地球以外のことはわからない」でしかない。

問題点は、我々が地球型の生命一例しか知らないことにある。地球ではこうである、地球ではこうであった、地球ではこのように生命が誕生した、地球ではこのように生命が進化した。そこまではわかる。「しかし、それは地球の話ですよね」の一言に沈黙せざるをえない。どこかに生命を発見することはできないのだろうか。もし、地球以外の場所に生命が発見されるならば、こうしたたくさんの疑問に答える道筋ができる。解答不能という状態からの脱出可能性が出てくる。

もし、地球以外で生命が発見されて、その生命も有機物でできていたとしたら、「有機物というのは生命を構築するのに適した材料である」という我々の予測を支える第二の実例が得られることになる。もし、ほかの生命がＤＮＡを持っていたり、もしほかの生命も地球と同じようにアミノ酸を持っていたら、さまざまな解析から、我々の生命のどの性質が宇宙の一般的な性質であり必然なのか、あるいは偶然もたらされた性質なのかが区別できるようになり、「生命とは何か」という生命の一般性に大きく近づくことができる。

文明の崩壊は必然か

同様のことは、知的文明の誕生や崩壊に関しても言えるようになるはずである。地球上で誕生した文明のうち、メソポタミア文明とインダス文明、エジプト文明は崩壊し、その遺跡が砂漠の中に散在するだけとなっている。考古学的解析から、これらの文明の発達した時期には、これらの場所はいずれも、緑豊かな穀倉地帯であったことがわかっている。しかし、低緯度地方、赤道近くに存在するこれらの場所で、農作を行うと塩害という現象が起きてしまう。低緯度地方での農作を行うためには灌漑が不可欠であるが、水の中には低濃度であるが塩が含まれている。水の蒸発によって塩が耕作地に蓄積する。灌漑を続けると塩の蓄積が進み、やがて耕作地は農耕に適さない土地になってしまう。これが過灌漑という現象である。

塩の蓄積が進むと、穀物の耕作には適さなくなる。イネ科の植物はこのような場所にも生育可能で、それを食べる家畜を飼うことはできる。しかし、家畜が増え、イネ科の植物も食べ尽くされると、そこは砂漠となる。環境が支えることのできる密度よりも、多くの家畜を放牧することを過放牧と呼んでいる。土地は過放牧により砂漠化する。低緯度地帯にあった文明は過灌漑による塩害と過放牧で砂漠化し崩壊した可能性がある。

一方、中国文明の崩壊はそれに比べると理由は明確ではない。中国文明は崩壊していないという見方もある。古代中国は森林に覆われていた。森林は伐採され耕作地として利用されるようになる。中国は緯度が比較的高いため、蒸散は低緯度地帯に比べるとかなり低い。しかし、耕作地となった大地から土壌が洗い流されてしまう。中国の中央部を流れる黄河の水が黄色いのは、流出し続ける土壌の色である。土壌流出が文明崩壊のもう一つの理由である。中国西部では砂漠化が進行している。砂漠化の原因は燃料となる木材の伐採である。食物を煮炊きする木材を伐採することによっても砂漠化が進行する。

これらの文明崩壊の共通点は、人間の営みにより、環境が破壊され、生産性が落ち、最後には生産にまったく適さない環境になってしまった点である。現在の人類は技術の発展によって、さまざまな困難を克服することも可能になっているが、低緯度地方における砂漠化の進行を止めることには成功していない。アマゾン地帯に代表されるように密林地帯での伐採と耕作地化も止まることを知らない。大気中二酸化炭素濃度は上昇を続けている。ハワイ島で観測されている、大気中二酸化炭素濃度は1958年以来、増加の一途をたどっている。

人類の崩壊は必然なのだろうか。人類の技術と英知が過去の文明崩壊の誤りの原因を見つけ出し、文明崩壊を止めることができるのだろうか。我々が、将来を正確に予測し、それに対処することができるようになるためには、さまざまな現象の法則を見つけ出し、その法則に従って、さまざまな現象を制御する技術を開発することが必要なはずである。アストロバイオロジーは、こうすべきという道徳や謹言を目指すのではなく、生命の起源から、生命の進化、さらには人類がかかわる現象まで、その現象を分析して、できる限り一般的な法則に近づこうとする学問である。これらの課題のいくつか、宇宙の誕生と進化、その中での元素の誕生と進化に関しては知識の質と量が急速に増加している。太陽系外の惑星を含む、惑星系形成論も少し前の理論を見直す形での研究が急速に進んでいる。生命の進化の研究も遺伝子研究の進化を反映して初期段階を脱して、次の実験研究の段階に入りつつある。考古学や人類学の研究も着実に知識を増やしつつある。こうした成果のうえに立って、これらの学問をつなぐことによって、さまざまな重要課題の解明を目指すのが、アストロバイオロジーである。

5　機械文明こそ我々の未来？

人類の将来はどうなるのか。現代機械文明の発達は、人類の活動を機械によって補助し、置き換えてきている。最初はシャベルやハンマー、鍬《くわ》など単なる道具の利用であった。やがて、さまざまな作業がベルトコンベアや動力ハンマー、トラクターなど動力機械に置き換えられた。情報装置の開発と発達によって、それらは自動機械、ロボットによって置き換えられつつある。自動車製造工場や化学製品製造プラントには、作業員のすがたはほとんどない。点検修理のため以外には、工場やプラントに人の作業は必要ない。通常は、中央管理室で計器盤を監視する監視員が数人いるだけで事足りてしまう。

ＳＦの中には、ロボットによってさまざまな作業が置き換えられた世界が登場する。その究極形がロボットによってロボット生産が行われる世界である。ロボットによってすべてのタイプのロボットが生産される世界はそこまで来ている。もし、ロボットがロボットの性能を変えるための改良も行うようになったとき、ロボットはロボットとして進化を始める段階に到達する。現在はまだＳＦの中、想像の世界の出来事である。しかし、ロボット技術の発達、インターネットの発達、人工知能研究の進行は、近い未来にこうした世界の誕生を予感させている。

新しい世界では、古い世界の法則や原理が役に立たない可能性もある。しかし、人類自らが将来どうなるかを予測しないで破滅への道を突き進むことだけは避けたい。アストロバイオロジーの究極の存在理由はそこにある。

本章では、こうした問題に取り組むうえでの検討課題を列挙した。第二章以降で、それぞれの課題について、できる限りの回答を得るために格闘していく。

コラム　ＳＦに見る人類の未来

第一章では、ＳＦの中から多くの課題を見つけた。人類の近い将来のすがたとして機械が機械を製造する世界がある。現在のオートメーションの工場ではそれに近いすがたがすでに実現していると言える。さらに、ロボットがロボットをつくり出す世界、インターネットによってそれらがつながった世界、ＳＦの世界の出来事ではあるが、日に日に近づいていているように思える。

こうした世界で、人工知能が自己に目覚め、自己保存の「本能」に基づいて人間に対抗を始める世界が映画『２００１年宇宙の旅』以来、多数のフィクションの中にある。人工知能がインターネットでつながれている現在では、人工知能はすべての人類を監視することも可能であるし、軍事装置を支配すれば物理的に人類を支配することも可能になる。こうした人類の将来に対する警鐘がこれらのＳＦには含まれている。

人間の高度な知的活動の中でも、高度でそう簡単に理解できそうにない事柄として「自己」という意識がある。脳神経科学の研究により神経活動は神経線維の電気的な活動であることが明らかになった。神経伝達も一つの神経線維の活動が、ほかの神経線維に化学物質を通して伝えられる現象であることがわかった。記憶についてはまだ不明の点が多いが、神経と神経に新たな神経伝達結合がつくられるためであることがわかりつつある。神経活動がすべて、神経細胞と神経線維のつながりで説明できるのであれば、いかに複雑な高次な神経の機能であってもやがて明らかになると期待されている。

これまでに明らかになった神経活動は、どのように高次の活動であっても、神経の物理化学的な結合で説明できる。もし、その活動をコンピュータの中に再現できるとしたら、我々の思考、記憶は少なくとも保存されるかもしれない。そのときに、我々の存在や自己、自意識といったものも再現されるのだろうか。

第二章　知的生命は誕生するか——知的生命の偶然と必然

本章では、地球の生命進化を考えていく。「地球の生命進化は一度だけである」という言い方がある。一度だけ起きた事象から、理解できることは極めて限られている。1回だけの事象からは、何が特殊で何が一般的なのか、何が偶然で何は必然なのかを区別する術《すべ》はない。

しかし、研究が進むと、まったく同じとは言えないまでも似たような現象が何回も起きていることを発見することができる。進化を研究するうえでは、こうした現象は極めて重要である。そこから、何が特殊で、何が一般的なのかという情報を抽出することが可能になる。

本章では、進化の法則とは言えないまでも、地球における進化を考えるうえでの視点を紹介することにする。進化は決して1回だけではなく、繰り返されることがわかる。

1　生き残った生物たち——偶然と必然

我々の住む社会は、生存競争の世界とも、弱肉強食の世界とも言われる。たくさんの企業が誕生して、また少なからぬ企業が消えていく。これが日々の厳しい現実を見たときの実感と言える。

生物の世界でも多くの同様な現象がある。誕生する種を見ることはほとんどないが、絶滅する種は少なくない。絶滅の代表例は、今から6500万年前の恐竜であろう。それ以外にも多数の絶滅種がある。新生代には大型の哺乳類（剣歯虎、マンモスゾウ、オオツノシカ）が繁栄しやがて絶滅した。現在もニホンカワウソ、ニホンオオカミ、ニホンウナギ、クロマグロなど多くの動植物が、絶滅しあるいは絶滅危惧種とされている。現在は生命史上最大の絶滅期であるとも言われている。しかし、生物は時代を越えて生き続けている。絶滅した種と生き残った種の何が違うのか。まずは、生命の進化史をこの視点で整理し直す。

ウマの進化

教科書に必ず出てくるわかりやすい例は、北アメリカ大陸におけるウマの進化である。北アメリカ大陸の新生代の地層にはウマの化石が多数発見され、詳細な解析が行われている（図2-

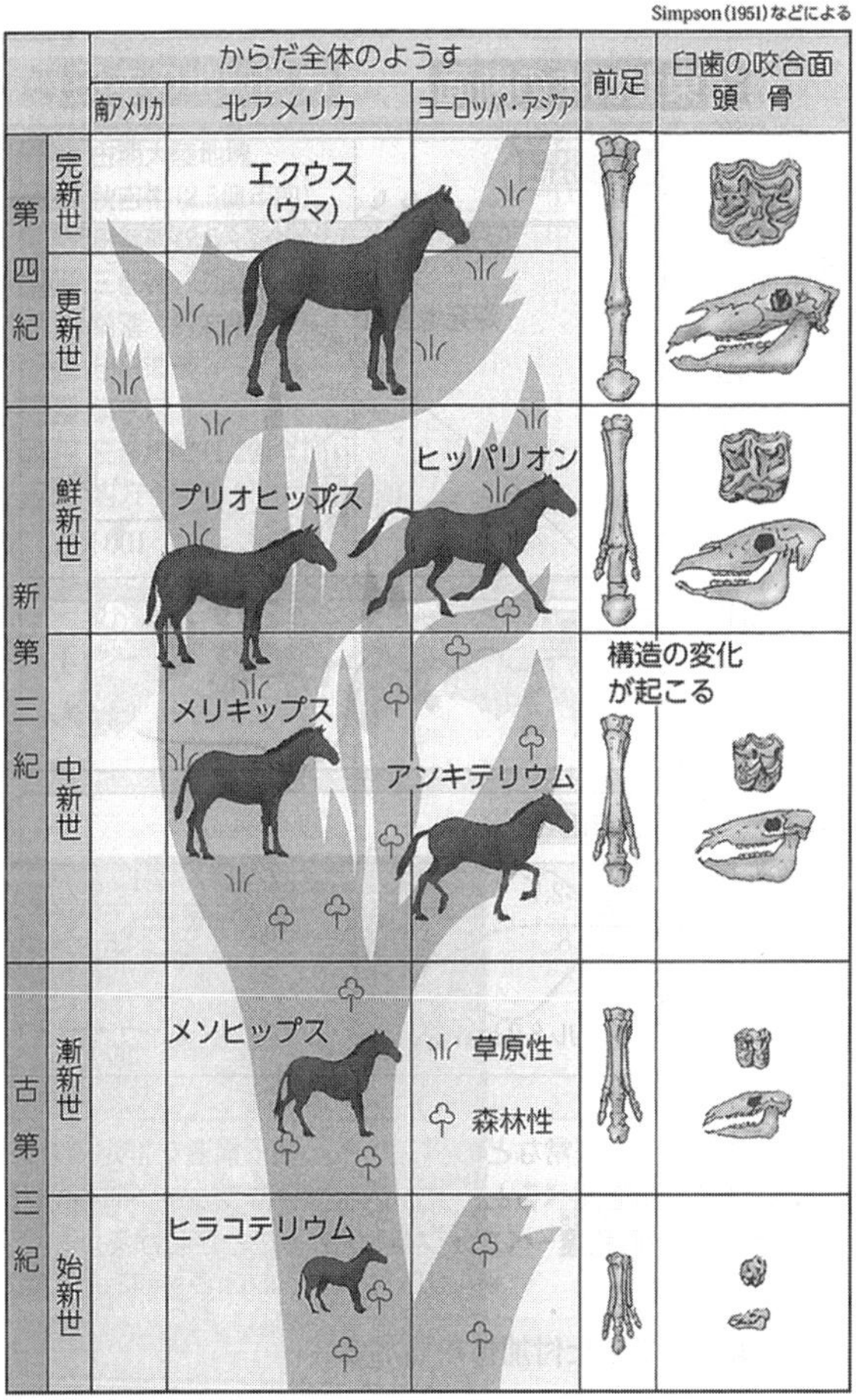

図 2-1　ウマの進化

今から 5,200 万年ほど前のウマは、肩までの高さが 27 cm ほどの大きさしかなく、脚には複数の指があった。現在のウマは 1.5 m ほどある。顎の骨が発達して、大きな臼歯を持っている。

出典：浜島書店編集部『ニューステージ新地学図表』浜島書店、2013 年、147 ページ、J ウマの進化

1）。ウマは環境に適応して生き残った生物の代表と言える。

現在のウマは草原に適応したさまざまな特徴を持っている。体は大型で、足と首が長く、高い位置から遠くの捕食者を見つけ出すことができる。足の指は中指だけが顕著に発達して、中指のツメが蹄《ひづめ》となっている。大きな体と長い足、さらに蹄によって高速で捕食者から逃げることができる。

縦に長い顔は、大きな顎《あご》を支えるためで、大きな顎には発達した臼歯が生えている。これらは、イネ科の植物の硬い組織を噛み砕くために役立つ。

草原にはイネ科の植物が多い。身近に見るイネ科の植物としては、イネやムギのほか、ススキやネコジャラシなど、いずれも細長くとがった葉を持っている。ガラスの成分でもあるケイ酸が葉の細胞壁の成分として含まれていて、たいへん硬い。ウマは大きな臼歯と顎、それに付いた強靭な筋肉でイネ科の植物をすりつぶして食べることができる。

5200万年前頃のウマ（ヒラコテリウム）は現在のウマよりもはるかに小さく、イヌほどの大きさであった。足も、首も短く、顔も今ほど長いウマ面ではなかった。何より、足の指が複数あり、それらで体重を支えていた。当時の北アメリカ大陸は草原ではなく、森林地帯であった。森林では空間に枝が絡み合うので、大型の動物はそれに引っかかってしまう。森林には下草がはえ、表面には落ち葉が積もり柔らかいので、蹄では沈んでしまう。土の表面が柔らかい場所では、指を開いて広い面積で体重を支えるほうが有利である。また、森林に生えている広葉樹はイネ科のようなケイ酸を含んでいないので、柔らかい。強靭な顎と臼歯は必要なかった。

北アメリカ大陸の森林は次第に乾燥して、森林から低木、やがて草原に変わっていった。その過程で、イヌほどの大きさのウマの先祖は現代のウマのすがたに進化していった。これは典型的な適応進化の例と言える。環境が変化する際、環境に最も適応するものが選択され、生き残っていった。

魚類から両生類へ

生物の進化の第一原則は、環境に対する適応である。生物は外界に適応して、進化していく。外界によりよく適応できた個体が生存して、だんだんと形を変えていく。前の項では、その典型例としてウマの説明をした、以下の項目では、もう少し長い時代の進化をいくつか見ていく。

両生類、爬虫類、哺乳類を比較すると、水の中に棲んでいた魚類から陸上生活に適応していく過程を見ることができる。魚類は尾びれ、尻びれ、腹びれ、背びれ、胸びれと呼ばれるいくつかのひれを持ち、これを前後左右に動かすことによって、水中で体の姿勢を保ち、また移動する。これらのうちの二組、胸びれと腹びれの強度が増すとともに、動かす筋肉が発達して肢となり、最初は水際、やがて陸上での移動が可能となった。両生類の誕生である。両生類の肢は体の両側から突き出ているので、体重を効果的に支えることはできない。両生類の仲間は、カエルやイモリ、サンショウウオなどむしろ水中にいる時間が長い生物が大部分である。

両生類の肺は単なる袋で肺の内表面積が小さいため、ガス交換の効率は極めて悪い。大気から酸素を取り込む呼吸作用は、主に体の表面を覆う粘膜の皮膚呼吸によって行われている。粘膜が乾くと皮膚呼吸の効率が低下するので、水を離れることはできない。寒天状の粘液に覆われた卵を産むが、これも乾燥に対する防御機構がほとんどないので、親は水の中あるいは水の上の樹上などに産卵する。両生類は陸に上がることができるようになったものの、水辺を離れることはできない。

両生類から爬虫類へ

両生類と爬虫類を比較すると、爬虫類では陸上への適応が大幅に進んだ。爬虫類の肺にはブドウの房の形をした肺胞が埋まっており、肺の内表面積を大きく増やすことに成功している。したがって、肺から十分な酸素を吸収できるので、粘膜からの皮膚呼吸の必要性はなくなり、硬い鱗《うろこ》で体を覆うことができるようになった。これにより、単に乾燥に耐えるだけでなく、外敵の攻撃からも身を守ることができるようになった。

最も大きく変貌したのは卵の構造である。両生類の卵は、卵細胞が粘液に包まれて、水の中に産卵される。爬虫類の卵は、これとはまったく別物と思ったほうがよい。一番目を引くのは卵の硬い殻で、これで乾燥から内部を守ることができる。殻の内側には、発生する途中の子供（胚）を保育する仕組みが仕込まれている。両生類の卵細胞が産み落とされるのに比べると、爬虫類の

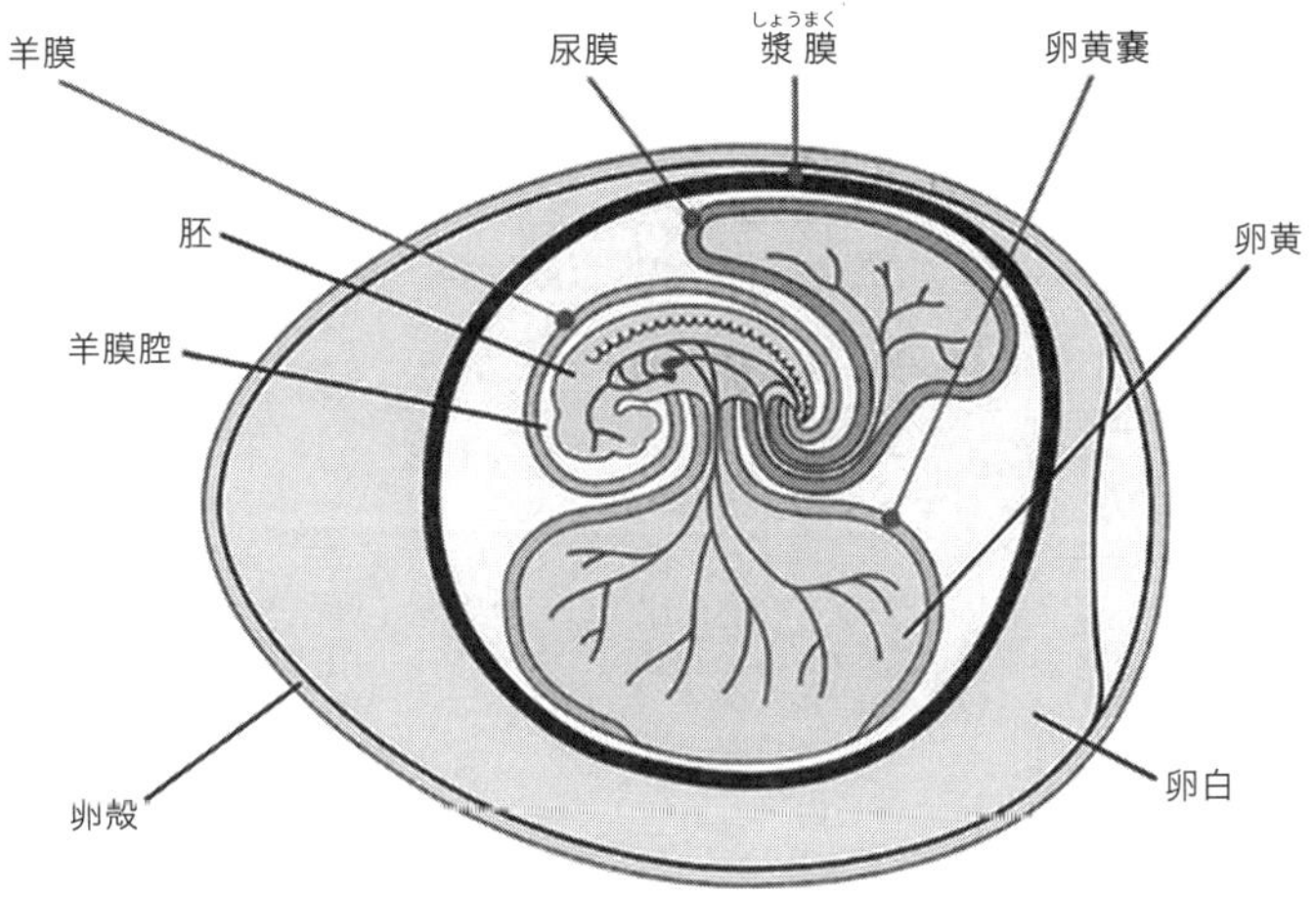

図 2-2　鳥類の卵の構造

鳥類の卵殻の中には、胚（発生中の子供）が羊膜に包まれている。そのほかにさまざまな構造がある。卵黄には栄養分が含まれているが、卵黄は腸が延びてできた卵黄嚢で包まれている。尿膜は膀胱が延びてつくられた構造でその中に老廃物がためられる。これら全体が漿膜で包まれている。

提供：和田　勝 氏

卵は卵細胞から発生する子供を育てる保育器の役目をしている。

産み落とされた爬虫類の卵の中では、細胞分裂が始まり子供（胚）の体ができていく。図は鳥類の卵の構造であるが爬虫類の卵も同じ構造をしている（図2-2）。胚をつくる材料は卵黄から供給されるが、卵黄は胚の腸が飛び出た構造（卵黄膜）から吸収される。胚が発生する過程で老廃物ができるが、これは膀胱が飛び出た構造の尿膜の中にためられる。こうした子供を育てるための装置が、卵の殻の中につくられている。爬虫類の卵は胚の保育器である。

このように、保育器の役目をする

卵の中で胚が発生することで、胚が水から離れた場所で発生できるようになった。両生類の卵から出てくる子供は足を持たない魚型をしている。爬虫類の殻に守られ膜系を発達させた卵は、両生類に比べてはるかに大型である。爬虫類の子供は生まれた直後から脚を持ち歩き始めることができるようになった。

魚類から両生類を経て、爬虫類は乾燥に対する対応策を完成させた。爬虫類は中生代に陸を支配する動物として繁栄した。

爬虫類から哺乳類へ

爬虫類から哺乳類への進化は、単なる乾燥への対応ではなく、生まれる前の子供をいかに外敵から守るかという点での対応である。これは、すなわちその時代にはすでに乾燥に対する対応を終えて、乾燥以外の点での工夫が次の課題になっていたこと、単なる外界（乾燥）ではなく、生物間の競争が課題となってきたことを意味している。

爬虫類や鳥類は、卵を土の中あるいは巣の中に産む。鳥類の場合には親が巣を守って発生途中の胚を守るが、親が留守のとき、強力な敵が襲ってきたとき、卵は奪われてしまう。爬虫類が保育器（卵）を産み落としたのに対し、哺乳類は母親の体の中に保育器をつくった。哺乳類は、母親の胎盤を通して栄養と酸素を胎児に供給する（図2-3）。胎児の出す老廃物は胎盤を通して排出される。この仕組みで、受精卵から発生途中の胚は、卵に比べてはるかに大きくなるまで、母

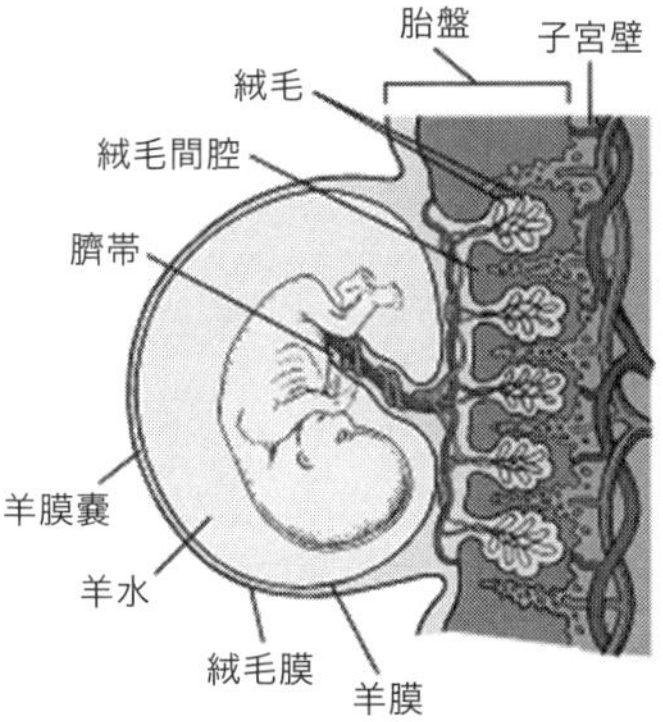

図 2-3　哺乳類の胎児と胎盤

哺乳類の胎児は臍帯（へその緒）を通して血液を母親の胎盤内の胎児の血管に送り込む。母親の血液が胎盤内を流れるとき、酸素と栄養素を胎児の血管に受け渡し、老廃物と二酸化炭素を受け取る。母親の血管と胎児の血管は膜で隔てられており、母親の血液と胎児の血液が混じることはない。胎児は羊膜中の羊水の中にいる。

出典：メルクマニュアル医学百科　家庭版
(http://merckmanuals.jp)

親の体内で保護される。発生途中の胎児は母親と一緒に移動するので、外敵に襲われる可能性も下がった。

魚類から両生類、爬虫類から哺乳類へと陸上動物は外界に適応して、進化してきた。乾燥する陸上によりよく適応できた個体が生存して、だんだんと形を変えていった。

種子植物の乾燥適応

我々がよく目にする植物、種をつくる種子植物は、種子をつくることで乾燥の問題を解決した。種子は爬虫類の卵に似ている。何となく変な感じがするかもしれないが、いわば動物で言えば胎児が殻に包まれて乾燥耐性を獲得したものが種子である。植物の種子の中には胚（胎児に相当する）が発生している。発生途中の胚は、種子の中で休眠する。種子の中には発芽に必要な栄養も蓄えられている。その意味でも、種子は卵に似ている。両方とも殻に守られ、乾燥と外界からの物理的衝撃から守り、栄養と発生途中の胚を保護している。種子は生育に適した場所に到達すると発芽して親の体になる。こうして、種子植物は乾燥に適応した。

以上の例でよくわかるように、生物の進化の第一原則は、環境に対する適応である。生物は外界に適応して進化していく。外界によりよく適応できた個体が生存して、だんだんと形を変えていく。

収束進化

適応進化は、思わぬ結果を生み出すことがある。その一つが収束進化と呼ばれる現象である。放散進化が一つの種からたくさんの種に分かれていくのに対し、収束とは一つに集まってくることを意味している。進化で収束というと変な感じがするが、その例を見るとわかりやすい。

例えば、イルカは哺乳動物であることを我々はよく知っている。イルカと魚類のクロマグロを見間違うことはない。イルカは子供を産み、乳を与えて育てる。鼻から空気を吸い込み、肺で呼吸する。クロマグロは卵を産み、乳は出さない。口から水を取り込み鰓《えら》で呼吸する。しかし、無垢な目で両者を見比べると、外見は驚くほど似ていることに気が付く。体全体が流線型で、胴体は断面が円形に近い楕円形の筒状である。この特徴は、イルカもマグロも水中を高速で移動し続けることによっている。水の抵抗を下げるとともに、胴体の大量の筋肉で高速移動を可能にしている。体の背側が黒く、体の腹側が白いのは、海の上から見たときも下から見たときも捕食者か

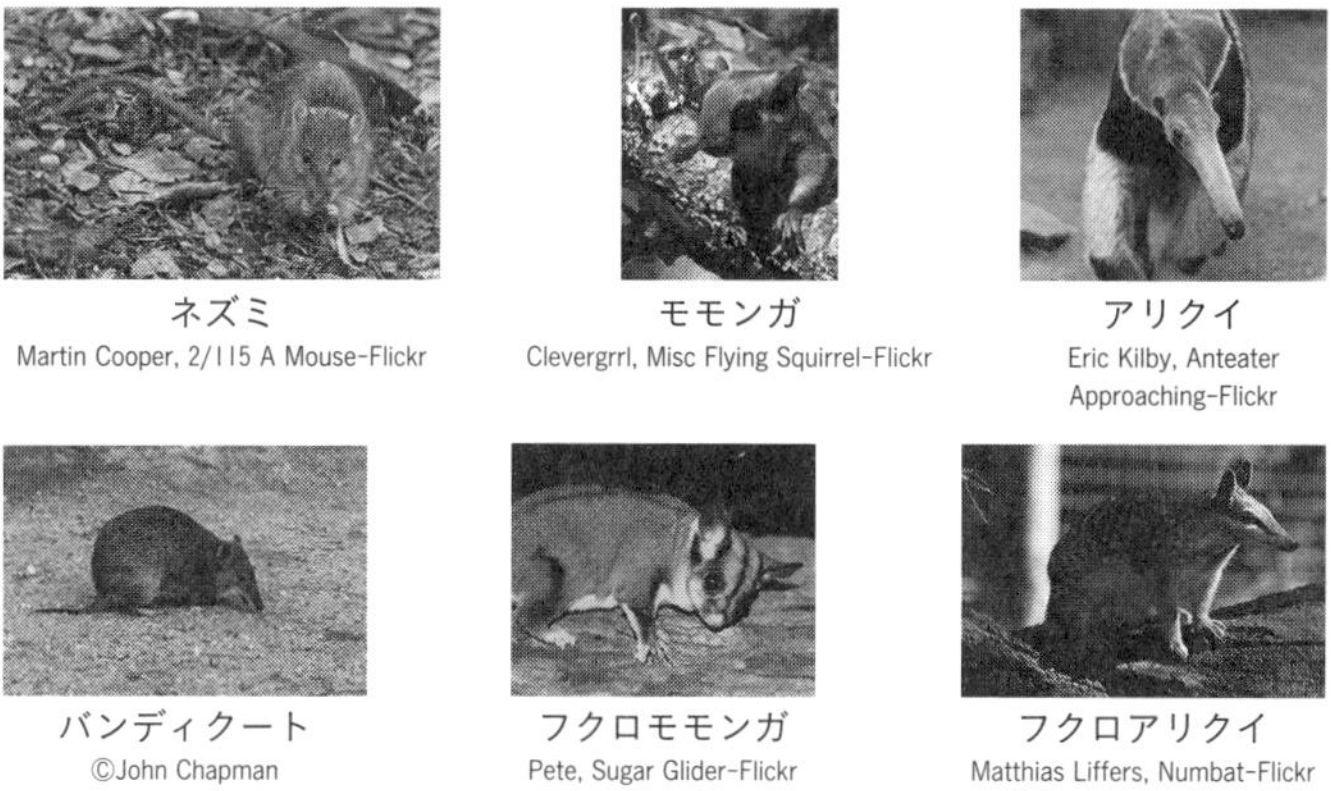

図 2-4　収束進化の例
有袋類と有胎盤類では、似た環境に棲む動物が似た形や色になる例が多数ある。

ら見えづらくすることが生存に有利だからであろう。このように、二つの別種の生物が、同じ環境で同じような生存戦略を採用すると、形態や外見が似てくる場合がある。これを収束進化と呼ぶ。

我々が通常哺乳類と言うときに思いつく胎盤を持つ有胎盤類の仲間と、カンガルーの仲間である有袋類はともに生まれた子供に乳を与えるので、両方とも哺乳類の仲間である。しかし、カンガルーの仲間は胎盤を持たず袋の中で子供を育てるので有袋類と呼ばれる。有胎盤類と有袋類は同じ哺乳類に属するが異なったグループである。

哺乳類と有袋類にも収束進化の例が多数ある（図2-4）。哺乳類のネズミと有袋類のバンディクート、モモンガと有袋類のフクロモモンガ、オオアリクイと有袋類のフクロアリクイ。形ばかりか色や模様まで似ているのは、同じような環境に棲むからである。これらの収束進化は、似たような環境に適応進化した結果と考えることができる。

生物の体を変える遺伝子

生物が進化するということを認めるとしても、進化が研究の対象となるのかどうかが疑われていた時期があった。疑われる理由の一つが、進化する途中の過程が本当に生存に有利かどうかという問題であった。

ゾウの鼻が十分長く、自由に扱うことができれば地面のものを立ったまま鼻でつかんで口にまで運ぶことができる。しかし、我々の鼻があと10センチメートル伸びたとしても、このような有利な点は思いつかない。チョウの祖先は翅《はね》を持っていなかった、翅を持てば空中に飛び立つことができるのでたいへん有利であるが、中途半端な大きさの翅を持ったところで空中を飛ぶことはできず、邪魔なだけだろう。

この問題はまだ完全には解決されておらず、進化研究の大きな研究課題の一つである。しかし、ハエの一種ショウジョウバエの研究が発端となって体の構造を変える遺伝子について驚くべきことがわかってきた。体の構造が少しずつ変わるのではなく、いっぺんに変えてしまう遺伝子があるのである。つまり、最初は一つの細胞だった受精卵がだんだんと増えて体の構造をだんだんとつくっていく際に、あるとき、ある遺伝子が突然大きな変化を指令してしまうのである。

どんな動物でも精子と卵子が受精してできる受精卵は1細胞である。受精卵は分裂して袋状に

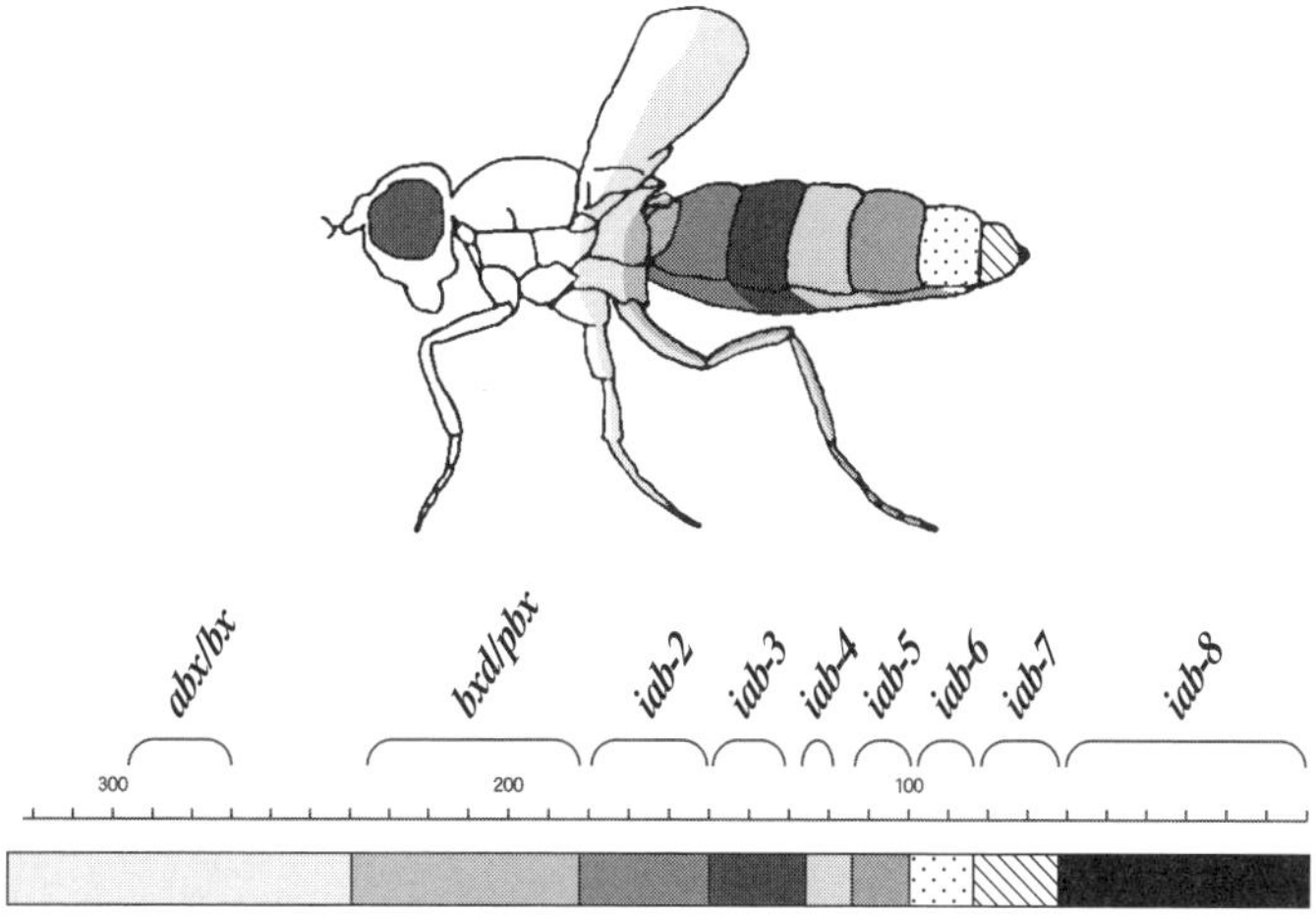

図 2-5　ショウジョウバエの発生

発生した胚は、節に分かれ、節ごとにその後の運命が決まる。決まった場所にさまざまな器官が発生する。その運命は *Hox* 遺伝子と呼ばれる遺伝子のうちのどれが働くかということで決定される。図のパターンごとに別の *Hox* 遺伝子が働くと、胚のそれぞれのパターンの節は親の各部位になる。

出典：Maeda, R. K. and Karch, F. "The ABC of the BX-C: the bithorax complex explaied" *Development*, **133**, 1413-1422 (2006)

なる。袋状の胚から、腸となる部分がへこみ始める。腸が体の反対側に到達すると腸は反対側にも孔をあけてつながり、腸管となる。これで体の軸ができあがり、前と後ろも決まる。腸管がちょうど真ん中ではなく、少し一方に偏っているので、将来背と腹になる側も決まる。ショウジョウバエの場合は厳密に言うと少し違うのだが、ここまでは、本質は同じである。

　ショウジョウバエでは、腸管ができた後、節をつくれという遺伝子が発現されると、頭から腹の先にかけて、決まった数の節がつくられる（図2-5）。頭から順に、節の数に応じて、頭、胸、腹をつくる部分が決まる。それぞれの部分に、口、眼、触覚、翅、足、生殖腺をつくれという命令が発現される。さらに、口ならば口、翅ならば翅に応じてその中の詳細な構造を決定する指令がそれぞれ、適切な場所に、適切な時期に、適切に発現されることによってショウジョウバエの体ができあがることがかなりよくわかってきている。このように体がだんだんとできていくとき、大きな変化を指令してスイッチを入れる遺伝子があるのである。

したがって、たった一つの遺伝子がうまく働かなくなると、例えば節の数が足りなくなってしまうことが起きたり、本当は触覚になるはずの部分が脚になってしまったりすることがある。つまりたった一つの遺伝子でたいへん大きな変化が起きることがわかってきた。

ショウジョウバエ以外の節足動物では、その発現する遺伝子の種類が少し違っていたり、遺伝子が発現する体の場所が少し違っていたり、遺伝子が発現する時期が違っているために、ショウジョウバエとは違った形の節足動物となることがだんだんとわかってきている。ネズミやヒトでも驚くことに非常に似た遺伝子が多数あって、それらの遺伝子が適切な時期に適切な場所で発現することで体をつくるという基本原理は同じであることがわかってきている。

つまり、生物の体ができていく過程では、スイッチのように働く遺伝子があり、スイッチのオン、オフによって体がつくられていくことがわかった。この仕組みによって、体の大きな変化が一つの遺伝子の変化によって起こる。

偶然と必然

さて、適応進化は進化の第一原理である。生命が環境に適応していくということは、環境が同じであれば同じような進化をすることを暗示している。その例は収束進化と呼ばれている。しかし、同じような環境でまったく同じ形になるのではないことは言うまでもない。

そもそも、地球史を見れば、最初は単純な小さい細胞の生物（原核生物）として誕生した。それが、大型の複雑な細胞（真核生物）となった。さらに、単細胞生物から多細胞生物が誕生してきた。単に進化は同じことの繰り返しというよりも、地球の歴史で一方向のように見える。このような一方向の進化も必然なのだろうか。

2　絶滅した生物たちと繁栄した生物たち

突然、不可逆的に起きる変化で最大のものが大量絶滅である。地球の歴史で、大きなものだけでも5回の大量絶滅が起きたことがわかっている（図2-6）。大量絶滅が起きたとき、ある生物は絶滅し、ある生物は生きながらえる。生物の生と死を分けたのは何だったのか、偶然か必然か。

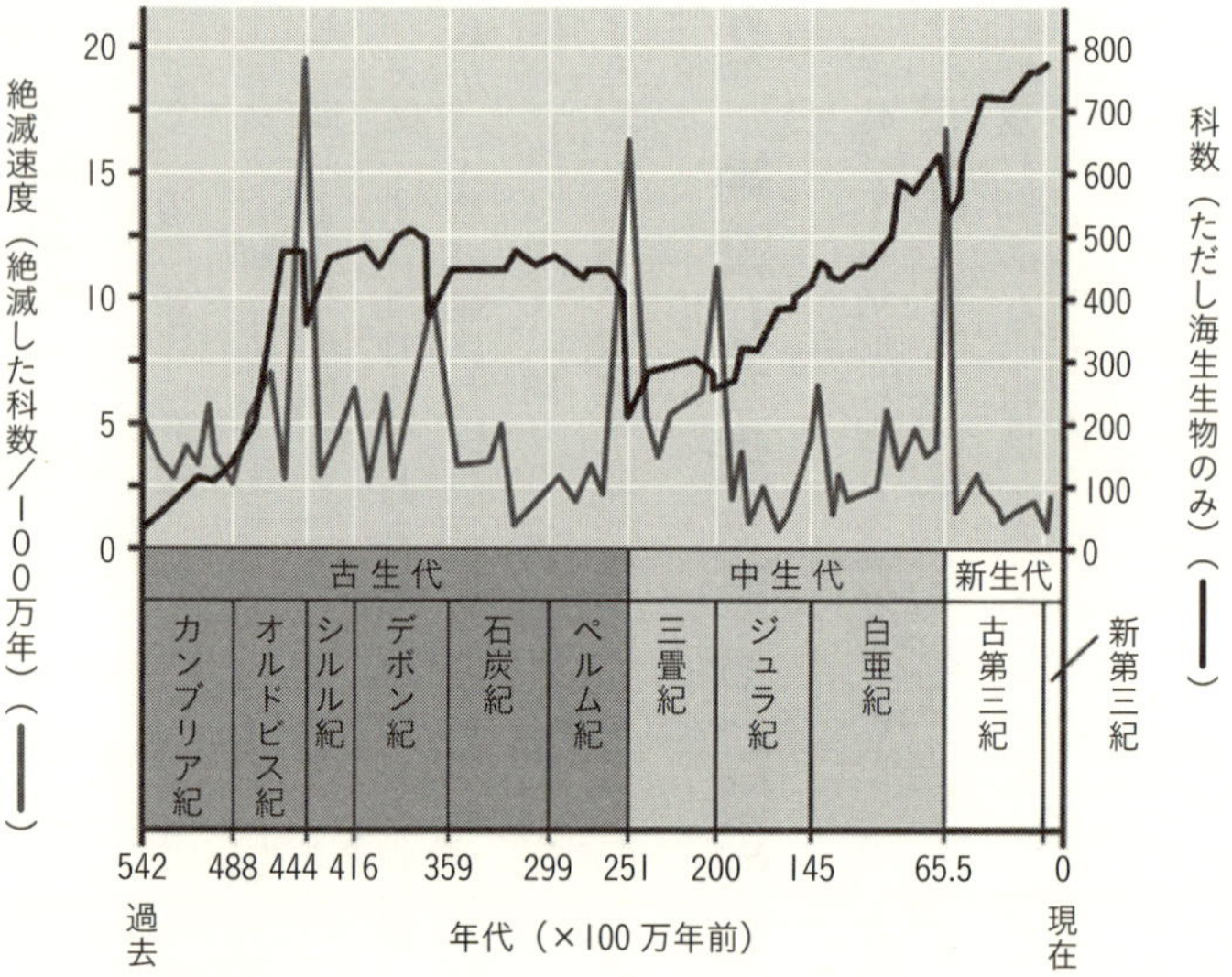

図2-6　大量絶滅

黒線は海生生物の科の数。灰色の線はその変動を表す。海生生物の科の数は単調に増えている訳ではなく、地質年代の区切れでしばしば減少する。減少する速度を図示すると、古生代オルドビス紀末、デボン紀末、ペルム紀末、中生代三畳紀末、白亜紀末に少なくとも5回の大量絶滅があったことがわかる。

出典：Sepkoski., J. J. Jr. "A Compendium of Fossil Marine Animal Genera" *Bulletins of American Paleontology*, **363** (2002)

隕石衝突と恐竜の絶滅

今から6500万年前、中生代末期に恐竜は絶滅した。中生代の地層と新生代の地層の間には黒い1センチメートルから数十センチメートルの厚さの地層が地球のどこででも見つかる。これより前の時代の地層に恐竜の化石が見つかるが、これよりあとの地層には決して見つからない。これより前の地層にアンモナイトの化石が見つかる

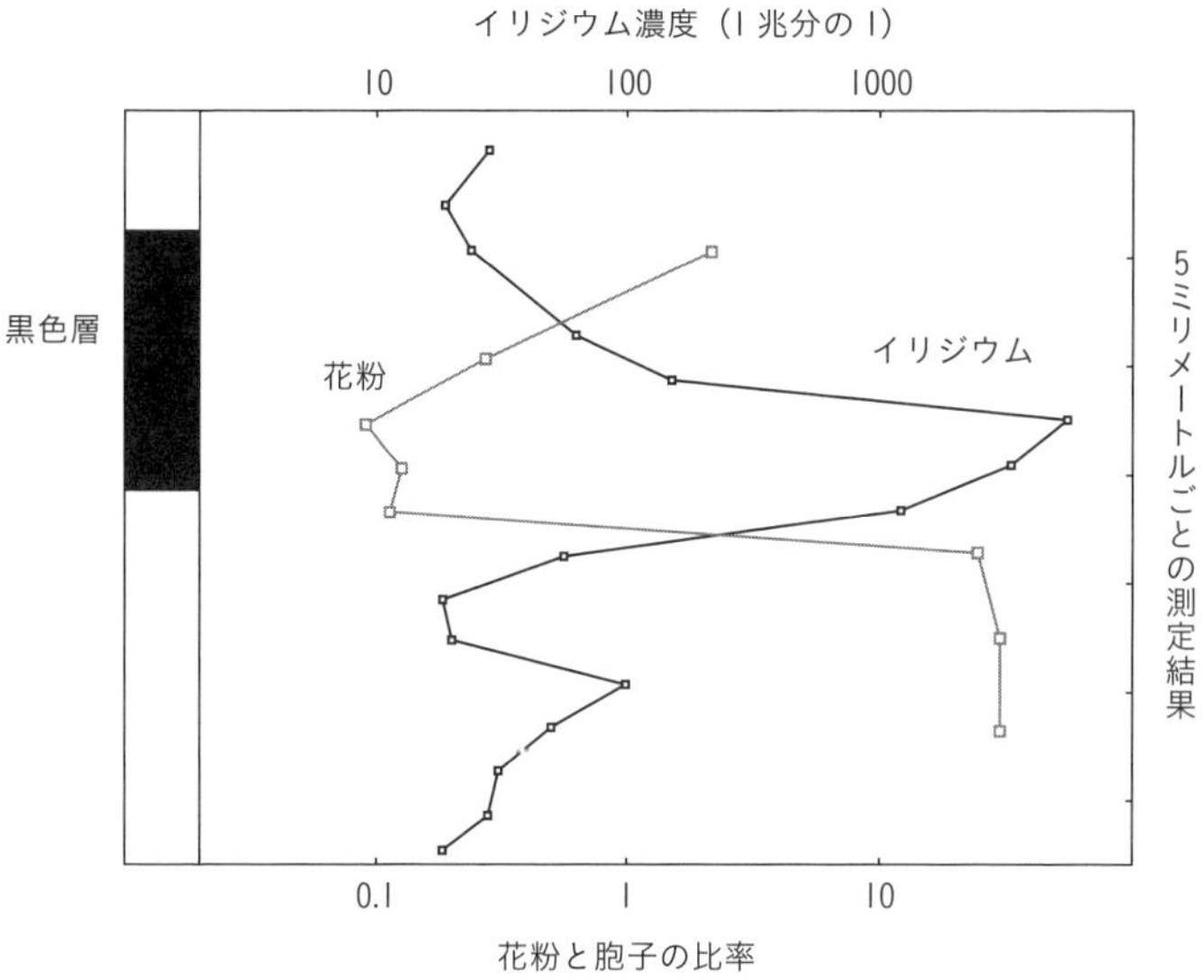

図 2-7　イリジウム濃度の変化

中生代と新生代の境の黒色層前後の地層を 5 mm ごとに測定している。花粉と胞子の比率で花粉の量を表してある。

出典：Cowen, R. “History of Life Second edition” Blackwell Scientific Publications (1995) p.330, Figure 17.8

が、これよりあとの時代の地層にアンモナイトは見つからない。黒い一枚の層が、中生代と新生代を分けている。

アメリカの地質学者ウォルター・アルバレスと父ルイス・アルバレスは中生代と新生代を分ける地層のイリジウムの量を調べた。彼らは、この地層にだけ高濃度のイリジウムが含まれることを見つけた（図2-7）。この地層より古い地層や新しい地層には高濃度のイリジウムは見つからない。イリジウムは隕石には含まれているが地球の表層にはほとんど見つからない元素

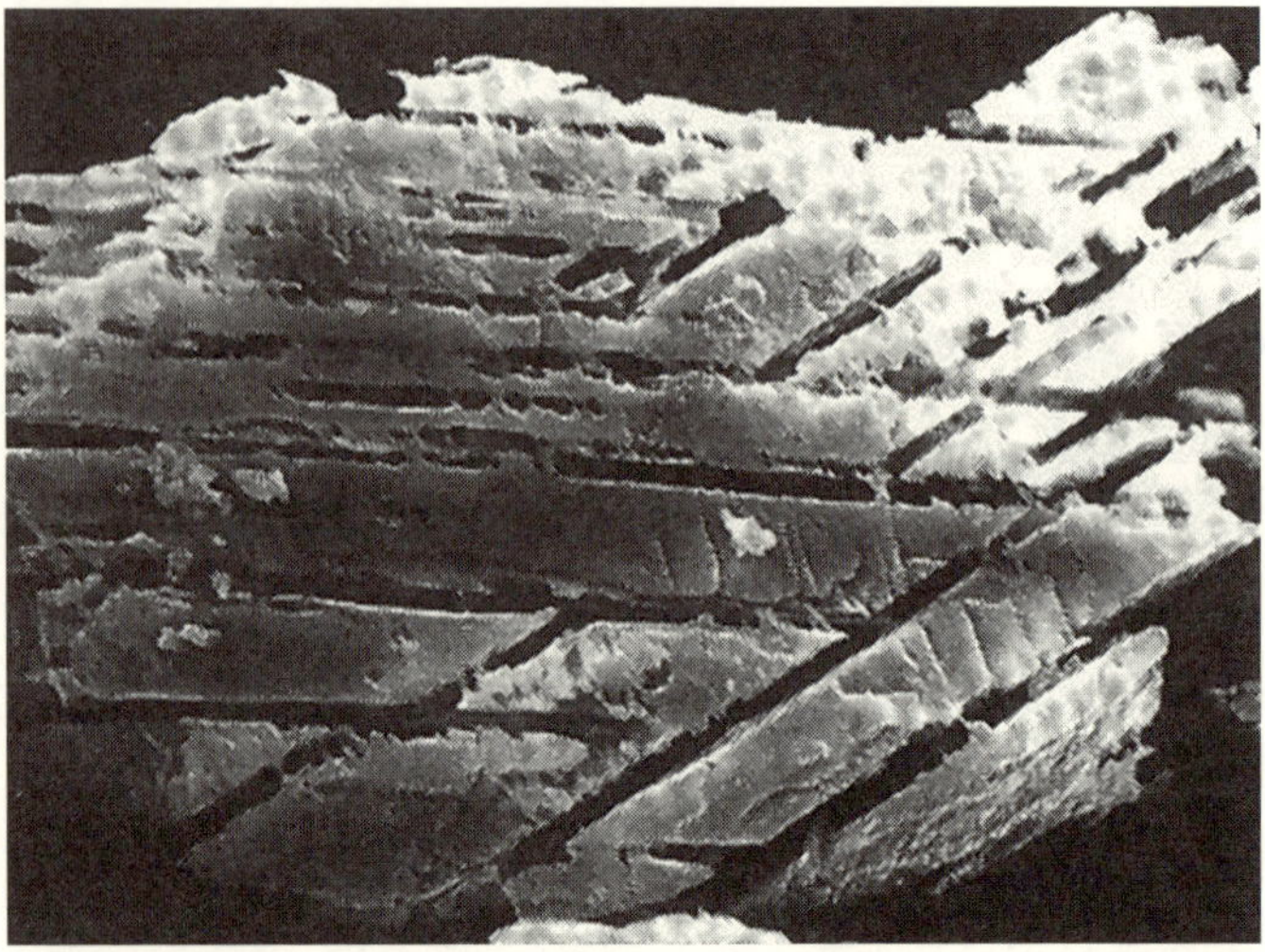

図 2-8　衝撃石英

石英の粒に衝撃が加わったことを示すひび割れが残っている。

出典：Bohor, B. F. "Shocked quartz and more; Impact signatures in Cretaceous/Tertiary boundary clays" *Geological Society of America Special Papers*, **247**, 335-342 (1990)

である。

これとちょうど反対の変化が花粉に対して起きている。イリジウムを含む地層では上下の地層に比べて、花粉がたいへん少ないのである。比較している胞子の数はそれほど変わっていないとすると、花粉をつくる種子植物がこの時期に減っていたことになる。

その後、世界各地の黒色の地層にイリジウムが含まれることが明らかとなった。この地層が黒いのは黒色の煤《すす》が大量に含まれているためで、大規模な火災が起きたことを示している。さらに非常に高い衝撃があった場合にのみできる細かいひびの入った石英の粒、衝撃石英も見つ

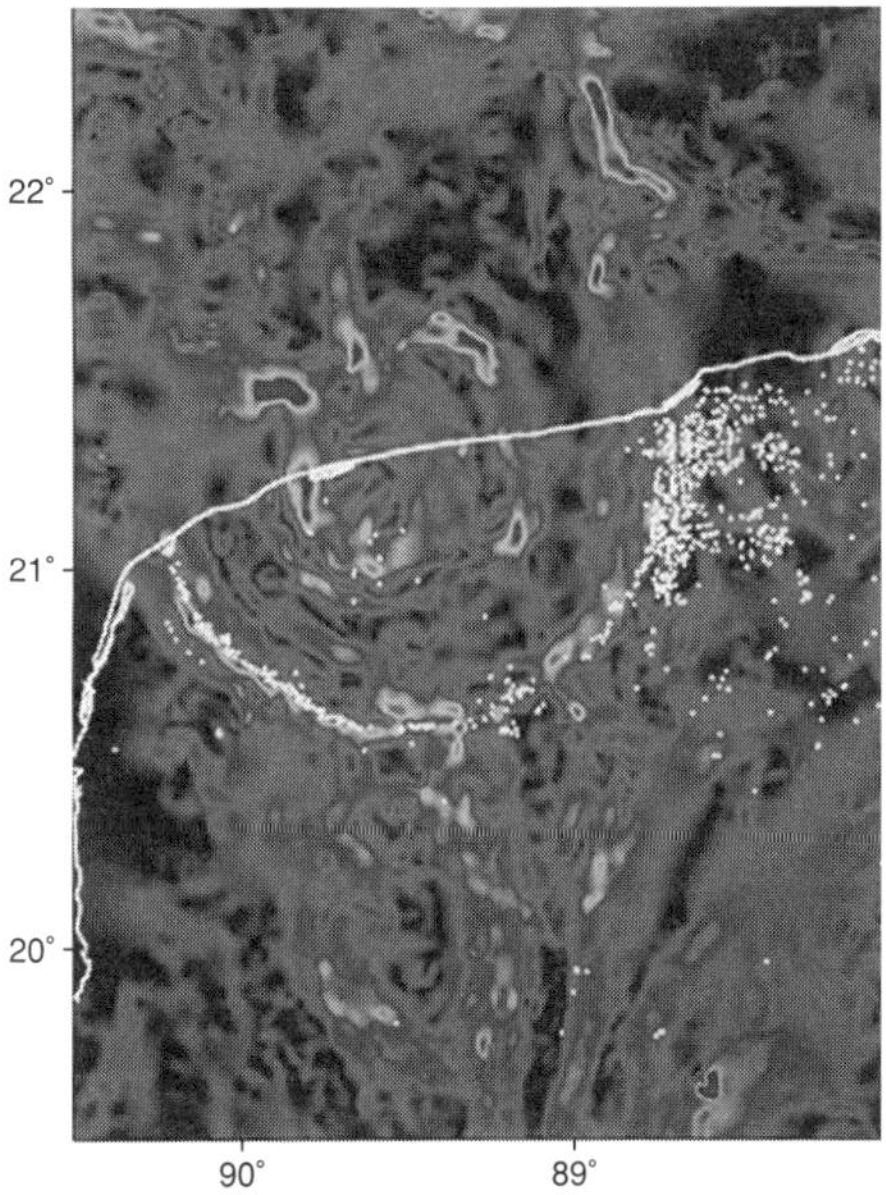

図 2-9　ユカタン半島での重力探査結果
ユカタン半島地下の小惑星衝突の跡が検出された。
出典：Geologcal Survey of Canada

かった（図2-8）。これらは、中生代末期に隕石の衝突が起きたことを示唆している。

黒色の地層は、欧州や中国では薄く、南北アメリカ大陸では厚い。北アメリカ大陸の南岸には大陸の内部にまで到達する大津波でできた堆積物が発見された。さらに、メキシコのユカタン半島に現在は地表から見えないが、6500万年前にできたクレーターが重力探査により発見された（図2-9）。これらの証拠から、中生代の末期、メキシコのユカタン半島に小惑星が衝突したことが明らかとなった。

衝突した小惑星の大きさは直径10キロメートルと見積もられている。津波は北アメリカ大陸南岸の奥にまで到達した。衝突で吹き飛ばされた地殻岩石の破片は大気圏の外にまで舞い上がり、それが地球に落ちる際には高速となって大気との摩擦によって高温になる。高温の岩石が地球の各地で森林火災を発生した。粉塵と火災の影響で地球は数カ月間暗闇となった。火災と吹き飛ばされた粉塵の硫黄成分が酸化して発生する硫酸によって酸性雨が地表に降り注いだ。これらの影響で光合成は停止し、植物を一次生産者とする生態系は破壊された。

陸上の大型爬虫類である恐竜は絶滅した。爬虫類と両生類のうちで当時25キログラム以下の小型のものだけが生き残った。空中を飛ぶことのできる鳥類と、当時まだネズミからせいぜい小型犬程度の大きさだった哺乳類の祖先は生き残った。海生のプランクトンや種子をつくる植物も生き残った。

隕石衝突の影響で生態系は破壊され、その環境の変化を耐え忍ぶことのできた生物だけが生き残り、環境の急激な変化に対応できないものは絶滅した。

大量絶滅と適応放散——繁栄した生物たち

恐竜の絶滅した新生代になると、哺乳類の世界となった。恐竜時代の哺乳類は、ネズミほどの大きさと形であった。隕石衝突を生き延びた哺乳類は新生代にさまざまな大きさ・形の生物に進化していった。少数の生物種から、多数のさまざまな生物種に比較的短時間で進化していく現象は、適応放散と呼ばれている。適応は今まで説明してきたように、環境へ適応することを意味している。放散とはさまざまな異なった環境に適応する多種が一度に誕生することを意味してい

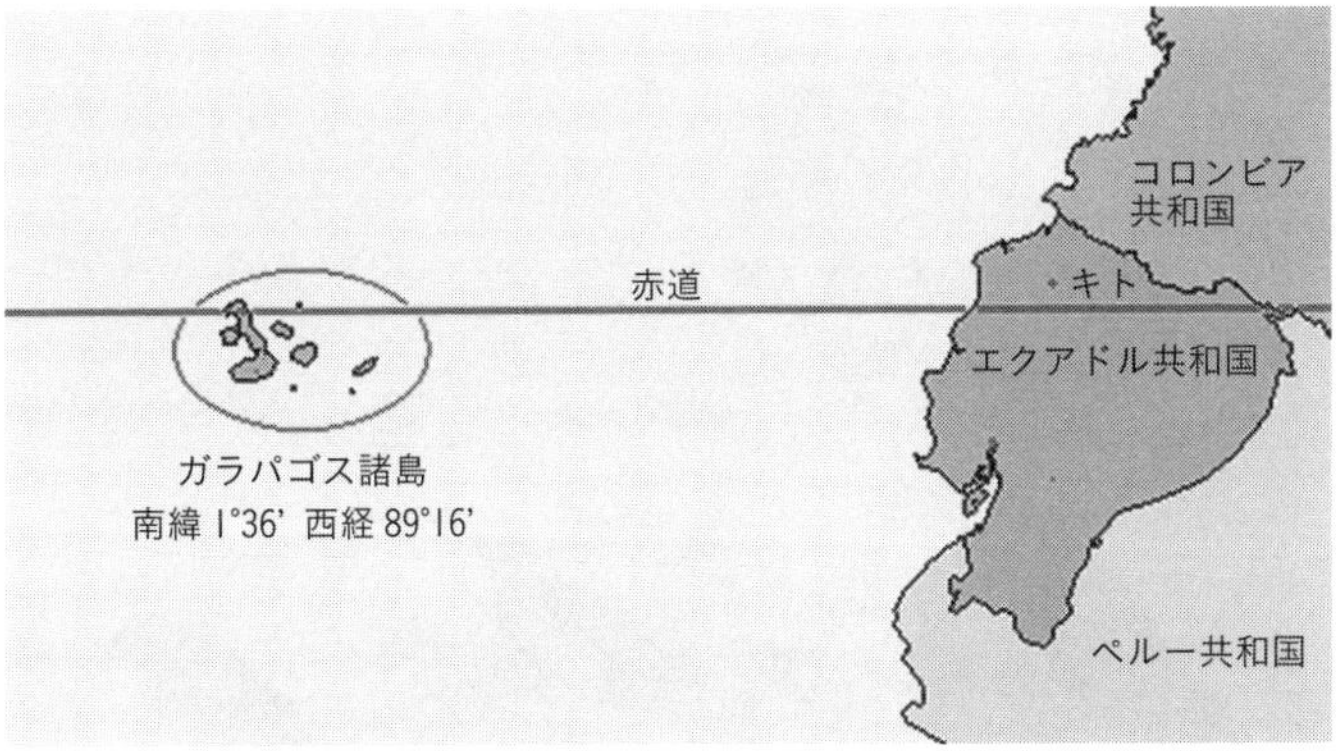

図 2-10　ガラパゴス諸島

る。

恐竜が絶滅したため、陸上のさまざまな場所、草原、灌木、森林、熱帯のすべての場所が哺乳類の進出を許す場所となった。陸上だけでなく、海でも魚竜のいなくなった場所に海生哺乳類が進出した。空だけは、恐竜の子孫である鳥類が適応放散することとなった。鳥類は恐竜の子孫であることが近年明らかになっている。

ガラパゴスのフィンチ

こうした適応放散の最初に発見された例はダーウィンのフィンチである。ダーウィンはビーグル号に乗ってガラパゴス諸島に到着した（図2-10）。ガラパゴス諸島は南アメリカ大陸のエクアドルから西に900キロメートルほどの太平洋上にある火山島で、今から数百万年前に誕生した。ガラパゴス諸島は周囲を海に囲まれているために、南アメリカ大陸との生物の行き来

図 2-11　ダーウィンのフィンチ

樹上性のフィンチ、地上性のフィンチが餌と場所にあわせてクチバシの太さが変化している。

出典：Wallace, R. A. *et al.* "Biosphere the Realm of Life second edition" Scott, Foresman and Campany, (1988).

は難しく、特有の生物種が存在している。ガラパゴスは、ほかの地域との交流を断たれた場所で独自の進化を遂げる生物の代名詞ともなっている。

ダーウィンは多くの生物標本を集めたが、その中に多数の鳥類の標本が含まれていた。ダーウィン自身は、それがガラパゴス諸島のいくつかの種の鳥類を集めたと理解していた。その後、多くの研究者によって標本が分析され、これらの標本がごく少数の祖先から適応放散した鳥類であることが明らかとなっている。あるものは木の枝を道具のように用いて虫をとらえる。あるものは花や地面に落ちた種子を拾って食べる。これらのフィンチは少数の祖先に由来し、さまざまな場所と餌に適応放散して誕生した（図2-

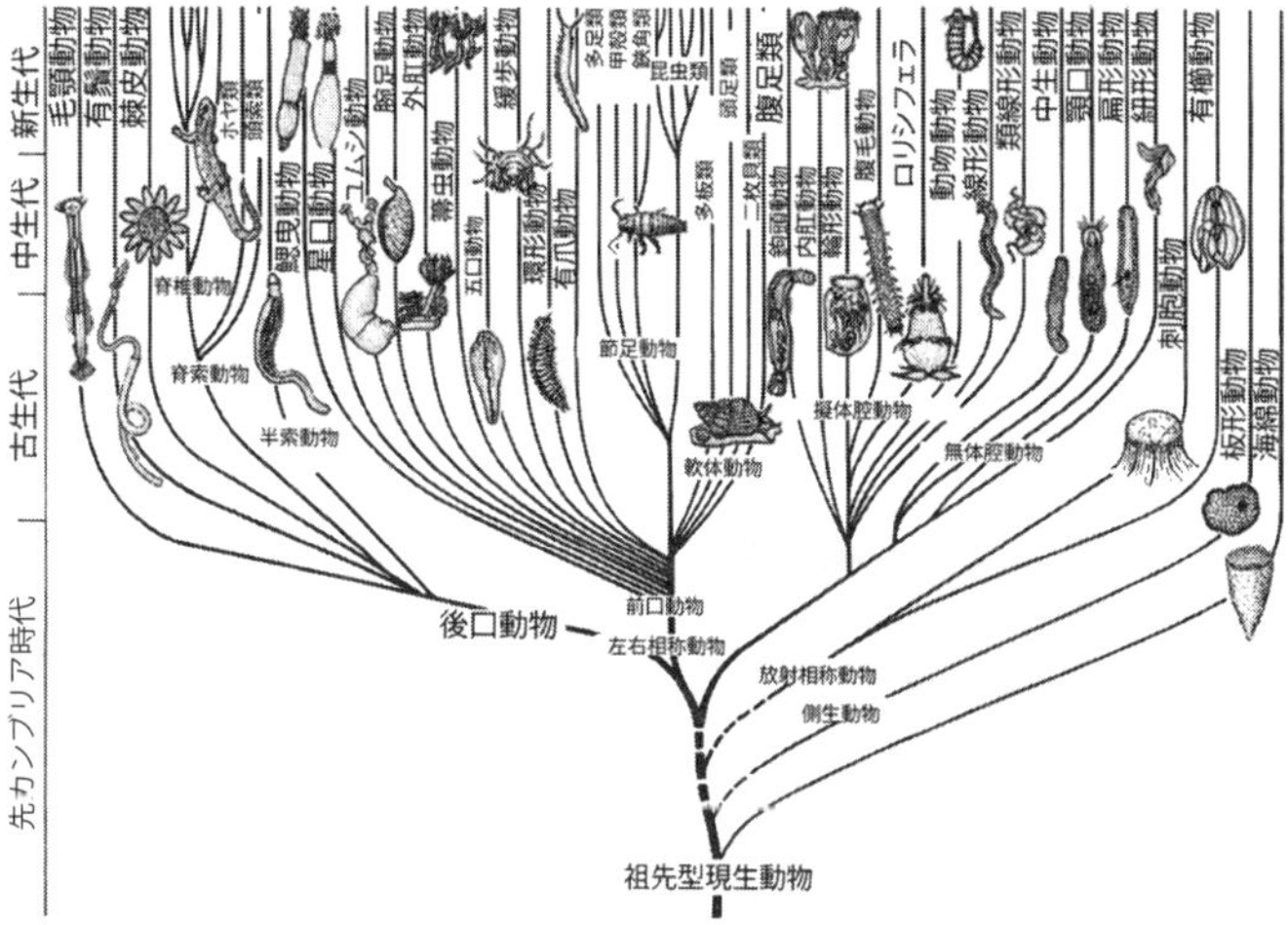

図 2-12　カンブリア大爆発

先カンブリア時代の末期に、現在の動物の門がいっせいに誕生している。この時代に、さまざまな動物の形態が適応放散している。

出典：山岸明彦編『アストロバイオロジー――宇宙に生命の起源を求めて』化学同人、2013 年、p. 58、図 4.16　原図：Margulis, L. and Schwarts, J. V., "Five Kingdoms 2nd ed.", Freeman and Co. New York (1982) p. 168

11）。

カンブリア大爆発

動物が適応放散したのではないかと考えられているのが、古生代カンブリア時代の直前、先カンブリア時代末期である。この時代には現存する動物の20以上の門が一時に適応放散したのではないかと考えられている（図2-12）。

ここで、門というのは生物を分けるときのランクの名前である。生物を分けるときの一番大きな分類群は界、次いで門、綱、目、科、属、種となる。例えば、ヒトは動物界、脊索動物門、哺乳綱、霊長目、ヒト科、ヒト属、ヒトと分類される。

先カンブリア時代末期に20以上の門が適応放散した。その中で、我々がよく知っている生物としては、ウニの仲間である棘皮《きょくひ》動物門、脊椎動物を含む脊索動物門、昆虫やムカデを含む節足動物門、イカやタコを含む軟体動物門、クラゲの仲間である刺胞動物門、海綿動物門などがある。しかし、そのほかのあまり聞いたことのない動物、しかも奇妙な形の動物が多数、この時期に適応放散していることがわかる。これらの動物は、体の構造が互いに大きく異なっている。先カンブリア時代末期には、動物の体の形の適応放散が起きた。

この動物門の適応放散はカンブリア大爆発とも呼ばれている。これは、その少し前に多細胞化していた動物がこの時期にさまざまな体制、体の仕組みを試すために、適応放散したと思われる。適応放散を引き起こした原因はまだ不明であるが、この時期の少し前、7億3000万年前から7億年前と6億6500万年から6億3500万年前の2回、地球がすべて凍ってしまう全球凍結が起きたことが明らかになっている。さらに、この時期には酸素濃度が大幅に上昇した時期と一致している。したがって、地球の全球凍結あるいは酸素濃度の上昇がこのカンブリア大爆発を引き起こした可能性は高い。全球凍結については、第七章で説明する。

細菌と古細菌の進化

数億年前に起きたカンブリア大爆発のさらに20数億年以上前まで、生命が誕生してから20億年

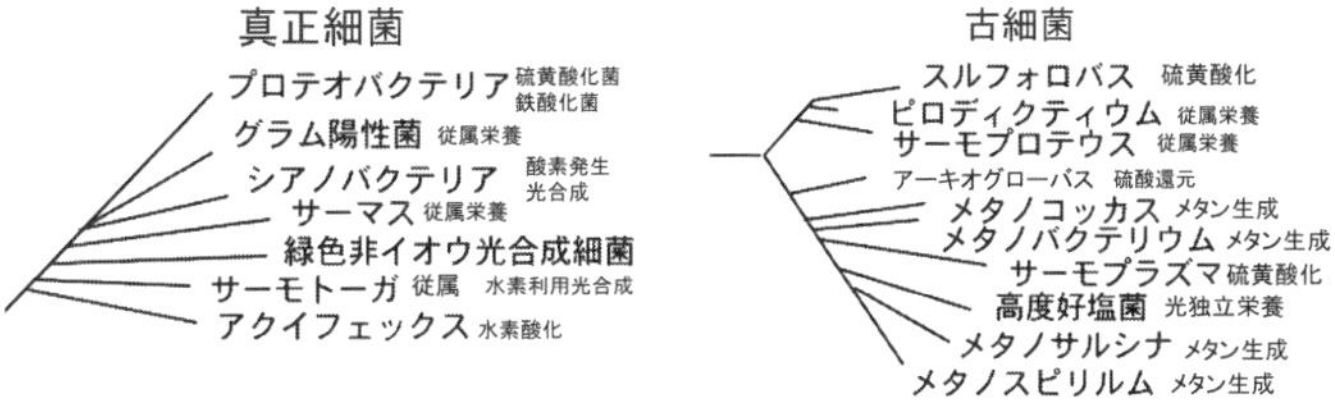

図 2-13　真正細菌と古細菌の進化
さまざまな化学合成、光合成を行う生物が分岐している。

間はこうした多細胞動物はいなかった。その段階では、細菌と古細菌と呼ばれる微生物だけが地球上に存在していた。これらの微生物についてはあとの章でもう少し詳しく説明する。ここでは、すでにこの時期にもたくさんの種類の微生物が分岐している点だけに触れておきたい（図2-13）。

3　どのような惑星に知的生命が誕生するか
——知的生命誕生の必要条件

前の節では、生命の進化の様子を見てきた。環境の激動期には環境変動に耐えた種が生き残り、生き残った種は適応放散する。地球ではこれを繰り返して、生物が進化してきた。この節では生物が進化して知的生命が誕生するまでには、何が必要かを検討する。しかし、この点こそいよいよわかっていないことが多い。したがって、どのような検討が今後重要かということを考えるため

コラム　地球史年表

地球ができてから、いままでいつどのようなことが起きたのか大雑把な時期を把握することは、いろいろな理解に役に立つ（図2-A）。

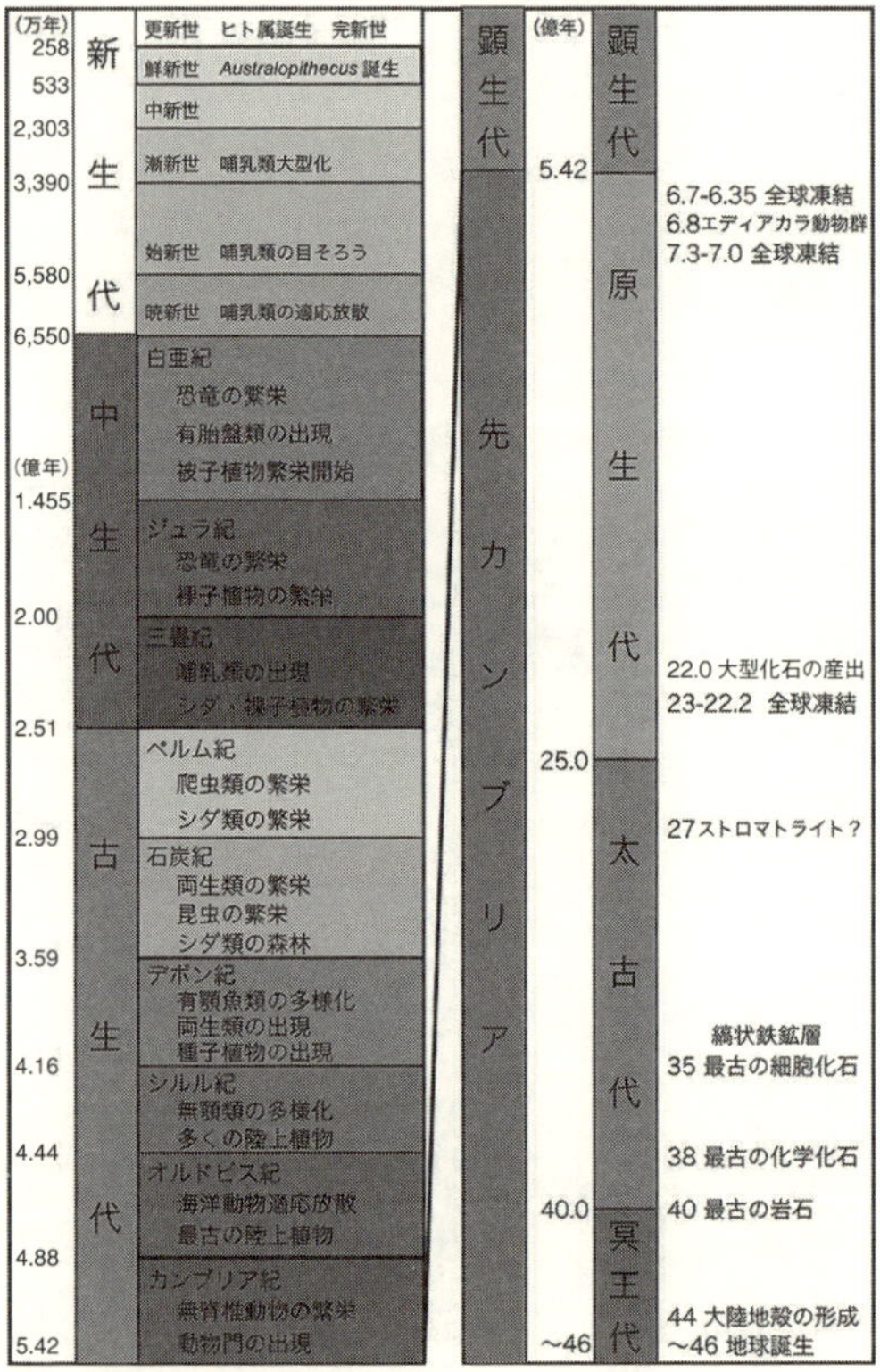

図 2-A　地球史年表

出典：山岸明彦編『アストロバイオロジー――宇宙に生命の起源を求めて』化学同人、2013 年、p. 44、図 4.1

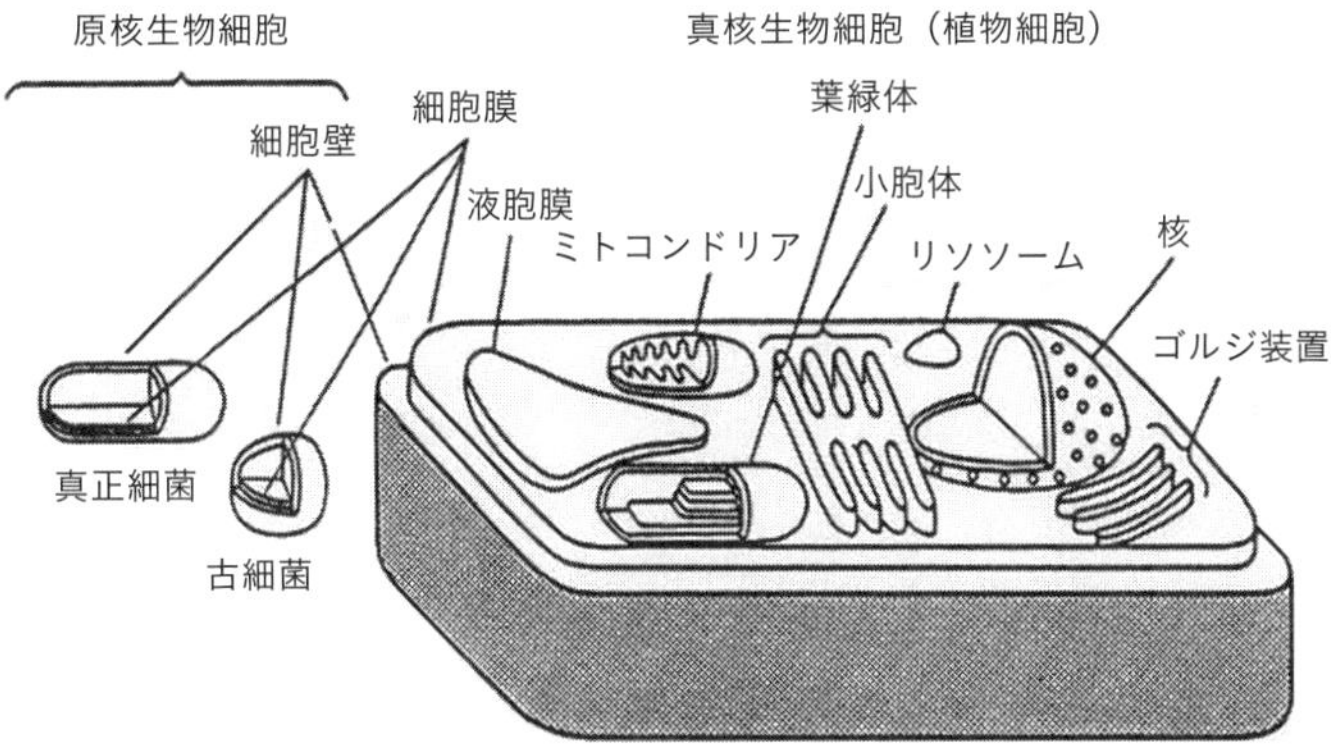

図 2-14　真核生物細胞
生物は小型の細胞を持つ原核生物と大型の細胞を持つ真核生物の二つに分類される。真核生物は動物や植物などで、細胞の中に核、ミトコンドリアなどの細胞小器官を持つ。植物細胞は葉緑体も持つ。原核生物である古細菌と（真正）細菌の細胞は細胞膜で包まれ、外側に細胞壁を持つ以外、内部構造は持っていない。

の材料をこの項で提供することになる。

エネルギー、酸素濃度と多細胞化

動物や植物などの多細胞生物は真核生物と呼ばれ、核やミトコンドリアなどの細胞内器官を持つ大型の細胞を持っている（図2-14）。真核生物の大型の細胞では、細胞内に必要なエネルギーを細胞に供給するために、酸素との反応が必要である。無酸素状態の化学反応に比べて、酸素との化学反応ははるかに大きなエネルギーを得ることができる。真核生物の誕生は今から約20億年前で、地球の酸素濃度が上昇した時期であろうと推定されている。そこで、酸素上昇が、細胞の大型化に必要であった可能性が高い。

それでも、細胞の大型化には限界がある。卵細胞の中にはダチョウの卵のように10センチメートル以上のものもあるが、動き回る原生生物の細胞は0・1ミリメートル以下である。細胞の大型化には限界がある。そこで生物の体は、多細胞になることで大型化を実現した。多細胞化も酸素濃度が上昇した時期、10億年前頃に起きたと推定されている。

その後の多細胞動物の誕生、知的生命の誕生のためには生物の多細胞化が必須である。したがって知的生命誕生の条件の一つとして、酸素、あるいはそれに代わるエネルギー大量獲得手段が必要であると思われる。

脳

高度な知的生命という場合に、脳の存在を前提条件にすることに大きな問題はなさそうである。最も単純な多細胞動物の一つであるイソギンチャク（刺胞動物）に、すでに神経細胞系はできあがっている。神経細胞は複数あり、それらは結合して相互に連携して活動している。その結果、何本もの触手がいっせいに獲物に反応して効率よく獲物をとらえることができる。

最近の研究で、脳を形成するために重要な遺伝子がすでにイソギンチャクで誕生していることがわかっている。動物が外界から情報を受け取り、この情報を処理して餌の捕捉に用いるというのは、動物にとって極めて基本的な行動であることがわかる。したがって、ほかの生物を捕まえてエネルギーを獲得する生物であれば、少なくとも神経系を持ち、神経系が進化すれば脳を持っているはずである。

知性

知性とは外界刺激への反応の高度に発達した段階と考えることができる。外界への反応は、地球の最も単純な生物である原核生物（細菌と古細菌）にすでに見ることができる。外界に栄養素があると、栄養素の存在が刺激となって、その栄養素を分解して利用する酵素が細胞内につくられる。外界に特定の化学物質があると、そちらの方向へ泳いでいく。最も単純な生物にすでに外界へ反応する仕組みができあがっている。

多細胞生物になるとその活動は複雑になる。動物の中でも最も単純な構造であるイソギンチャクの仲間は、すでに神経系を持ち、餌が来たときにそれに反応していっせいに触手を動かし餌を口の中に取り込む。あるいは、強い刺激が来た場合には、いっせいに触手を引っ込める。

先カンブリア時代の末期に誕生していたさまざまな種類の動物の末裔は現在の地球に生存している（図2-12）。それらの大部分は口を持ち、移動可能で、餌を求めて移動し、また生存に不適な環境であればそれを避けて逃げ出す。口の形や脚の形、数はまちまちであるが、神経を持って外界に対する対応をしている点は共通している。

外界への反応、退避、餌の捕捉、攻撃をするための情報は外界から視覚や触覚、聴覚によって入手するが、その情報をどのように処理してどのような行動を起こすのかは多くの動物では遺伝的に決まっている。ミツバチは集団で敵に立ち向かい、あるいは蜜を求めてミツバチ同士で情報を交換するが、その方法は遺伝子によって決まっており、その行動を経験によって変えることはない。これらの行動は進化の過程で選択され、遺伝的に子孫に伝えられている。

高等動物になると、行動を学習することができるようになる。ネズミやイヌがどのような行動をとると餌が得られるか、どのような行動で苦痛が与えられるかという学習を行うと、外的な状況に応じて学習して得られた行動をとるようになる。しかし、その学習は一世代限りで、その行動パターンが遺伝することはない。

学習した行動は、そもそも遺伝することはない。しかし、ヒトでは行動が教育によって親から子へ伝えられる。親から子への教育は食事の食べ方、歩き方、話し方に始まり、親兄弟や他人との接し方、戦い方、農耕や牧畜、道具や家のつくり方などと発展していったはずである。その後、行動の伝授、教育の少なくとも一部分は家庭の外のシステムとなり、種々の学校や教育システムとして機能するようになっている。その間に、音を用いた言語として伝えられていた情報が、絵や文字として時間を超えて伝えられるようになった。

知性は、外界への反応として始まり、外界への高度な対応として進化してきた。知性の誕生は外界への対応の高度な発展として必然的と言えないだろうか。

手

知性が発達して時間を超えて、あるいは遠い場所に情報を伝達するためには道具が必要である。道具をつくるためには、何か手のようなもの、道具を持つことができるものが必要であろう。もちろん、手が胴体の上部の両脇について指がそれぞれ5本である必要はない。指は2本でもよいかもしれない。しかし、それぞれの「手」には2カ所の押える場所「指」が必要である。もし1本の指で持つのであれば、その1本の指と手のどこかもう1カ所の2カ所でものを保持することになる。こういう広い意味で、2本以上の「指」を持つ「手」がないと道具や装置をつくることはできなさそうである。

また、ある対象物の二つの部分を持つためには、「手」が最低2本は必要である。鳥のいくつかの種では、枝をくちばしで挟んで何かを突っつくのに用いる。くちばしは2カ所でものを持つ「手」の役割をしている。タカやワシが獲物をくちばしで引き裂くとき、一つの「手」であるくちばしのほかに、脚の指を用いる。脚の指で獲物を押さえ、くちばしで引き裂くので、「手」を合計2本使っていることになる。

何かにつかまるのと、何かをつかむのは似たような動きであるが、サルの仲間以外では、タツノオトシゴがしっぽで海藻につかまり、アリが大あご（口）でものをつかむ。しかし、道具をつくろうとすると2本の手が必要である。タツノオトシゴもアリも、つかむ器官が一つしかないため、道具をつくることはできそうもない（アリの仲間には、葉を使って家をつくるものはいる）。

道具をつくるためには、2本以上の「指」を持つ、2本以上の「手」が必要である。

眼

生物が最も一般的に用いる情報源は可視光線である。眼はヒトが持つさまざまな感覚器官の中でも、最も大量の情報を受け取ることができる。大量の情報を受け取るために眼球と脳の視覚野は太い神経で結ばれている。

もし、太陽と同じような大きさの恒星を考えると、核融合によって高温となった恒星から放出されるエネルギーは太陽と同じような光、つまり可視光線が最も強くなる。地球の動物の大部分は眼を持っている。太陽と同じような恒星の惑星に棲む生物は、可視光線を情報入手手段として、眼を用いるのが最もよいはずである。

脊椎動物は二つの眼を持っている。眼にはカメラのようにレンズが付き、レンズで結像させた外界の光を光感受性の細胞で受け取る。レンズを使って対象物の像を結び、それを神経細胞で感じる構造の眼のことをカメラ眼と呼んでいる。驚くべきことに、このような構造の眼が脊椎動物とは独立にタコにもできあがっている。同じ生物だから当然と思うかもしれないが、タコの眼もカメラのようにレンズが付いているのであるが、タコと脊椎動物の眼の構造はまったく異なっている。まったく別の進化過程で、しかし同じような構造としてできあがったカメラ眼であり、収束進化である。ほかの恒星の生命体も、カメラ眼を持っていて可視光線を情報取得に使っている可能性は高い。

情報伝達

可視光線は生物体として誕生した生命にとって、最も自然に利用できる情報伝達手段である。人類は可視光を利用して、情報伝達も行っている。身振り手振り、顔の表情、手話なども情報伝達手段と言える。古くは、煙や炎、旗を使って遠くまで情報を伝達した。文字を使うようになってからは、文字を読むのも視覚に頼っている。文字情報を少し遠くまで届けたい場合には、現在では看板やネオンサインが用いられる。現在でも可視光線を用いた情報伝達はよく使われている。可視光線は太陽光の中でも最も強い光なので、生命にとって最も使いやすいと言える。

しかし、可視光線は直進するため、あまり遠距離に情報が伝えられないことが可視光線の問題である。比較的近距離であっても、間を遮る壁があれば情報伝達は妨げられてしまう。

こうした問題を多少緩和できるのが音波である。音波は空気中を伝わり、情報の送り手と受け手が見えない場所にいても、大きな声を出せば情報を伝えることができる。ただし、音波は遠距離の情報伝達には適さないし、真空の宇宙では伝わらない。

人類が道具を用いるようになってから、電波を情報伝達の手段として使い始めた。可視光線を眼で見る場合には、二次元での光や色の強度が情報として意味を持っている。現在の光ケーブルや電波の情報伝達では、テレビのように最終的に二次元での情報として利用する場合でも、一次元の情報、光や電波の波の強弱に変えられて情報が伝達されている。

眼で見た場合の情報量は二次元的にはかなり多いが、その反応時間には限界がある。眼で認識できるのは1秒の10分の1程度にすぎない。したがって、1秒間に10程度の情報しか伝えることができない。それに対して、光や電波を用いる装置を使うならば、その1億倍あるいはそれ以上の速度で情報を伝えることができる。高速の情報伝達を行うためには、装置を用いて、光か電波を用いることが極めて効率的である。

誕生した生命にとって可視光線と音波が自然に使える情報伝達手段であるが、道具を使うようになった人類にとって、光や電波で高速での通信が可能になった。情報を伝える速度の点で、光や電波が優れている。

電磁波

この後の節で詳しく議論するが、宇宙で知的生命体を探そうとしても、ほかの惑星で座禅をして高度な思考にふけるような知的生命を検出するのは不可能である。ヒトの脳の活動を電極で測定することはできるが、電極は直接皮膚ないしは神経に接触する必要がある。ＭＲＩの場合には接触する必要はないが、数十センチメートル程度にまで近接する必要がある。したがって何光年も先の神経活動を検出することは、かなり先の未来を想定してもありそうにない。

現在、最も検出しやすい知的生命のシグナルは電磁波である。電磁波というのは、電場と磁場が交互に変動する波のことである。電磁波の中には、ガンマ線、Ｘ線、紫外線、可視光線、赤外

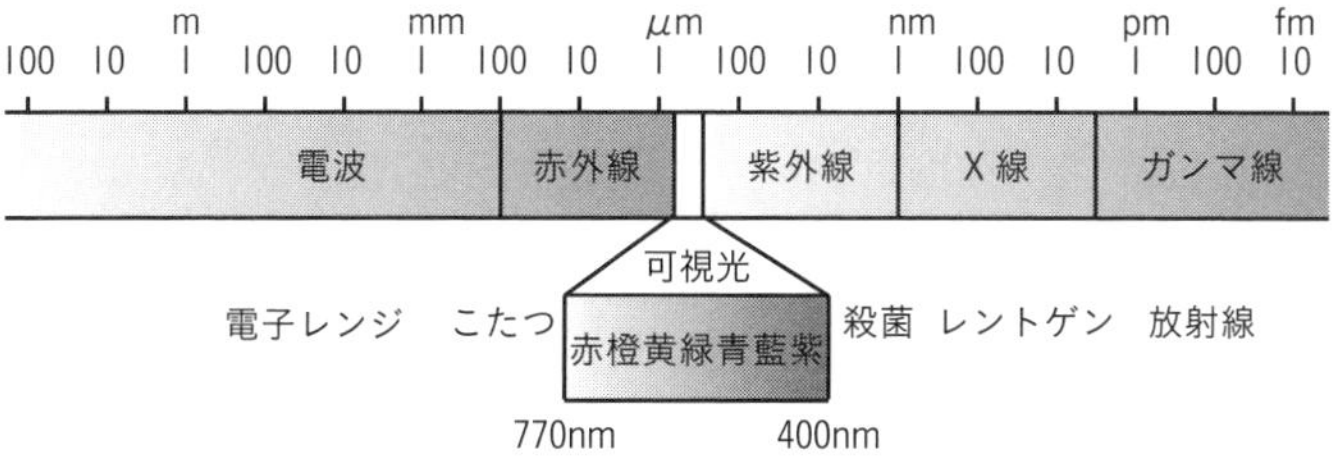

図2-15　電磁波の種類

電磁波は、波長によってかなり違った性質を持つ。最も長い波長が電波で、通信や放送に用いられる。電波でも波長の短いマイクロ波は電子レンジに用いられる。可視光線は波長の長い方から赤橙黄緑青藍紫である。赤より波長が短い光が赤外線、紫より波長の短い光が紫外線、さらに波長が短い電磁波がX線とガンマ線と呼ばれる。

線、マイクロ波、電波などが含まれる（図2-15）。これらは全部電磁波なのであるが、違う名前が付いている。これらの電磁波が全然違うように見えるのは、その波の波長がまったく違うからである。これらの電磁波の種類は、波長の短い順に並べてある。X線は原子とほぼ同じ1ナノメートルくらい、1ナノメートルというのは1ミリメートルの100万分の1である。可視光線は1マイクロメートルくらいで、X線の波長より1000倍長い。電波はさらに1000倍長いミリメートルから、その1000倍のメートル、さらに1000倍のキロメートルまでかなり異なった波長のものが含まれている。

電磁波は、ガンマ線から電波に至るまで、社会でもさまざまな目的で利用されている。X線は体の内部を撮像、紫外線は殺菌、赤外線は加熱、電波の一種のマイクロ波は電子レンジ、電波は携帯電話、無線、ラジオ、テレビで使われている。電磁波は天文学で宇宙を探査することにも利用されているので、高感度測定技術が進んでいる。宇宙の知的生命体が座禅をしているのではなく、電磁波を利用している場合には電磁波探査が知的生命のシグナル検出に有効である。

ヒトが必ず電磁波を使うようになるのかどうかを検討するためには、ヒトが文明に到達するまでの過程を検討すればよい。ヒトが一人でどこか隔離されていたとき、高度な文明に到達するだろうか。数人の集団が一生懸命考えて高度な文明に到達するだろうか。高度な文明に到達するにはヒトとヒトの意思疎通、ヒトの集団とヒトの集団の情報伝達が必ず必要であろう。そのためには高速で情報を伝達する手段として電磁波が優れている。

陸の存在

生命の誕生のためには液体の水が必要であり、海のある惑星が生命にとって重要である。しかし、海の中に知的生命体が誕生するだろうか。

水の中では、生物の個体にかかる重力は浮力でほとんど相殺されてしまうので、水の中では重力はほとんど問題にならない。魚類には「脚」は誕生しなかった。ムツゴロウのようにひれで干潟を歩き回る魚がいるが、これらも水の上に出るために獲得された。

水の中に棲むエビ、カニ、ヤドカリは多数の脚とはさみを持っている。はさみには二つの「指」があって挟むことができる。2本のはさみで、ものを挟んで引きちぎることはやっている。カニの中には、海藻をちぎって自分の体の甲羅に植え付けてカムフラージュにするモクズガニというカニがいる。しかし、エビやカニが道具をつくることは知られていない。

鳥の中には、くちばしで硬い殻を持った餌を高いところから落として、殻を割るものがいる。サルはものをつかんで投げて威嚇する。ヒトは石や槍をつかんで投げて獲物をとらえる。こうした動作はいずれも、陸上だから可能である。水中では水の抵抗と浮力でものを投げることには向いていない。

仮にエビやカニが道具をつくることができるようになったとしても、電気を用いた道具をつくるのは困難である。海水は電気を通してしまうので、電気回路はすべて絶縁する必要がある。そう簡単には海水中で電気回路をつくる知的生命体は誕生しそうにない。

仮に電気回路ができたとしても電波は水中を伝わらない。電流は海水中を伝わるが、それが理由で電波は海水中を伝わらない。電波によって海水中には電流が発生する。発生した電流はすぐに熱になってしまって、電波は海水中でただちに減衰してしまう。電波を用いて情報通信を行う生命は陸でしか誕生しえない。次の節では、電磁波と知的生命探査の関係を考える。

4　地球外知的生命探査――ＳＦから科学へ

知的生命探査がなぜ科学的課題なのかという疑問を抱く読者もいるかもしれない。サイエンスフィクション（SF）と呼ばれる想像の世界を描いた映画や小説、テレビ番組は最初からフィクション、つまり想像の世界であるとわかるので問題はない。しかし、ある種の新聞や雑誌ではピラミッドなどの太古の建造物の遺跡が地球に飛来した宇宙人の建設したものであるかのような記事が、少なくとも過去にはあった。本書では個々の記事の解釈や真偽を検討することはしないが、知的生命と言ったとき、フィクションと科学との違いはどこにあるのか。何が科学で何はそうではないのか、それを検討してみよう。

科学

科学者の世界では、何かの新しい発見や考えは科学論文という形で公表される。論文では、まず「新たにわかったこと」が書かれる。そしてその論拠が記載される。論拠を考えるうえでは、何をどのような方法で調べたのかという「材料と方法」と、どのような測定結果や観測結果が得られたのかという「結果」が次に記載される。最後に、その結果を「これまでに知られている科学的な事実」と合わせて考えたときに、どのようなことが推論されるのかということが議論される。

つまり科学論文では、「新たにわかったこと」が書かれるが、「新たにわかったこと」は①必ず新しい「結果」に基づいていなければならない。②そして、その新しい「結果」は「これまでにわかっている事実や科学の体系」の中でつじつまが合っていなくてはならない。この二つが科学で最も重要なことになる。

もちろん、極めて新しい発見の場合には、これまでの科学的な考え方を大きく変えなければならない場合もある。しかしその場合にも、新しい結果によってさまざまなことがよりよく説明されるようにならなければならない。こうした、新しい発見とそれによる科学的な理解の進展が科学の進歩と言われるものになっていく。

理論研究の場合には、その論文そのものには「結果」は書かれない。しかし、理論研究の場合には、その理論がそのままで科学的に正しいものとはならない。新しい理論が提案されると、それを実験的に確かめる方法が検討される。その方法に基づいて実験が行われて、予想通りの結果が得られれば理論は正しかったということになる。実験結果によっては、理論が間違っていたか、あるいは修正が必要となる。つまり、理論研究は科学の知識を増やすうえで極めて重要なことは間違いないが、理論研究は実験結果の裏付けなしには、科学的に正しいものとはされない。まとめるなら、科学では、①まず実験事実あるいは証拠が必要である。②すでにわかっているさまざまな事柄の中でうまく説明できなければならない。

これまで、地球に宇宙から知的生命体が来たというはっきりとした証拠はない。それでは、地球外の知的生命の存在はどのように考えればよいのだろうか。本書では、地球外の知的生命の存在可能性を否定しない。しかし、これは知的生命がいると単に主張している訳ではない。本書では理論的な可能性として知的生命の可能性がどの程度あるのかを検討する。理論検討によって、実験的にそれを確かめる方法を考えることが最も重要なことになる。

何を探査するか

初期の知的生命探査では、「探査する相手が、強力な電波でこちらに通信していること」を前提にしなければ検知不能な探査であった。探査相手が強力な電波でこちらに通信しているかどうかは、相手の考え方次第であって、それを前提とするのは探査の可能性を大幅に下げてしまう。探査対象は、探査相手の「意思」に関係なく探査可能である必要がある。したがって、もし知的生命が誕生したとき、探査相手の意思にかかわらず、合理的な理由で用いるであろう事柄を検出するのが望ましい。

探査に用いる装置の感度も重要である。遠距離を探査する手段として、光学望遠鏡と電波望遠鏡は超高感度の装置が開発され用いられている。光学望遠鏡と電波望遠鏡が生命探査の手段となりうる。

光学望遠鏡では、遠くの惑星の大気組成が探査の対象となりうる。その惑星に酸素があるかどうか。酸素があるから知的生命がいるとは限らないが、酸素があれば生命が誕生している可能性は十分にある。

また、電波望遠鏡では知的生命が用いる電波を探知する。知的生命は電波を通信や、情報伝達に用いている可能性は高い。もし、電波を受信することができれば、その星のさまざまな情報を入手できるようになる。

5　知的生命をどう探すか

CETI《セチ》とSETI《セチ》

知的生命の意図にかかわらず、知的生命が高度に発達する意思伝達方法として電磁波を使うのではないかと推定し、それを探査するというのがSETI《セチ》である。

１９６０年、フランシス・ドレイクは知的生命を探すために、惑星を持つ可能性が当時考えられていたくじら座のτ星とエリダヌス座のε星に対して、電波望遠鏡による観測を行った。その頃の知的生命探査は、「地球外知的生命との『会話』」（Communicate Extra Terrestrial Intelligence）を略してCETI《セチ》と呼ばれた。しかし、この試みはさまざまな批判を受けた。この探査は探査対象の恒星の数も限られており、そこで電波文明を持つ惑星があるかどうかはわからない。感度が悪いので、その文明があったとしても地球に向けて強い電波を発信していなければ検出できない。したがって、文明が電波を発信するという意図に依存している。これらの批判の中の最大の課題は、この探査が探すべき知的生命の意図に依存しているということである。

これらの問題点の内のいくつかを解決する探査方法が考案され、現在は、「地球外知的生命『探査』」（Search for Extra Terrestrial Intelligence）、略してSETI《セチ》と、略したときの音は同

図2-16　スクエア・キロメートル・アレイ
電波を受け取る面積の総計が１平方キロメートルになるようなアンテナ群の計画で、南アフリカとオーストラリアの２カ所で建設が始まっている。
出典：SKA

じであるが、対象となる知的生命の意思にかかわらず探査できる方法が実施されている。

SKA――スクエア・キロメートル・アレイ計画

SKA計画は最終的に1平方キロメートルの電波受信面積を持つ、世界最大の電波望遠鏡をつくろうという計画である（図2-16）。すでに、この計画では南アフリカとオーストラリアの2カ所に準備段階の建設が開始されている。数百台の電波望遠鏡を千キロメートル以上にわたって配置する。南アフリカとオーストラリアの2カ所で異なった波長の観測を行うことによって、双方の観測が相補的になるように計画されている。

SKA計画ではビッグバン直後の宇宙の様子を観察し、暗黒エネルギーの性質を調べることと合わせて、「宇宙で我々はひとりぼっちか」というSETIの課題に取り組む予定になっている。

探さないと見つからない——心の広い人に見つけられる

さて、SKAによってあるいはSETIによって、地球外の知的生命は見つかるのだろうか。もちろん見つかる保証はない。なにせ、まだ誰も一度も知的生命の証拠を得た人はいないのだから。しかし、これはどんな実験でも同じであるが、それがあると信じて探さなければ決して見つからない。何か別の観測や実験をしている際に偶然、ほかのものを発見してしまう場合もある。これは、セレンディピティと呼ばれている。しかし、それを見てその意義を理解できるだけの知識と理解がなければ、仮に偶然その現象を目撃したとしても、その意義がわからず見逃してしまうことになる。「『何か』はないに違いない」と思い込んでいる心の狭い研究者には、これまで知られていない、極めて新規な発見の可能性は極めて低いと言える。

見つかる可能性のある方法で

同時に、いかに重要な課題であっても、その発見の可能性が極めて低い、あるいはその発見が失敗に終わったときに得られる成果が極めて少ない場合には、どれだけの費用と時間、労力をかけてその実験を行うかは簡単には決まらない。どのような方法で実験や探査を行うのがよいのか。どこを探査するのがよいのか。どれだけの感度があればよいのか。見つからなかった場合にはどのような解釈になるのか。多額の費用をかけて行う実験や探査では、こういったことが、探査実現の過程のさまざまな段階で検討される。

それでは、一番近い知的生命はどれくらいの距離にいるのか。これはドレイクの方程式で計算することができる。ドレイク自身の出した答えは、電波を用いる知的生命の数は銀河系に10個であった。しかし、ドレイクの時代から50年以上経ち、さまざまな発見が続いている。ドレイクの方程式の答えが今はどうなっているかは、本書の最後の章で見ていく。

ドレイク自身の出した答え、電波を用いる知的生命の数が銀河系に10個と仮定すると、一番近い知的生命でも約30万光年離れている。この距離にある知的生命を検出できるだけの検出感度の測定を行うのが望ましい。

ドレイクの時代の技術から50年、デジタル情報処理技術は目覚ましい発展を遂げた。微弱電波を検出する検出感度、一度に検出する波長帯域の広がり、電波望遠鏡が一度に観察することのできる観察範囲、電波を解析する能力の上昇、こうしたものを総合すると50年前に比べて、10の26乗倍感度が上昇している。これらの技術の開発速度は今も目覚ましく、指数関数的な能力向上を見せている。これからも今と同じ速度で技術が進歩するならば、銀河全体を検出可能な範囲にする時期も遠くない。

コラム　フェルミのパラドックス

天文学者や物理学者には、「広い宇宙には1000億もの銀河が存在し、それぞれの銀河には1000億もの恒星があり、それぞれには多くの惑星が回っているのだから、どこかに知的生命がいてもよい」と考える研究者が少なくない。太陽系の中心星太陽は恒星の中ではごくありふれた星である。地球のような岩石惑星も特に珍しいと考える理由はない。それならば、地球と同様に知的生命がほかの天体で誕生してもおかしくない。「それなのになぜ、ほかの知的生命体が地球にやってきていないのか」というのがフェルミのパラドックスである。

地球の知的生命が宇宙で最初の知的生命であるという可能性、したがってほかの星の知的生命はまだ誕生していないという可能性はどうだろう。宇宙が誕生してすでに138億年経っている。一方、地球の誕生は46億年前、太陽系の我々の地球は決して早く誕生した天体ではない。

すでに、宇宙人は来ているという考え方もある。ピラミッドやナスカの地上絵、ミステリーサークルと呼ばれる耕作地に突如現れた円形の図形などがその証拠とされる。その理由は、地球人の技術ではこれらの構造物や図形がつくれないからということだそうだ。しかし、ピラミッドの作成法が発掘によって解明され、ナスカの地上絵は長いロープを用いれば作成可能であることが発見され、ミステリーサークルの作成者は名乗りをあげた。今のところ、「宇宙人は来ている」説の科学的論拠は薄そうである。

やはり地球の知的生命は特別な存在である、ほかの天体では知的生命は決して誕生しなかった、という考え方もある。生物の巧緻な構造、特に人体の複雑な神経系を研究すると、このようなものがそう簡単に誕生するとはとても思えない。日々、生物を研究する生物学者に多い考え方である。しかし、生物学の大きな学会でも、地球外生命の課題が取り上げられるようになってきている。生物学者も、ほかの天体での知的生命の誕生可能性がまったくないとは、もはや考えていない。

第三章　地球外生命——どこでどのように探すか

本章では、どこでどのように地球外生命を探すかを検討していく。太陽系内と太陽系外では、考え方も探し方もかなり異なる。

1　太陽系の中で生命が存在しうる場所

火　星

火星は太陽系で最も地球に似た惑星である。金星が地球の内側の軌道にあるが、金星の大気は硫酸の雲に覆われており、地表の温度は400℃以上にもなる。仮に有機物が金星にあったとしても分解されてしまう。

火星は地球と同じく岩石でできた惑星で、地球の外側を回っている。火星に液体の水が存在できるかどうかは、火星大気の圧力と組成によっている。もし火星が温室効果を持つ厚い大気で覆われていたのならば、火星に液体の水があってもよい。実際、過去の火星に液体の水と海があった証拠が複数見つかっている。火星には水が流れた跡と思われる地形や岩石、水の存在で形成される鉱物などが見つかっている。こうした証拠から、火星史初期には北半球が海に覆われていた可能性が高い。

火星の地下には今も大量の水の氷があることが、周回衛星による地下探査からわかっている。水の氷は、極域に多いが、赤道近くの地下にも見つかっている。高緯度に着陸した火星探査機フェニックスの着陸機は、表面土壌を掘ってできた塊が数日後に消滅することを観察した。その温度と圧力を考慮すると水の氷の塊と考えられた。

NASAの探査車MSL（マーズ・サイエンス・ラボ）、通称キュリオシティは、ゲール・クレーターの中を移動しながらさまざまな分析を続けている。キュリオシティは大気中のメタンの濃度を何回も測定した。探査初期の測定結果は大気中にメタンがほとんど含まれないという結果であったが、キュリオシティ探査期間のある一時期にメタンが10ppb近く検出された。この濃度はごく低濃度であるが、ある一定の時期に検出されたということは、どこかにメタンが噴出する場所があることを意味している。

また、キュリオシティは土壌を加熱して放出される気体を分析した。その結果、土壌には2%の水があり、二酸化炭素や亜硫酸ガス、硫化水素などが加熱によって放出された。亜硫酸ガスや硫化水素が加熱によって放出されることは、土壌中に還元型の鉱物、例えば硫化鉄のような鉱物があることを示唆している。火星の表面は酸化鉄に覆われており、土壌中には過塩素酸塩が含まれていて超酸化的であると思われていた。しかし、土壌を数センチメートルも掘ると、そこには還元型の鉱物も存在することを示している。

微生物の生育には水のほかにエネルギー源が必要である。エネルギー源としては還元型の化合物が使われる。地球の微生物の中には、硫化鉄、メタンをエネルギー源として利用可能な微生物がいる。エネルギーを得るためには、酸素も必要である。しかし、地球の微生物には酸素なしで生育できる微生物は多い。酸素の代わりに、酸化鉄、過塩素酸塩、硫酸塩などがエネルギーを得るために利用されている。つまり火星表面には、これら微生物がエネルギーを獲得するのに必要いる。

な還元型の化合物（硫化鉄、メタン）や酸化型の化合物（酸化鉄、過塩素酸塩、硫酸塩）が見つかって

火星大気中に水蒸気はほとんど含まれていない。地球と比べるならば、火星は乾ききった天体である。火星の大気は地球の0・6％程度しかない。この圧力では水は液体で存在することができない。温度が低い場合に水は地球と同様に氷の状態である。温度が上がると地球の大気圧では、水は液体となるが、火星の大気圧では水は液体になることなく、気体となる。この現象は昇華と呼ばれる。したがって、火星には液体の水は圧力の高い地下でなければ存在しえないと思われていた。ただし、大気圧は高度によって異なり、高度の低い谷の底あるいは地下であれば液体の水が存在する条件がある。しかし、そこにも液体の水の証拠は見つかっていなかった。

火星では周回機（火星の人工衛星）マーズ・リコネッサンス・オービターが火星表面の高解像度撮影を続けている。同じ場所の異なった時期の画像を比較すると、前になかった構造が現れる現象が見つかってきた。これはリカリング・スロープ・リニア（裏表紙参照）と呼ばれている。「線状斜面繰り返し現象」とでも訳しておこう。毎年、春と夏にクレーターの斜面に黒い流出地形が現れ、秋と冬には消失する。火星の大気圧では液体の水は存在できないが、濃い塩水は融点が低下するので、液体で存在できるようになる。クレーター斜面に現れる地形は濃い塩水である可能性が高い。

地球の生命の中には、火星表面の環境に耐えることができ、生存できるだけの耐性を持つ微生

物がいることもわかってきている。火星の重力は地球の38％であるが、重力は微生物生存に対する影響はない。少し前まで薄い大気圧が火星での生物生存の問題点と考えられていた。しかし、2014年にこの大気圧で生育できる地球微生物が発見された。火星の表面の放射線は1日あたり0・2ミリグレイで、ヒトにとってもほとんど問題のない放射線量である。微生物の中には、ヒトの数百倍も放射線に耐性のあるものがいる。火星の放射線は微生物の生存にまったく影響がない。火星土壌には過塩素酸塩が含まれている。過塩素酸塩は殺菌剤に含まれる成分である。しかし、地球微生物の中には過塩素酸塩を酸素の代わりに用いてエネルギー獲得に利用できるものがいる。したがって過塩素酸塩の存在も地球微生物の存在に問題ない。火星での液体の水の存在が疑われていたが、リカリング・スロープ・リニアが飽和塩水であれば、微生物の生存が可能である。紫外線は地球で最も耐性の高い微生物を数分で死滅させる。しかし、紫外線は土壌によって簡単に遮蔽されるため火星表面の数センチメートル下に紫外線の影響は及ばない。つまり、火星表面の数センチメートル下には地球微生物も生存可能な環境がある。

火星には地球の微生物であっても生存可能な環境が地下数センチメートルにあり、エネルギー源があり、生命を構成する元素（水素、酸素、窒素、炭素、硫黄、リン）がそろっている。火星で誕生した生命は、液体の水の存在する地下に生き残っているかもしれない。

ＥＳＡ（欧州宇宙機関）のエクソマーズは地下2メートルほどの孔をあけて、地下の岩石を探査する計画である。地下2メートルで微生物はいるだろうか。もっと深い孔を掘削することは容易ではない。しかし、深い孔をあける必要はない。リカリング・スロープ・リニアは地下数十メートルのところから放出されている塩水である可能性が高い。放出された塩水を採取すれば地下数十メートルのサンプルが入手されたことになる。今後、メタンが噴出している場所あるいは、リカリング・スロープ・リニア以外でも、液体の水が地下から噴出している場所が発見される可能性もある。そうした場所も将来有望な探査対象地である。しかし、今のところ火星で最も生命が検出される可能性の高い場所は、地下から塩水のしみ出ている場所、リカリング・スロープ・リニアと言える。

氷衛星

太陽系で火星の次に生命が生存している可能性の高い場所としては、氷衛星がある。太陽系には内側から、水星、金星、地球、火星と惑星が並んでいる。この四つの惑星は、比較的小型で、岩石でできている。この四つは岩石惑星と呼ばれている。その次の二つの惑星、木星と土星は岩石惑星に比べてはるかに大型で、水素を主成分とするガスでできている。この二つはガス惑星に分類される。ガス惑星には、多くの衛星（月）が回っている。木星や土星の衛星には表面を氷で覆われた衛星がいくつもある。これらは氷衛星と呼ばれている。

氷衛星のうちで、生命の存在可能性の点から最も興味深いのは、エンセラダスである。エンセラダスは、土星の衛星で直径５００キロメートル程度と地球の26分の1程度の大きさである。N

ASAの探査機カッシーニによって、エンセラダスの南極から煙のような噴出物が宇宙に放出されていることが発見された（裏表紙参照）。この噴出は、プルームと呼ばれている。南極にはひび割れがあり、トラの縞模様に似ていることからタイガーストライプと呼ばれている。エンセラダスの表面温度はマイナス200℃とごく低温であるが、タイガーストライプはそれよりも100℃以上高温であった。エンセラダスのプルームは、その氷の割れ目から噴出している。プルームは主に氷の粒からできているが、ナトリウム塩が含まれている。こうしたことから、エンセラダスの氷の下には、内部海があるのではないかと推定された。さらに、プルームの中を突っ切ったカッシーニは、プルームに有機物が含まれていることも明らかにした。

2015年、日本の研究者を含むチームは実験室で実験を繰り返し、このプルームにはナノシリカと呼ばれる、石英の粒子が含まれることを明らかにした。さらに、ナノシリカが形成されるためには90℃以上の熱水が必要で、エンセラダスの地下には90℃以上の熱水が噴き出ている環境、地球の海底にあるような熱水噴出孔があることを明らかにした。

したがってエンセラダスの氷の下には、液体の水があり、有機物がある。熱水孔があればおそらくエネルギー源となる還元型の化合物も噴出しているので、生命をはぐくむのに必要な環境がそろっていることになる。ただし、氷の表面は真空であり、液体の水が表面にでている訳ではない。したがって、このような環境で生命が誕生できるかどうかは不明である。

ごく最近、木星の衛星エウロパにもプルームがあるという発見が行われた。エウロパにも氷の下に内部海がある可能性が高い。エウロパの表面の氷には、クレーターがほとんどなく、表面のひび割れから、内部の海水が染み出て凍っていると思われている。エウロパ内部の水を掘削して採集する探査は極めて難しいが、染み出ている表面の氷を削って調べることであれば、それに比べてかなり容易な探査となる。

タイタン

土星の衛星タイタンも表面は氷に覆われている。その意味では氷衛星の一つと言える。タイタンは太陽系で2番目に大きな衛星で、地球とほぼ同じ大きさである。タイタンの表面は濃い大気によって覆われている。ほかの氷衛星がほとんど大気を持たないのと対照的な特徴である。大気は1・5気圧で、主成分は窒素であるがメタンが含まれている。また、タイタンの大気中には濃い塵《ちり》が漂っているため、大気の外から地上を見ることはできない。

NASAの探査機カッシーニは、子探査機ホイヘンスをタイタンの表面に落下傘で降下させた。ホイヘンスの探査により、タイタンの大気中にはメタン以外にもさまざまな有機化合物が含まれていることが明らかとなった。また、ホイヘンスはタイタンに降下する途中に大気中の塵を分析した。タイタン上空の塵は高分子の有機化合物であることがわかった。

ホイヘンスはタイタンの地上の写真を送ってきた。タイタンの地表には、たくさんの岩がごろごろする地形が写されていた。ただし、これらの岩は地球とは違い、氷でできている岩である。

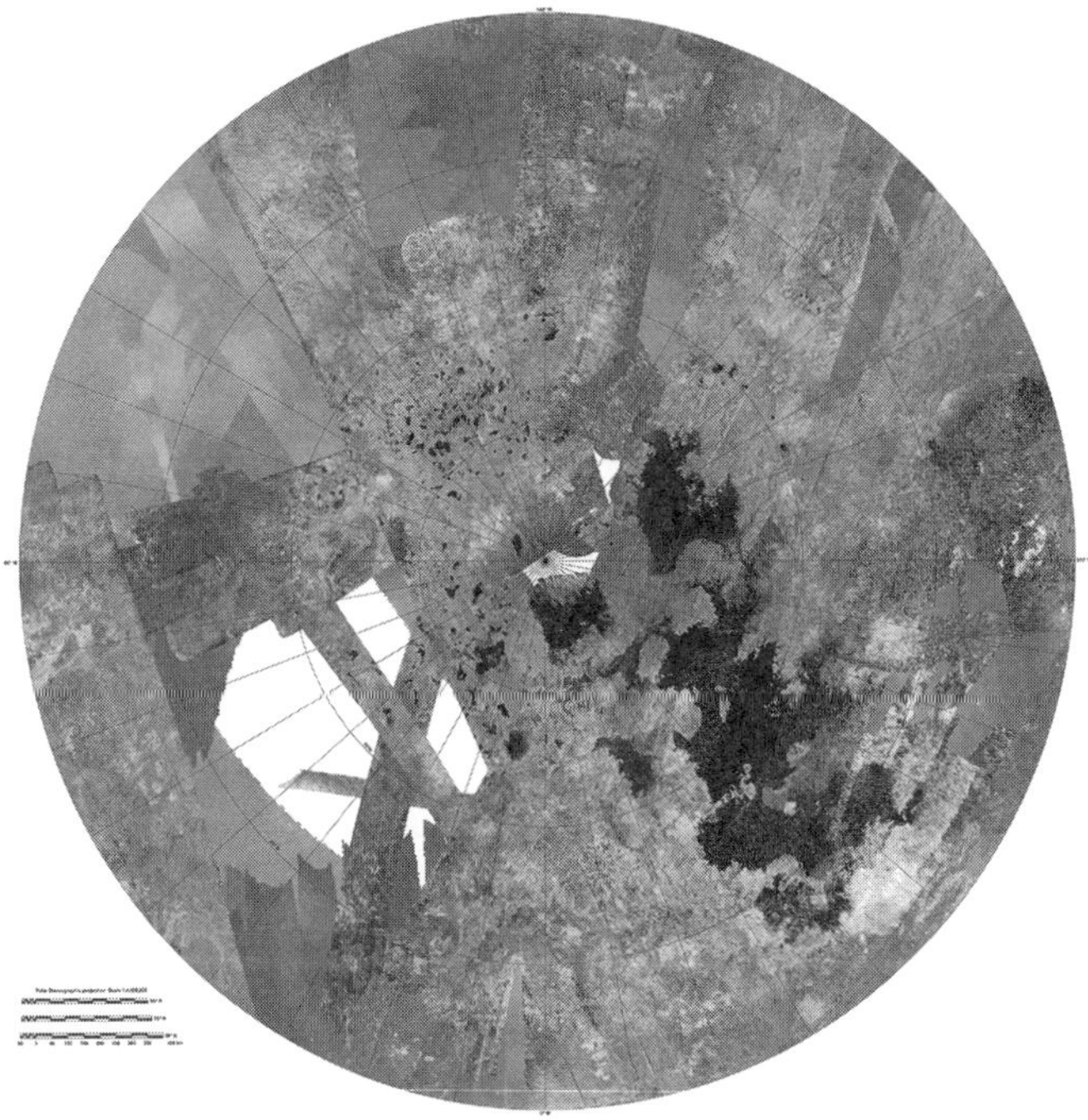

図 3-1　タイタンのメタン・エタンの湖

NASA の探査機カッシーニがレーダーで撮像した土星の衛星タイタンのメタン・エタンの湖（色の濃い部分）。

出典：NASA/JPL-Caltech/ASI/USGS

ホイヘンスの降下中には何枚もの写真も撮影された。その写真には、地球の谷や川、湖にそっくりの地形が撮影されていた。タイタン上空を周回するカッシーニは、上空からレーダーによる地形の探査を行った。タイタンの北半球には、たくさんの湖があることがわかった。ただし、これらの湖は水ではなく、メタンあるいはエタンでできた湖である（図3-1）。

したがって、タイタンの表面には液体の水は存在しないので水を基礎とする生命は存在しそうにない。しかし、液体のメタンやエタンを用いた生命は存在しないだろうか。もし、存在したとすれば、我々の知る地球の生命とはまったく異なった代謝や性質を持った生命であり。我々の生命の知識と常識を大きく変える生命になる。マイナス170℃のタイタン表面では、反応が非常に遅く進行する。仮に生命が誕生していたとしても、進化をしていない初期の生命が残されているはずである。NASAの研究所では、タイタンでどのような生命が存在しうるかという研究を進めている。

2　太陽系外で生命が存在しうる場所

太陽系には8個の惑星がある。太陽系以外の恒星、星には、惑星があっても見えないと思われていた。現在では、1800個以上の惑星が見つかっている。太陽以外の恒星を回る惑星は系外惑星と呼ばれている。太陽系外の惑星には生命はいないのであろうか。

惑星探査法

太陽系外惑星の大部分はトランジット法と呼ばれる間接的方法で発見された。この方法は、日

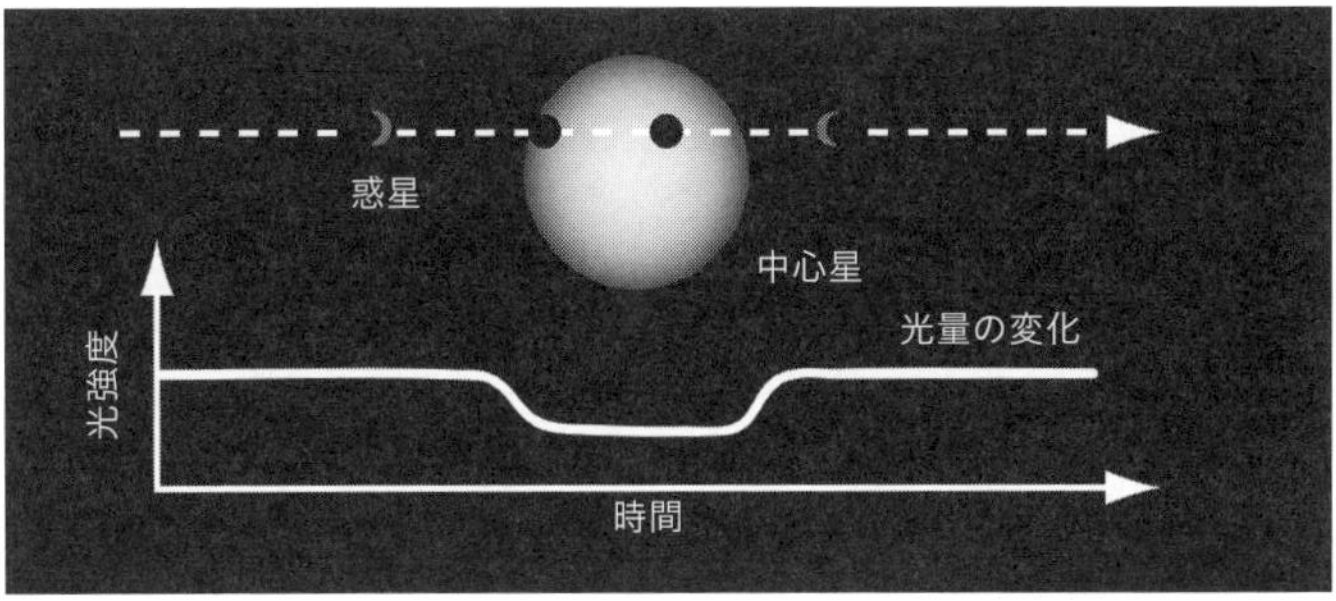

図3-2　トランジット法

中心星（恒星）の前を系外惑星が通過すると、中心星の光が弱まる。光が弱まる程度から、中心星に対する惑星の面積比、したがって直径もわかる。再度通過するまでの時間から系外惑星の周期がわかる。

出典：NASA Ames

食観察に似た方法である（図3-2）。日食では、太陽の前を月が横切るとき、太陽の光が一時的に遮られて暗くなる。同様に、遠くの恒星の前を惑星が横切ると、恒星の光が一時的に暗くなる。光の低下の程度は、恒星面積と惑星面積の比で決まる。小さい惑星の場合には光量の変化が少ないため、惑星の検出は難しい。これまでに4000以上の惑星の候補と2000近い惑星が発見されている。

2009年から2013年までの4年間、ケプラーという系外惑星探査衛星が宇宙から系外惑星探査を行った。ケプラー望遠鏡は天の川のそばに見える、こと座の周辺を観察し続けた。恒星の観測を続け、4000以上の系外惑星候補を発見した。ここで候補というのは、1回だけ光量の変化が観察された場合を言う。一度の光量変化では、必ずしもそれが惑星のためとは限らないからである。光量の低下が再度確認されると晴れてその恒星には惑星が周回

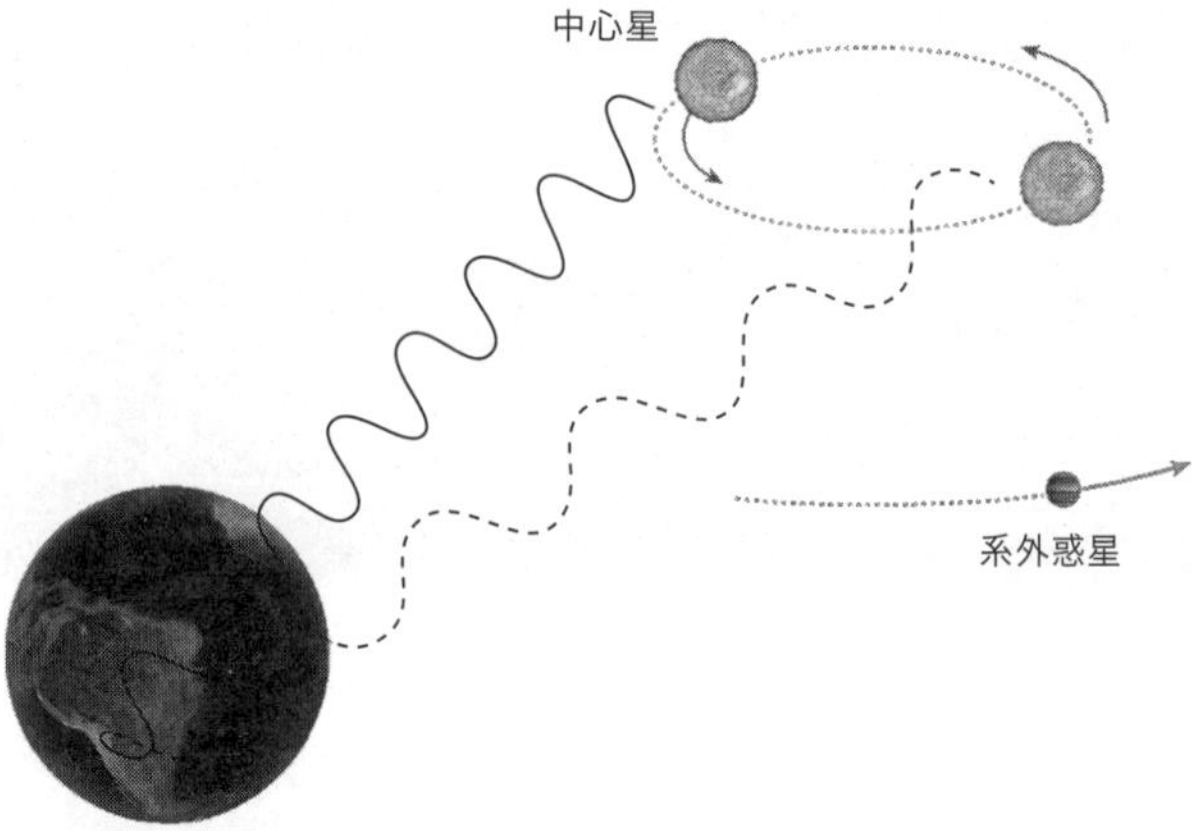

図 3-3　ドップラーシフト法
　中心星のまわりを系外惑星が回ると、遠心力のつり合いをとるために中心星が系外惑星の反対側を回転することになる。ドップラー効果によって、中心星が地球に近づくときには中心星の光の波長が短く（実線の波線）、遠ざかるときには波長が長くなる（破線の波線）。中心星の波長の変化を観察することで、系外惑星の周期と質量がわかる。
出典：ESO

していると認定される。

　トランジット法では、消光が起きるときの消光のカーブから惑星の半径がわかる。同じ惑星による消光がもう一度観察されるまでの時間から、惑星の周期がわかる。

　系外惑星を探査する方法はいくつかあるが、もう一つの代表的な方法としてドップラーシフト法がある（図3-3）。ドップラー効果という言葉を聞いたことのある読者は多いと思う。消防車のサイレンの音が、消防車が近づくときには高く、遠ざかるときには低く聞こえる効果のことである。音程から、音源が近づいているか遠ざかっているかを知ることができる。

光も波の一種であるのでドップラー効果が起きる。光の源、恒星が近づくときには光の波長が短くなり、恒星が遠ざかるときには波長が長くなる。恒星の光の波長を測定すると、恒星が遠ざかっているのか、近づいているのかを知ることができる。その測定から、その恒星のまわりを回る惑星を調べることができる。

惑星は恒星のまわりを回っているので、惑星が地球から見て、近づくときと遠ざかるときがあるのはすぐわかる。しかし、惑星を直接見ることはできない。ドップラーシフト法では、惑星を持つ恒星が惑星の動きとつり合いを取るために反対側を回ることを利用する。ハンマー投げの選手がハンマーを投げるときに、ハンマーとバランスを取るために、反対側に体を傾けて、円運動をするのを見たことがあるだろう。同じように、惑星が円運動をしているとき、惑星とつり合いを取って、恒星もわずかであるが円運動をする。その恒星の円運動を恒星の波長の変化で検出するのが、ドップラーシフト法である。波長の変化から惑星の周期がわかる。

重いハンマーを回すときには、軽いハンマーを回すときに比べて、体を大きく反対側に傾ける必要がある。すると、選手はより大きな円を描いて回ることになる。恒星の場合も、惑星の質量によって円の大きさが変わり、速度が変わるので、惑星の質量もわかる。

太陽系外惑星

恒星（中心星）から近い距離を回る惑星は周期が短い。トランジット法にせよドップラーシフト法にせよ、短期間の観察で惑星の確認ができるので短い周期の惑星は検出しやすい。どちらの方法でも、直径の大きい惑星、質量の大きい惑星の検出が、小さい惑星に比べて容易である。こうした理由で、短周期の大型の惑星、太陽系とはかなり異なった特徴を持つ惑星が多数発見された。

太陽系では、内側から水星、金星、地球と火星の四つが小型の岩石惑星、その次の二つ、木星と土星が大型のガス惑星、その外側に天王星と海王星の氷惑星がある。氷惑星の質量は、岩石惑星とガス惑星の中間くらいである。大型で木星ほどの大きさであるにもかかわらず、周期が短く中心星のすぐそばを回っている惑星が多数発見された。中心星の近くを回るので温度は高いはずである。木星は英語ではジュピターと呼ばれるので、熱い木星という意味でホットジュピターと名付けられた。同様に、中心星の近傍を回る海王星ほどの大きさの惑星、ホットネプチューンも多数発見されている。こうした太陽系とはかなり異なったタイプの系外惑星の存在は、惑星系ができあがる過程を考えるうえで、太陽系以外の可能性も検討する必要性を明らかにした。

地球型惑星

これまで、大型の惑星、公転周期の短い惑星が多数見つかっている。しかし、これまでの系外惑星探査では観測しやすい惑星と、観測しにくい惑星がある。中心星から遠い惑星は恒星のまわりを回る公転周期が長いので観測に長時間かかり発見しにくい。質量の小さい惑星も検出が難しい。これまで小型の惑星や公転周期の長い惑星の発見頻度は高くないが、こうした点を考慮すると、太陽系に見られる岩石惑星や公転周期の長い惑星も特にまれではないであろうと推定されている。そこで地球と同じような大きさと中心星からの距離を持つ第二の地球探しが進んでいる。

系外惑星の半径と質量が観察によって測定されると、系外惑星の密度がわかる。密度によって、その惑星が岩石惑星なのか、氷惑星なのか、ガス惑星なのかを推定することができる。系外惑星の周期がわかると、中心星からの距離がわかる。中心星の温度は中心星から出る光を調べることからわかるので、中心星の距離によって惑星の温度がどれくらいになるかも推定できる。

こうした測定から、地球に似た惑星、つまり地球とほぼ同じ大きさで、中心星から適当な距離にある系外惑星が10個以上見つかっている。おそらく、この中には水をたたえた惑星も少なからずあるはずである。ただしこの数そのものはあまり意味を持たない。それは、地球に似ているというときに、何をもって似ているというのか、ほかに何を考慮して似ているというかという点もまちまちだからである。似ているという基準はともかく、今後次々と、さまざまな点で地球に似た系外惑星の発見が続くと思われる。

コラム　恒星間移動

――現在の地球の技術では、隣の恒星へ移動することにも数万年かかる。もちろん、どんど――

ん速度が速くなり光速に近づけば数年で移動できることになるが、光速に近づくと物理法則が変わってくる。今の生物体を支えている化学反応は変わってしまう。物理法則の変化を無視したとしても、移動する空間の水素原子が強力な放射線と化す。有機物でできた生身の生物体に強力な放射線が降り注ぐため、人類の光速に近い移動は難しい。

すると、数万年かけてゆっくりと移動する必要がある。数万年かけてゆっくりと移動すると、ヒトの冷凍保存という簡単な方法も簡単ではなくなる。移動中に冷凍しておけば、生体反応は起きないので、生きた状態の保存はできる。（もちろん今はまだそれもできていないが。）しかし、移動中に当たる放射線による障害を修復することもできない。冷凍したヒトを解凍しても、もはや生き返らない可能性が大きい。すると、どうしても一定の期間ごとに解凍して放射線障害を修復する必要がある。しかしこの場合も、やがて老化していくことは避けられない。世代交代、結婚して新たな世代に任務を引き継ぎつつ何世代もかけた任務となる。

何万年もかける任務となれば、その間の装置の老朽化や故障への対処が必要となるし、エネルギー源も必要となる。最も深刻なのは、そのエネルギー発生装置の故障修理とメンテナンスであろう。何万年の間の修理を行うだけの部品を運ぶということはあり得ない。部品をつくる装置も運ぶ必要がある。冷凍されていないときの担当者の食料も当然自給しなければならない。小さいが自給自足の超高度に発達した町一つ分の移動を考えなければならない。

　空間転送が可能になれば、こうした問題は避けられる。ヒトは原子でつくられているので、原子のすべての配置が読み取られ、その情報が電子的な情報として転送され、目的地の天体でそれを復元できれば（ありそうもないが）、目的地の天体でそのヒトのコピーが作成される。そのコピー人間の原子配置を読み取る装置が目的地の天体にもあれば、そのコピーが見聞きした情報とともに地球に送信される。地球では、その情報を受け取って再コピーがつくられる。再コピーされたヒトは最初に転送したヒトと同じ遺伝子構成を持っているので、一卵性の双子と言える。彼が地球に戻ると、目的地の天体で見聞きした情報を地球人に教えてくれる。この方法の問題点は、最初のヒトが目的地の天体に移動する訳ではないことである。目的地の天体につくられた自分のコピーは地球への帰還はできないまま一生を過ごし、地球では転送されたヒトの再コピーが誕生する。地球で絶滅しそうな種としてのヒトをほかの天体で再生しておくということであれば、有効である。また目的地の天体の生物工学が十分進んでいれば、送るのは遺伝子配列だけで十分である。ただし、いずれの場合にも、あなたが目的地の天体へ移動できる訳ではない。

3 生命生存可能領域（ハビタブルゾーン）

中心星から適当な距離にあって、液体の水が存在する可能性がある領域を生命生存可能領域、英語ではハビタブルゾーンと呼んでいる。中心星からの距離がわかると、中心星からどの程度のエネルギーが到達しているかがわかる。それによって、温度がだいたいどれくらいであるかということが推定でき、水が液体で存在できる範囲であると、ハビタブルであるということがわかる。

しかし、ハビタブルと言ったときに、多くの場合は本当に水が存在するかどうかがわかる訳ではない。また、温度にしてもその惑星のまわりを取り巻く大気組成によって同じ距離にある惑星でも温度は変わってしまう。そういう意味でハビタブルと言うときの大部分は「可能」領域であるという認識が重要である。以下で、そのあたりをもう少し詳しく解説したい。

恒星の種類

ハビタブルゾーンを考えるときに、中心星から惑星までの距離がたいへん重要であるが、恒星のエネルギー放出量もまた重要である。

恒星は分子雲（暗黒星雲）の中で誕生する。分子雲はまわりの宇宙空間に比べると、分子密度の大きい空間である。分子は互いに引き合い、だんだんと大きな塊となっていく。銀河のその領域の分子組成を反映して、その主成分は水素分子である。その質量が、一定の大きさを超えると、中心部の重力によって圧力と温度が上がり、核融合反応が始まる。星の誕生である。

誕生した星は、その質量に応じて、核融合反応速度、温度、寿命が決まる。質量の小さな星は、核融合反応速度が遅いので、低温で寿命が長い。質量の大きな星は、反対に高温で寿命が短い。温度が高い星と低い星では、星の色が異なる。温度の低い星は赤く、可視光と比較して、赤外線を多く放射する。放出するエネルギー量が星の大きさによって異なるため、同じ距離でも受けるエネルギー量が変わる。

ハビタブルゾーンを考える際には、中心星がどのような星であるかを考慮してハビタブルゾーンの距離を推定している。

液体の水の存在

分子としての水は、宇宙空間に最も普遍的に存在する分子の一つである。宇宙空間には水素分子が最も多いが、その次に多いのは水と一酸化炭素である。宇宙空間ではこうした分子は存在したとしても当然、気体として存在する。

しかし、宇宙空間でも分子の濃い薄いがある。宇宙空間で分子が濃くなると、その中でもさらに分子の濃い部分ができあがる。その結果、もはや光を通さなくなり、さらに遠方の星の光を遮るので、宇宙空間で黒く見えるようになる。こうした場所は暗黒星雲（裏表紙参照）、専門的には分子が集まっているので、分子雲と呼ばれている。

分子雲の中は分子の密度が濃くなる、またまわりの光が遮られて温度が低くなることによって、水は氷になる。水だけでなくケイ酸塩などの鉱物が一緒になって塵がつくられる。やがて、この氷を含む塵が集まって惑星になるので、惑星には水がもたらされることになる。実際には、事態はもっと複雑であるが、惑星に水があることはそれほど不思議ではない。

生命が存在し進化するかどうかを考えるうえでは、惑星の温度がちょうどよく、水が液体として存在できるかどうかが重要である。さらに生命がどれだけ進化できるかを考えるためには、液体の水が十分長い時間、数十億年存在できるかどうかも重要である。ハビタブルかどうかを考えるうえでこうした点が重要であるが、一般にハビタブルゾーンと表現される場合には、ここまで考えていない場合がほとんどである。

温室効果ガス

今、地球では温室効果が問題となっている。まわりが太平洋で囲まれたハワイの観測所では二酸化炭素濃度を１９５８年から測定しているが、その濃度は増加し続けている。二酸化炭素が地球の気候にどのような影響を与えるかは、たいへん複雑であるが、二酸化炭素が温室効果ガスであることは紛れもない事実である。

太陽の光は波長480ナノメートルほどの黄色い光が最も強く、波長の長い赤外線はそれに比べるとかなり弱い。太陽光は地球表面で反射されるか、吸収される。吸収された太陽光のエネルギーは熱となり、地球表面の温度を上昇させる。

太陽光が吸収され熱になると、地球の温度はどんどん上がっていくことになる。しかし地球表面は、赤外線を発して熱エネルギーを宇宙空間に放出する。その結果、地球表面の温度は低下する。冬の晴れた夜に冷え込むのは、夜の空、宇宙に向かって地面から赤外線を放出しているためである。

地球表面の温度はこうした効果のバランスつまり、太陽光の強さと、地球表面の光吸収効率、加えて地球表面からの赤外線放射効率によって決まる。

こうした効果のうち赤外線放射効率は、温室効果ガスによって影響を受ける。冬の晴れた夜には冷え込むのに対して、曇った夜の冷え込みはそれほどではない。地表から放射される赤外線が、雲に反射されて宇宙空間に出ていかないためである。温室効果ガスは地表からの赤外線を吸収するので、赤外線の宇宙空間への放出を妨げ、地球の温度を上昇させることになる。

太陽系外惑星の場合にも、その惑星がどのような大気を持っているか、どのような温室効果ガスをどの程度持っているかによって、実際の温度は変わってしまう。系外惑星の大気はわかっていないので、ハビタブルゾーンは今のところおおよその見積もりとして理解しておく必要がある。

岩石惑星

分子雲の中は低温になり、シリカ（ケイ酸、ガラスの成分）を中心に氷や分子雲中のさまざまな分子が凝集する。分子雲中にできた、質量の大きいところは恒星となるが、その周辺に残された分子は、やがて原始惑星系円盤となる。原始惑星系円盤の中で、塵が凝集し、微惑星、惑星へと成長していく。

原始惑星系円盤には誕生したばかりの中心星からの光が当たる。原始惑星系円盤の中でも中心星から近い場所では、光エネルギーによって高温となり、氷は昇華してしまう。中心星から遠い位置では、塵に氷が付いたままで惑星形成が進行する。塵に氷が残ったままの状態でいられる距離といられない距離の境目はスノーラインと呼ばれている。

スノーラインより内側の惑星は水をほとんど含まない岩石惑星になる。地球は海に表面の3分の2を覆われて、水の惑星と呼ばれる場合もある。しかし、この表現は必ずしも適切ではない。海の平均深度は3700メートルほど、地球の半径6500キロメートルの2000分の1にしかならない。宇宙に水は大量にあるため、水があることそのものはそれほど驚くべきことではない。しかし、地球の位置はスノーラインより内側であるため、岩石惑星となる。地球の質量に比べてほんの少しの水が、どのように地球にもたらされたのか、なかなか悩ましい問題となっている。

スノーラインと言っても、原始惑星系円盤は不透明であるため、単純に中心星からの距離だけでは温度が決まらない。原始惑星系円盤内で惑星が形成される過程では、円盤の表面と内側とを塵が移動する可能性がある。さらに、惑星形成過程で、惑星が軌道を変える可能性がある。原始惑星は初期に高温のマグマ状態になるが、そのときに岩石から放出された水蒸気が、雨となって降り注ぎ海を形成する可能性がある。さらに、形成された原始惑星に、彗星によって大量の水がもたらされる可能性がある。このようないくつもの可能性があり、地球の海をつくった水がどのように宇宙からもたらされたのかの検討が進められている。

ガス惑星

岩石惑星よりも遠方には、原始惑星系円盤の水素などの気体成分を集めた大型の惑星、ガス惑星が誕生する。ガス惑星の中心部に行くに従って、重力によって密度は高くなり、気体も密度的には液体の性質を持つようになる。高密度の液体水素の中でどのような反応が進行するかはよくわからない。しかし水素だけでは複雑な分子をつくることができない。液体水素中での生命の誕生は難しそうである。不可能かと言われれば、不可能と言い切るだけの理由も見当たらないが、少なくとも水を基礎とした地球型の生命とはまったく異なる代謝系を持つことになるはずで、検討のしようがないというのが正直なところである。

氷惑星

さらに外側には、氷惑星がある。氷惑星の表面は文字通り氷に覆われている。氷は、地球での岩石でできた地殻に相当すると考えるとわかりやすい。氷でできた地殻という意味で、氷地殻と呼ばれることもある。

氷地殻の下には、岩石層がある可能性もあり、惑星内の放射性同位元素の崩壊があれば、その熱による氷地殻変動が起きることもありえる。地球では、地球内部のエネルギーを放出する過程で、地殻の変動が起き、火山活動やマグマの放出などの地熱活動が起きている。氷惑星でもその可能性がある。

2015年、ボイジャーは冥王星の接近写真撮影に成功し、その写真を地球に送信した。驚くべきことに、南極付近の画像にはクレーターがほとんど写っていなかった。氷にひびが入ったような氷の地形も写っていた。冥王星に、何らかの地熱活動があるのかもしれない。

現在は、氷惑星はハビタブルゾーンを考える場合には考慮されていない。しかし、内部海と生命との関係がもう少し明らかとなった場合には、氷惑星も生命探査の検討対象となるかもしれない。

液体の水

液体の水が存在する可能性としては、中心星から適当な距離にある岩石惑星がその第一の候補となる。中心星からの距離が近すぎれば、水は蒸発してしまい液体としては存在しない。中心星からの距離が遠すぎれば、水は氷の状態となる。

次に惑星の大きさが問題となる。あまり小さい惑星は地熱活動が長続きしない。また、水蒸気を惑星のまわりに重力で引きとめる力も弱い。惑星内部が溶けて磁力が発生すると、太陽から吹き付けるプラズマ（原子核や電子のこと）を遮ることができる。惑星が小さいと惑星内部が早く固まり磁力を失うので、プラズマを防ぐこともできない。中心星からのプラズマも、大気上空の水蒸気を失う理由となる。こうした理由で、小さい惑星は時間とともに水を失っていく。現在の火星にほとんど液体の水が残っていない理由は、火星の大きさが地球の半分ほどしかないことによっている。

さて表面の水に加えて、氷惑星や氷衛星の地下には液体の水が存在する可能性が高い。十分に大きな惑星や衛星の場合には、惑星内部の原子核の崩壊にともなう熱によって、内部海が形成される可能性がある。

もう一つの熱源として潮汐力が考えられている。地球のまわりを月が回ることによって、海の水が引き寄せられ、あるいは反対側に移動する現象が潮汐である。水だけでなく、潮汐力は地球の固体部分にも働いている。潮汐力によって固体が変形すると、その摩擦によって内部に熱が発生することになる。

木星や土星には多数の衛星がある。これらの衛星間の潮汐力によって衛星内部に熱が発生し、内部海が形成される可能性がある。中心星から離れた位置では衛星表面の温度は極めて低いため、表面に液体の水は存在できない。しかし衛星内部海の水が、氷地殻の割れ目から表面に染み出ることがある。木星の衛星エウロパの割れ目には内部から染み出たと思われる塩が見つかっている。

4 どのような生物を探すか

さて次に、地球外生命はどのようなものでき、どのような形をしているのか、地球の生命の知識をもとに、検討していこう。まず、生命とは何か、生命の定義の検討から始める。地球以外の生命を探すとしたらどのような方法で探せばよいのか。

生命の定義

そもそも生命とは何か。日本では生命の定義として、以下の三つあるいは四つが使われる場合が多い。それらは、①境界で囲まれていること、②代謝をしていること、③複製すること、④進化することである。④の進化することは定義に含まれない場合も多い。この定義は、江上不二夫博士が生命の性質を記載した本から派生しているが、江上博士自身は生命の性質として記載しているものの、定義とは言っていない。

世界的にはジョイスの定義がＮＡＳＡにも採用され、比較的よく引用される。その定義は「生命とは自己を維持しダーウィン型進化するシステムである」というものである。しかし、この定義も万人を納得させるものではない。

生命の定義については、次の章でもう少し詳しく説明することにするが、ここではこれらの定義は必ずしも、宇宙で生命を探すためには適当ではないという点だけを指摘しておく。

例えば複製する、あるいはダーウィン型進化をするという性質は、生命の特質をよく表しているが、複製することを確認するためには、その生物を複製するまでじっと観察し続ける必要がある。ダーウィン型進化に至ってはさらに長期間の観察が必要である。地球生命がダーウィン型進化したことはさまざまな長年にわたる研究から明らかになっているが、観察の間にダーウィン型進化が観察されたという例はほとんどない。長時間の観察によって生命を確認するという方法は現実的ではない。

そこで、太陽系内で生命を探査するときには、①有機物でできていること、②膜で囲まれていること、③代謝をしていること、が日本の火星探査チームによって提案されている。これは、江上博士の定義のうちの二つを採用し、有機物でできているという項目を付け加えた定義である。

前の章で説明したように、有機物は宇宙で普遍的に存在している。液体の水を基礎とした生命を考える場合には、まず有機物でできた生命を考えることがよさそうに思える。

エネルギー

生命を考えるうえでもう一つ重要な項目がエネルギーである。我々は、食料がなくなれば死滅する。空気がなくなれば、食料があっても死滅する。ヒトに限らず、動物は食料を獲得して空気中の酸素との反応によってエネルギーを獲得して生存している。

植物の場合には、太陽光を吸収してそのエネルギーを利用して炭水化物を合成している。合成した炭水化物は、植物自身の生存に必要なエネルギー源として使われている。

さらに、微生物の中には、化学合成細菌と呼ばれる微生物がいる。化学合成細菌に関しては、七章でもう少し詳しく説明する。ここでは、化学合成細菌がエネルギーを得るためには、2種類の化学物質を利用しているという点が重要である。2種類の化学物質として利用可能な化学物質が、地球外の惑星や衛星にあるかどうかが、重要な検討事項となる。

5　どのように探すか

太陽系で生命をどのように探すのかは大問題である。この点に関しても太陽系探査研究者が日々検討をしているところである。ここでは、日本のアストロバイオロジー研究者の開発している方法を紹介する。

顕微鏡

火星での生命探査を目指す日本の研究グループは、蛍光顕微鏡開発を行っている。諸外国が、質量分析装置を主に用いているのに比べて、独特な特徴ある方法と言える。蛍光顕微鏡は生物学の研究室でごく一般的に用いられている。顕微鏡で観察する試料は小さいため、生物試料でも鉱物試料でも色がほとんどない。そこで生物試料の場合には、色素、特に蛍光色素で染色して試料を観察する。

色素は光を吸収する。普通の顕微鏡では、背景から光を照射して、色素で染色された部分を観察する。蛍光顕微鏡では、試料を観察する方向から光を当てる。当てる光は例えば青い光を照射すると、蛍光色素は青い光を吸収して例えば緑色の光を発する。青い光を通さず、緑の光だけを通すフィルターを通して観察すると、暗い背景に緑の試料が浮かび上がることになる。白い背景色に比べて、真っ暗な中の光を観察するので、蛍光顕微鏡では普通の顕微鏡に比べてはるかに高感度で、試料を観察することができる。

蛍光顕微鏡で用いる蛍光色素にもさまざまな工夫がなされている。色素を販売するメーカーのカタログには、5000を超す蛍光色素が並んでいる。これらの蛍光色素は、例えば核酸だけに結合して核酸があると緑色蛍光を出す色素、例えば脂質であれば結合して赤色蛍光を出す色素、例えば有機物であれば結合してオレンジの蛍光を出す色素など、さまざまな結合特性と発色する色の異なる蛍光色素が開発されている。

火星顕微鏡生命探査チームでは、有機物を染色して脂質膜を透過できる蛍光色素サイト24と、有機物を染色して脂質膜を透過できない蛍光色素プロピジウムイオダイド（ＰＩ）の二つの色素を選択した。サイト24は、有機物であればどのようなものでも染色できる。一方ＰＩは、面白いことに有機物を染色できるにもかかわらず、脂質膜で囲まれた細胞は検出できない。この二つの色素を選んだ理由はもう一つある。この二つの色素は色が違っていて、サイト24は緑の蛍光、ＰＩは赤い蛍光を発することである。したがって、サイト24とＰＩの両方で同時に染色すると、細胞はサイト24でだけ染色されて緑に見える。一方、ただの有機物は両方の色素で染色されるが、赤い蛍光のほうが強いので、有機物は赤く染まる。こうしてこの二つの蛍光色素を用いると、有機物を赤、細胞を緑に染色して検出することができる。

蛍光顕微鏡そのものも、生物学の研究室で使っているものをそのまま持っていく訳にはいかない。まず、大きすぎる。生物学の研究室で使っている蛍光顕微鏡は高さ奥行き数十センチメートルもある。重さも20キログラムほどもある。そもそも、試料作成や観察はヒトの手を使わなければできない。

火星で蛍光顕微鏡観察をしようとすれば、まず試料をローバー（探査車）のロボットアームで採集して装置に入れる、試料皿の蓋を閉め、色素液を添加し、光を照射、出てきた蛍光を対物レンズで拡大、撮像装置で撮像して、画像をメモリに保存する。こういう一連の操作を自動で行う装置を地上で使う顕微鏡の数分の1の大きさでつくらなければならない。顕微鏡の専門家、微生物の専門家はもちろん、機械やそのほかの専門家が結集して開発を行っている。

質量分析装置

質量分析装置は宇宙との相性の非常によい装置である。この装置は、試料をイオン化して真空中で加速してイオンの質量に応じて分離し、イオンの質量を測定することができる。この装置は、装置内部を高真空にしなければいけないので、強力な真空ポンプが必要になる。ところが宇宙は真空なので、真空ポンプは不要となる。質量分析装置はこれまでもさまざまな宇宙探査で用いられてきた。

火星は、地球の0・6%ほどではあるが大気があるので、真空ポンプが必要になる。それでも、NASAの探査着陸機バイキングや探査車キュリオシティには質量分析装置が積まれた。特にキュリオシティは、火星土壌を800℃まで加熱して放出されるガスを分析した。その分析結果から、火星表面にはさまざまな生体関連元素があること、還元型の化合物があること、土壌中に有機物があることを明らかにした。2018年に打ち上げが予定されているESAの探査車エクソマーズにも岩石を分析する質量分析装置が載る予定である。

しかし、岩石や土壌の分析に用いられる質量分析装置は、生物細胞を分析する装置としては必ずしも適していない。例えば、バイキングやキュリオシティの質量分析装置は、試料を加熱して放出されるガスを分析する。しかし、火星土壌中には過塩素酸塩があるので、加熱すると有機物が分解して、二酸化炭素や塩化炭素化合物になってしまうのである。キュリオシティは加熱によって放出された塩化炭素化合物の量を検討することから、これが火星土壌中の有機物由来であることを明らかにした。しかし、もとの有機物がどのようなものであるかは、キュリオシティの質量分析装置ではわからない。NASAの担当者も開発途中にそのことには気が付いたのだが、10年近くかかる宇宙探査装置開発では途中で方針変更は難しいので、装置の変更ができないまま火星に打ち上げられたのである。

生物を質量分析しようとすると、もう一つの大きな問題がある。それは、そもそも生物を構成する高分子、核酸やタンパク質はイオン化しないので、質量分析装置で検出されないことである。それを解決したのは田中耕一博士で、タンパク質をイオン化するマルディという方法を開発した。この方法の発明が田中博士のノーベル賞の受賞につながった。しかし、この方法を使ったとしてもさらに問題が残る。それは生物を構成する高分子の数は数万種類あって、質量分析装置で分析したとしてもそれが何であるかを判別することは不可能なのである。

それを解決するのが、加水分解という方法である。生物を構成するタンパク質は数万種類あるが、加水分解すると、どのような種類のタンパク質も20種類のアミノ酸に分解される。20種類のアミノ酸であれば、比較的小型の質量分析装置で分析することができる。加水分解してできるアミノ酸を分析することから、生物かどうか、地球と同じ型の生物かを判定することが可能になる。

蛍光顕微鏡と同様、加水分解にも自動機械の開発が必要である。試料を受け取って、密閉して、加水分解のための試薬を添加して、加水分解して、加水分解でできたアミノ酸を質量分析装置に導入するという操作を十分小さい装置として設計する必要がある。こちらは、まだどのようにこうした操作を自動化するかという検討を続けている。

試料採集帰還

さて、すでに解説した二つの装置とはまったく異なる探査方法が、試料を地球に持って帰るという方法である。「はやぶさ」は小惑星に行き、小惑星で表面の砂を採集して地球に持ち帰った。採集して地球に持ち帰るという方法は、どこかの天体に行くだけの探査と比べて、たいへんさは倍以上になる。これまで、ほかの天体から試料が持ち帰られたのは、「アポロ」が月から持ち帰った試料と、「スターダスト」が彗星から持ち帰った試料、それに「はやぶさ」が小惑星イトカワから持ち帰った試料に限られる。しかし、いったん地球に試料が戻れば、地上の超大型の高感度高解像度の装置を駆使した分析が可能になる。

これらの三つの計画に比べるとはるかに小さい計画であるが、２０１５年から実施している

「たんぽぽ計画」も、試料を持ち帰る計画である。「たんぽぽ計画」というのは、２０１５年から国際宇宙ステーションで行われている計画で、日本実験棟曝露部と呼ばれる場所で、宇宙空間に装置を設置していくつかの実験を行っている。

「たんぽぽ計画」で実施している実験の一つに宇宙塵の捕集実験がある。宇宙塵とは宇宙から飛んでくる塵で、比較的大きな1ミリメートル前後のものは大気突入のときに燃え尽きて流れ星となる。もう少し小さい宇宙塵は大気上空で徐々に減速して地球表面にまで到達する。粒は小さくても数が多いので年間何万トンもの宇宙塵が地球にやってきていると推定されている。宇宙塵には有機物が含まれているのではないかと推定されているが、確認されていない。もし確認されれば宇宙塵が生命誕生前に有機物を地球に運んできたことの裏付けとなる。「たんぽぽ計画」では、その宇宙塵を地球に到達する前に捕集する計画である。

宇宙塵捕集のためには、エアロゲルと呼ばれるスポンジか寒天のような物質を用いる。エアロゲルは超多孔質で、密度が低いので、高速で宇宙から飛来する宇宙塵をソフトにキャッチできる。これまで用いられている中で最も密度の低いエアロゲルを作成して用いている。「たんぽぽ計画」で用いているエアロゲルの密度は1立方センチメートルあたり10ミリグラムで、大気の密度の8倍以下の密度しかない。あまりにも密度が低いため、さすがに強度が弱い。そこで、1立方センチメートルあたり30ミリグラムの少し丈夫なエアロゲルでまわりを支えた構造にしてある（図3-4）。エアロゲルはアルミの容器に収納して、２０１５年4月に打ち上げ、無事に国際宇

図 3-4　シリカエアロゲル

国際宇宙ステーションで実施している「たんぽぽ計画」の微粒子捕集実験で用いられているシリカエアロゲル。内側は 10 mg/cm^3 の超低密度で、その外側を 30 mg/cm^3 のエアロゲルで支持している。

提供：千葉大学　田端　誠 氏

宙ステーションに到着、5月から宇宙空間へ曝露を開始した。

一年後には曝露したエアロゲルを地球に帰還させ、実験室に持ち帰る。クリーンルーム内でエアロゲルの衝突痕や粒子の有無、大きさなどを計測、写真撮影する。衝突痕や粒子は切り出して、鉱物、有機物、微生物の担当者に配分する。

配分された試料の解析には高感度高解像度の分析が可能である。例えば、微生物解析であれば、蛍光色素で染色して微生物を検出し、遺伝子の解析を行う。有機物解析のためには、有機物を抽出してアミノ酸の高感度分析を行う。鉱物分析では、シンクロトロン放射を用いた分析も行う。シンクロトロンは直径数百メートルにもなる装置である。サンプルを地上に持って帰るのであれば、どのように大型の装置であっても使えるという利点がある。

コラム　宇宙エレベーター

宇宙へロケットを打ち上げるときに最もたいへんなことは、燃料を持ち上げることである。ロケット燃料の大部分は、燃料を持ち上げることに使われる。この点を改良するための、一つの案が宇宙エレベーターである。宇宙エレベーターは、地球を回る静止軌道上にエレベーターをつり下げる基地を設置する。そこから、ロープをつり下げて、つり下げたロープをレールとして用いて上下する。移動するエレベーターはロープでつり下げられ、つるべ式で移動すれば動力はほとんどいらなくなる。

宇宙エレベーターの最大の問題はロープの強度である。ロープの長さが非常に長いので、ロープ自身の重さを支えることができずに切れてしまう。宇宙エレベーターの切れないロープ実現への道を開いたのがカーボンナノチューブである。カーボンナノチューブは、炭素が格子状に結合してナノメートル（1ミリメートルの100万分の1）程度の太さのチューブとなった分子である。炭素でできた1本の非常に長い分子なので、強度が非常に強い。原理的には宇宙エレベーターを支える強度が出せる。

現在はまだ、ロープをつくるだけの十分な長さを持つカーボンナノチューブの製造には成功していない。しかし、高い強度をもつ素材はさまざまな分野で利用可能なので、精力的な研究が進んでいる。ある建設会社は2050年に向けて宇宙エレベーター開発を行うという宣言をした。

6 太陽系外での生命探査

太陽系外に地球そっくりの惑星がハビタブルゾーン内にあれば、そこに生命がいるかどうかというのは、誰しもが思い至る重要な疑問である。地球ほどの大きさの惑星を直接撮像するのは困難であるが、まったくできない訳ではない。また、直接惑星が見えなくても、惑星の大気の組成についての情報を得ることができる。何が検出されれば、系外惑星に生命がいることがわかるだろうか。この節では、いくつかの太陽系外惑星での生命探査の可能性を検討する。

酸　素

地球の大気は窒素約80%で、酸素が約20%である。太陽系の惑星で、窒素が主成分の惑星は地球だけである。火星と金星の大気は、二酸化炭素がそれぞれ95％と96・5％で、その次に多い成分が窒素であるが、窒素が主成分という訳ではない。惑星ではないが、土星の衛星タイタンの大気は窒素が98％ほど含まれている。しかし、タイタンの大気に酸素はほとんど含まれていない。

地球の酸素は植物の光合成によって大気中に蓄積した。もう少し正確には、植物ではなく、シアノバクテリアによって発生する酸素が大気中に蓄積した。地球史初期の20億年間は大気中には酸素はほとんど含まれていなかった。20数億年前に、シアノバクテリアによる酸素濃度の上昇が起きた。これは地球大酸化事件と呼ばれている。しかし、酸素濃度が上昇したと言っても現在の酸素濃度のせいぜい1％前後にしかならない濃度で、第2回目の酸素濃度の増加は、今から7億から6億年前に起きた。その結果現在とほぼ同じ程度の酸素濃度になった。

まず、酸素濃度の上昇が生命の介在なしに起こるかどうかが問題となる。酸素の発生過程としては、水の光化学的分解が知られている。大気圏上空で紫外線によって水分子が分解して、水素分子と酸素分子になる。水素分子は軽いので、宇宙空間に拡散していく。結果的に酸素分子が大気中に残されることになる。地球初期に、こうした反応が起きた可能性があるが、大量の酸素蓄積には至らなかった。火星表面は（超）酸化的で、過塩素酸塩が存在しているが、大気中には二酸化炭素が蓄積していて、酸素の大量の蓄積は起きていない。金星の場合には、大気中に硫酸の雲が発生している。硫酸も酸化的化合物であるが、空気中の酸素の大量の蓄積は起きていない。火星と金星のどちらも大気の主成分が二酸化炭素であることを考えると、状況証拠としては二酸化炭素から炭素を除去することが酸素濃度の蓄積には必要に思われる。

シアノバクテリアと植物は、光エネルギーを用いて水を分解し、酸素を発生する。水の分解でできる水素を利用して二酸化炭素を還元して炭水化物（糖）を合成する。これが、光合成である。酸素は水の分解でできるのだが、水素は二酸化炭素から炭水化物を合成することに使われてしまう。炭水化物は生物の呼吸に使われると、光合成で発生した酸素と反応して水と二酸化炭素に戻るので、酸素が大気中に蓄積することはない。全地球で考えた場合には、生物の体つまり炭素が地中に埋められた場合にだけ酸素が大気中に蓄積することになる。

石炭や石油は生物体が地中に埋もれてできあがった炭化水素や炭素である。それ以外の堆積岩中にも多量の炭素が含まれている。結局、堆積岩として埋もれた分の炭素に相当する二酸化炭素からできた酸素が大気中に蓄積することになる。

こう考えると、もしどこかの惑星に酸素が大量に蓄積していたら、その惑星の地下には大量の炭素が埋まっていることが予想される。少なくとも過去には生物が大量に生育したこと、しかもその生物は二酸化炭素を還元してできた化合物（地球の場合には炭水化物など）をつくる仕組みを持っていたことになる。

地球で、二酸化炭素を還元する仕組みは、光合成と化学合成の2種類である。化学合成では、還元型の化合物（水素、硫化水素、還元型の金属など）と酸化型の化合物（酸素、二酸化炭素、硫酸塩、硝酸塩など）が反応してできたエネルギーで二酸化炭素を還元する。二酸化炭素を還元するためには水素原子が必要であり、水素原子は地下から放出される水素分子や硫化水素の水素が用いられる。水素原子の供給源として、地下からの水素原子や硫化水素の供給量は限られている。それに比べて、水ははるかに多量の水素を供給することができる。水の分解から得た水素を使って、地球大気中のほとんどすべての二酸化炭素が還元されてできた炭素が地下に埋もれているのが現在の地球である。化学合成で大量の酸素を発生することは難しく、高濃度の酸素は光合成の存在を示唆する。

太陽系外惑星でも、水を溶媒として有機化合物（炭素化合物）を用いる生命であれば、同様な仕組みが想定される。有機化合物を合成するための炭素は二酸化炭素を還元して得られる。二酸化炭素を還元するための水素原子は、水の分解によって得られる。水の分解で余った酸素は大気中に放出され蓄積する。酸素が太陽系外惑星で検出されれば、その惑星には大量の生物が存在していたか、今もまだ存在している可能性がある。

オゾン

蓄積した酸素に、大気圏上空で太陽からの紫外線が当たると、光化学反応によって酸素が分解し、ほかの酸素分子と反応することによってオゾン（O_3）が発生する。現在の地球の成層圏には10キロメートルから40キロメートルにオゾン層ができている。

オゾンの濃度はオゾン層でも数ｐｐｍで酸素濃度に比べるとはるかに低いが、オゾンは紫外線を吸収する能力が高い。その結果、太陽からくる有害な短波長の紫外線が吸収除去されて、地球の生物が守られている。

太陽系外の惑星大気を分析するときには、分析対象とする気体の濃度とともに、測定のしやすさも考慮すべき重要な因子となる。まずは、その大気成分がどのような波長にどのような特徴的な吸収を持っているかが問題になる。次にその測定に用いる波長が、赤外線なのか、可視光線なのか、紫外線なのかで、光学系、検出器が異なってくる。地球の大気中には酸素があり、上空にはオゾンもあるので、その吸収と系外惑星の大気をどのように区別するかも問題になる。宇宙（地球周回軌道）に出れば、大気の吸収や揺らぎの問題はなくなるが、地上の望遠鏡に比べてはるかに技術的、予算的に困難になる。こうした点を総合的に比べて、よりよい観測方法が決まってくる。

系外惑星の大気の測定は、直接惑星が見えない場合でも可能である。トランジット法では、惑星が中心星の前を横切るときに光強度が低下する。惑星のまわりには大気の層があるので、中心星の光は、大気の層によっても遮られることになる。大気層による吸収の大きさは波長によって異なるので、光強度の低下を波長ごとに観測することで惑星大気の情報が得られる。

酸素やオゾンは、太陽系外の生命探査をする重要な対象である。

メタン

生物が生産する気体の一つにメタンがある。地球ではメタンの大部分は生物由来である。生物の遺骸が分解する過程で、メタンが発生する。汚水のたまった場所、排水処理の過程では、有機物の分解によりメタンが発生する。これらのメタンはすべて、有機物からメタンを発生するメタン菌によって発生する。水田や、反芻《はんすう》動物の胃、シロアリの胃の中にもメタン菌がいて、地球のメタンの数十%はこうした場所で発生している。

メタンのもう一つの発生源は、地下に埋蔵されている天然ガスである。天然ガスのメタンも、もとをただせば過去の生物の遺骸にたどり着く。したがって、これも生物由来のメタンと言える。これらのメタンはすべて生物由来であるので、メタンが検出されれば生物がいるという可能性がある。

地上の温泉や、海底の熱水噴出孔周辺には、地下での熱水活動によって放出される水素がある。水素はかんらん岩と呼ばれる岩石と熱水の反応によって放出される。岩石と熱水の反応で放出される二酸化炭素と水素を用いてメタン生産が無機的に行なわれる場合もある。これは生物の関与しないメタンである。したがって、メタンが検出されたから必ず生物がいるということにはならない。

この点で、土星の衛星タイタンのメタンが重要な参考になる。タイタンの大気の主成分は98%

の窒素であるが、1・4%のメタンが大気中に含まれている。タイタンの塵は高分子有機化合物であることがわかっている。したがって、おそらくタイタンには大量の有機化合物が地上にも降り積もっているはずである。高分子有機化合物の主成分は炭化水素である。したがって、タイタンの大気には炭素と水素はあるが、酸素が枯渇している。これは、岩石惑星、金星、地球、火星、とは異なった大気の特徴である。

さて、そうだとするとメタンそのものを生物の存在の指標にすることは難しい。酸素があれば生物存在の可能性が高いので、それに加えて少量のメタンが検出された場合に、メタンは生物由来という解釈をするのがよいかもしれない。

植　物

さて、太陽系外惑星での生命探査で植物を探すという作戦がある。生物が大量に生存するためには、何かの生物が大量に二酸化炭素を還元している必要がある。大量の還元のための水素原子を供給するためには、光合成が必要になる。

地球の光合成では葉緑素(クロロフィル)によって光が吸収される。吸収した光のエネルギーは、特殊なクロロフィル、反応中心クロロフィルに伝えられる。反応中心クロロフィルは電子を放出して、自分自身はプラスの電荷を持つクロロフィルイオンとなる。クロロフィルイオンは強い酸化力を持ち、水を分解して酸素分子を放出する。一方、放出された電子はさまざまな反応を経たあと、二酸化炭素を還元する反応に用いられる。したがって、光合成ではクロロフィルの存在が非常に重要である。

クロロフィルは可視光線を吸収する特性を持っている。太陽の光は紫外線から赤外線まで幅広い光が含まれているが、その中で可視光が最も強い。したがって、クロロフィルが可視光線を利用するのは合理的である。

もし、太陽系外の惑星でも光合成植物がいたとしたら、その仕組みは地球の植物と異なるかもしれないが、可視光線を吸収する分子が必要になるはずである。

そこで、太陽系外惑星の表面の吸収スペクトルを測定して、そこに可視光線だけを吸収するようなスペクトルの特性があるかどうかを観察することが、生命探査の一つの手法となりうる。

我々のよく知る植物は緑色で可視光線を吸収しているが、海水中には緑ではない植物、厳密には藻類が生えている。海水中では赤い光が吸収されて深くなるほど青い光が強くなる。そこで、青い光をより効率よく吸収する色素を持つ海藻が生えている。

系外惑星に注がれる光の色は、中心星の大きさによって変わる。小さい恒星はより赤い光が強く、大きい恒星は青い光が強い。系外惑星にもし光合成をする生物がいれば、中心星の光をより効率よく吸収する色をしているはずである。植物を探す場合には、中心星の色を考慮した探査が行われる。

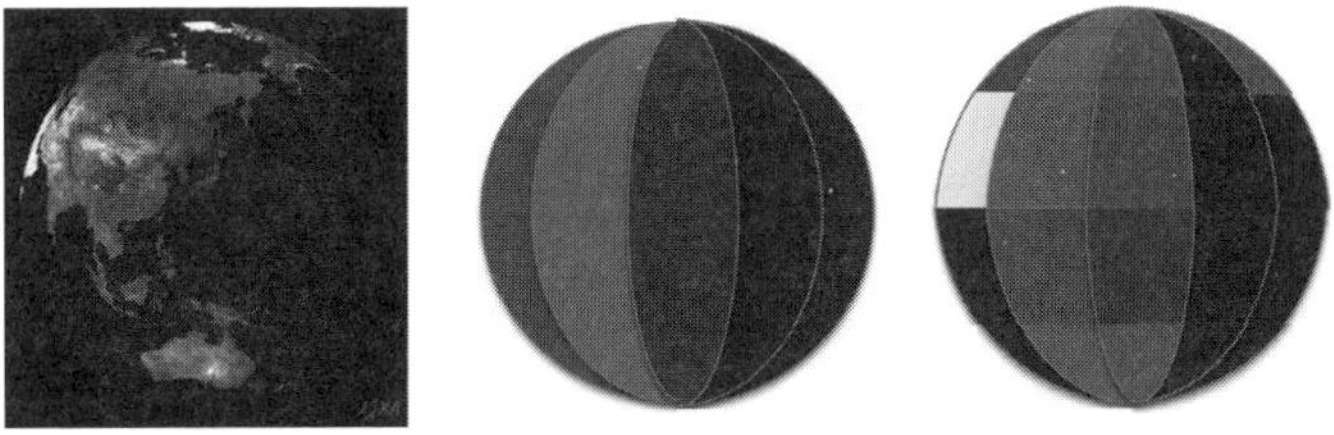

図 3-5　太陽系外で陸地の有無を調べる方法

系外惑星が自転するときの色の変化を観察すると、スイカの縞模様のような色がわかる。系外惑星の自転軸がもし傾いていたとすると、系外惑星の1年間の観察を行えば、碁盤の目のような模様が推定できる。図は地球の画像からつくった説明のための図で、実際の画像は雲がかかってもっと複雑になる。

画像提供：JAXA

陸地

系外惑星は地球からはそもそも見えるか見えないかの限界なので、惑星の地図がわかるとはとても思えない。しかし、惑星の自転を利用すると、細かい地図は無理であっても、少しは惑星の様子がわかるのではないかという提案も行われている（図3-5）。

もし、系外惑星が自転しているとして、その惑星の1日間、系外惑星の色の変化を追跡する。その色の変化を解析することから、スイカのような縞模様を推定することができる。さらに、自転軸が傾いていたとすると、その惑星を1年間、色の変化を解析することから、碁盤の目のように、色がどのように分布しているかがある程度推定できるようになる。図は模式的にその様子を表したものである。一番左は雲を取り除いた地球の画像で、実際はもっと白く複雑になるが、こちらのほうがわかりやすい。真ん中が、経度方向だけの分離をしたもの。一番右が、碁盤の目状に色分けしたものである。これは説明のために作成した図で実際に計算した訳ではない。詳細はまったくわからないものの、何となく海の多いところ、陸の多いところくらいはわかるかもしれない。それにしても、系外惑星のスペクトルが十分な感度で検出されなければならないので、実現したとしてもかなり先のことになる。

コラム　好熱菌発見の歴史

好熱菌とは熱を好む菌、つまり普通の温度の環境よりも温度の高いところに好んで棲み、増殖する菌のことである。微生物研究の初期に研究された菌は、室温で増殖する菌や動物の腸内で増殖する菌であった。これらの菌は常温菌と呼ばれている。通常、菌を加熱すると死滅する。加熱は菌を殺す滅菌方法として普通に用いられているので、高温に菌が生育しているとは考えられなかった。せいぜい、胞子を形成する菌の仲間（バシルスと呼ばれる菌の仲間）の胞子は高温に耐えることが知られているだけであった。やがて同じバシルスの仲間で、高温になる堆肥に棲む菌が発見された。これらの菌は、熱を好む菌、好熱菌と呼ばれることになった。

しかし、それもせいぜい60℃まででそれ以上に棲む菌はあり得ないと考えられた。アメリカの微生物研究者ブロックは温泉に棲む菌、サーマスが70℃で生育できることを発見した。これまでに見つかっている好熱菌と区別するため、高度好熱菌と名付けられた。しかし80℃以上の菌は無理だろうと思われた。

さらに、80℃以上で最も活発に生育する菌、超好熱菌がドイツの研究者ヴォルコラム・ツィリッヒによって発見されると、超好熱菌探査ブームが巻き起こった。超好熱菌探しの名人は超好熱菌ハンターと呼ばれる。ドイツの研究者カール・シュテッターがその代表で多くの超好熱菌を発見した。

現在、最も高温で生育できる菌は日本の研究者、高井研博士が発見した菌で、122℃まで生育できる。好熱菌ハンティングの歴史は、「それ以上高温に生育する菌はもういないよ」という悲観論を次々と打ち破ってきた歴史であった。

第四章　生命とは何か——地球生命と宇宙の生命

本章では、生命とは何か、どのようなものでできているのか。地球以外で生命を探査する場合に、どのような生命を想定しておけばよいのかを考えていく。

1　生命とは何か——働きアリは生きているか

さて、第三章ではどこで、どのように地球外の生命を探すかを解説した。しかし、何となく地球の生命と同じものを想定して探しているようで、疑問を感じた読者もいるかもしれない。実際、生命探査をするうえで、どのような生命がいるのか、地球外の生命は何でできていて、どのような形をしているのかという検討は避けて通れない。研究者が地球外生命を探そうと言う場合にも、この点の議論から始める。

江上不二夫の定義

「生命とは何か」。簡単そうで、非常に難しい。日本では三つあるいは四つの項目が生命の定義とされる場合が多い。それらは

Ａ　境界に囲まれている
Ｂ　代謝をしている
Ｃ　複製（増殖）する
Ｄ　進化する

である。これは、日本の生化学者、江上不二夫博士の著書『生命を探る』（岩波新書）からまと

められている項目である。江上博士自身は「生命を定義することは難しい」と書いている。そのうえで生命の特徴をいくつか説明している。上記の「定義」はその中から拾いあげられた項目である。外国での定義は次の項で紹介する。

「境界に囲まれている」、というのは生命の定義として日本の研究者から広く認められている。世界的には、「囲まれている」ことの重要性の認識が薄かったが、世界的にもだんだんとその重要性が理解されつつある。生命の最小単位である細胞は、細胞膜と呼ばれる膜に囲まれている。ロウソクの炎は、内部の反応（代謝）によって熱を出している、可燃物（食料）と酸素があれば、燃え広がる（増殖）。しかし、ロウソクの炎を生命と思う人はいない。ロウソクには明確な境界がないという基準で考えると、生命との違いがはっきりとわかる。

「代謝をする」ことも生命の定義としてよさそうである。代謝だけで生命と断定はできないが、生命は細胞の外から栄養を取り込み、酸素と反応させてエネルギーを獲得する複雑な反応系を持っている。この反応系による一連の反応を代謝と呼んでいる。それに対して、第一の基準のように膜に囲まれてはいても、シャボン玉や水の中の泡は代謝を行っていない。代謝をすることを基準に入れれば、シャボン玉や水の中の泡が生命でないこととのつじつまが合う。

「複製する」。これが以外と難物である。小学生くらいの子供に「生き物って何？」と問いを発すれば、「子供を産むもの」という答えが返ってきそうである。しかし、オスのウサギ1羽あるいはメスのウサギ1羽を飼い続けても、決して子供を産むことはない。このような議論が、生物学者の間で真面目に議論された。「複製する」を定義とするとオスのウサギ1羽は生命でない。「生きてない」ことになってしまい、たいへん不都合である。

働きアリも同様である。アリの巣の中には、たくさんの働きアリが働いている。もちろん、アリは境界（外骨格の表皮）を持ち、代謝している。しかし、働きアリは「複製（増殖）する」か？巣の中で、卵を産むのは女王アリだけである。働きアリが卵を産むことはない。すると、働きアリは生命でない、生きていないことになってしまう。当然そうに見える「複製する」という定義が、かなり厄介な問題を抱えていることがわかる。

「進化する」。これも結構厄介な定義である。テレビの広告では「進化する会社」、「進化する自動車」、「進化する技術」と進化するものにあふれている。この中で、自動車は特に厄介である、車体は鉄の皮で覆われており、外部からガソリンを取り込み、大気中の酸素と反応して動いている（代謝している）。もちろん、自分で複製する訳ではないので、自動車を生命と呼ぶ人はいない。しかし、「自動車は進化していますか」と聞かれたら、「いいえ」と自信を持って答えるのは難しい。「自動車の進化」と「生命の進化」を最初から暗黙に区別しているように思えてしまう。ちなみに働きアリも増殖していないので、増殖するかどうかでも自動車と働きアリの区別は付かない。

広く受け入れられている三つないし四つの定義である。その中で「境界に囲まれている」と「代謝をしている」は比較的問題はない。しかし「複製（増殖）する」と「進化する」は、そう簡単ではない。

ジョイスの定義

世界的には、ジェラルド・ジョイスがある本の前書きに書いた定義が比較的よく引用される。ジョイス自身も定義は難しいと言っている点は江上博士と共通している。ジョイスの定義は「生命は自分自身を維持する化学的システムでダーウィン型進化を行いうるものである」というものである。「自分自身を維持する化学的」という表現は「代謝」を表していると見てよいであろう。「システム」と言っている点が、この定義のうまい点である。定義と言いつつ、「システム」とは何を意味するのかが自明ではない。この定義では「システム」という別のよくわからない言葉、別に定義をしなくてはならない言葉に置き換えている。しかし、「システム」という言い方は確かにうまい言い方である。ウサギも1羽ではなく集団がシステムであると考えれば、1羽のウサギはウサギ集団というシステムの一員（要素）として生きているという言い方ができるかもしれない。同じ考えで、アリの巣の一群れをシステムとして考えれば、その要素としての、1匹の働きアリも生きていることになる。「システム」という言葉で難しい問題を回避している。

また、「ダーウィン型進化」については、このあとの項で詳しく説明する。とりあえず「進化」を解釈する難しさは前項で説明した。「ダーウィン型進化」も「システム」同様、定義が必要な別の言葉で置き換えているという点に問題がある。

この「ダーウィン型進化」の最大の問題点は生命かどうかの判定に時間がかかる点である。何かある「もの」があったときに、我々はかなり直感的にそれが生きているか死んでいるかがわかる。どのような生物であってもダーウィン型進化しているが、我々は「ダーウィン型進化」していることを確認してそれを生物と思っている訳ではない。生物は何代もの間に少しずつ適応して、自然選択によってダーウィン型進化する。「ダーウィン型進化」で生命の判定を行おうとすると、我々が直観的に生物であるとわかるものですら、「ダーウィン型進化」するかどうか何世代もじっと待っていなければ、生命かどうかの判定ができないことになる。実際的に生命かどうかを判定するときの基準として使おうとすると、この定義はあまりにも判定に時間がかかりすぎる「使いづらい」定義と言える。

コシュランドの定式化

コシュランドは、著名な科学者を集めて、生命の定義に関する会合を開いた。そこでは、生命の定義をすることはとても難しいという結論になった。そこで、生命の定義をすることはあきらめ、生命を特徴付ける基礎的な原理をまとめることにした。コシュランドのまとめた生命の特徴は、以下の7つである。

A　プログラム

遺伝情報のことを意味している。生物はＤＮＡに記録された遺伝子（プログラム）を持って、さまざまな反応や体の形成を行っている。

B　適応進化

遺伝子（プログラム）には変異が入り、環境の変化が起きた場合には、変異が入ったプログラムを持つ生物の中からより好ましい適応をしたものが選択され、進化していく。

C　境界で囲まれている

これは江上博士と同じ項目である。生命は細胞であれば細胞膜で囲まれている。あるいは多細胞生物の場合には、皮膚で外界から区切られている。生命が代謝を行うためには、分子や触媒の濃度を維持する必要がある。境界によって分子や触媒の濃度を維持している。

D　エネルギー

これも江上博士の代謝に相当している。生物はエネルギーを用いて自分自身を維持している。生物は何もしなくても必ずエントロピーの増加があるので、それを補うためにエネルギーを常に補給する必要がある。地球では太陽のエネルギーに依存して多くの生命活動が維持されていると言える。

E　再生

体の表皮は常に表面から古い細胞がはげ落ち、真皮と呼ばれる内側の層で分裂して再生している。生物は、細胞分裂によって古い細胞を新しくして個体が再生している。集団は個体が子供を産むことによって古い個体と置き換わり再生する。

F　適応

環境が変動すると、長期的に見た場合には遺伝のプログラムを書き換える適応進化によって環境変動に適応するが、生物はもっと短時間のうちに環境に適応する。それは、適応があらかじめプログラムに書き込まれているからである。プログラムの中には環境に適応する方法があらかじめ書き込まれている。

G　隔離

細胞内ではさまざまな反応が進行する。また細胞内ではさまざまなシグナル伝達が行われている。しかし、それらは独立した反応経路やシグナル伝達経路を構成していて、個々の反応やシグナルの互いの混線をなくしている。

2　生命の性質

生命の定義ではないが、生命の特質としてしばしば取り上げられる性質がいくつかある。次にそれを見ていこう。

動的平衡

生命の定義とされることはないが、生物の持つ特徴として、動的平衡という性質がある。例えば、細胞を考えた場合、外から栄養となる分子や酸素を取り込み、細胞内で代謝をして細胞に必要な分子を合成する。細胞内で不要となった分子は分解されて、細胞外へ排出される。このように、細胞の内外でさまざまな分子が出入りしているが、細胞の中の状態は一定に保たれる。この状態は動的平衡と呼ばれる場合が多い。

動的平衡は、川の流れに例えられる場合が多い。川に流れる水は常に下流に流れていく。少し前にその場所にあった水の分子は、その直後にはもうその場所には存在しない。川を流れる水の分子は絶えず入れ替わるが、川そのものの位置が動く訳ではない。細胞内外に分子が出入りして分子は入れ替わるが、細胞は細胞として存在し続けていることと似ている。

動的平衡という言葉は、生物の一面を極めてよく表している。しかし、純粋な物理化学的言葉としては少し問題がある。平衡というのは、物理化学で用いられるが、ある物質ができあがる反応と、その逆反応の速度が等しい状態を表している。しかし、平衡している間、反応に関与する物質の濃度は一定に保たれるというのが平衡の定義である。これに対して、細胞内で進行する反応は、エネルギー源となる物質（栄養あるいは餌）を取り込んで、例えば酸素と反応してエネルギーを獲得して細胞を一定の状態に保つ。しかし、このとき、栄養と酸素は消費され、そのどちらかがなくなるならば、反応は停止し、細胞は死滅する。反応が停止するまでの状態は、物理化学的な意味では非平衡状態というべき状態で、平衡ではない。

しかし、動的平衡と表現した状態、細胞の外から分子を取り込んで、細胞を維持するという状態は、生物の本質を表していて、単なる非平衡とは異なっている。そこに、生命の本質があるのであると思われるが、まだ何が本質なのかはわかっていない。

負のエントロピー

生物を特徴付ける言葉として、負のエントロピーという概念が提唱されている。細胞が外から取り込んだ栄養と酸素はエネルギーを得るために使われ、エネルギーは細胞の状態の維持に使われる。細胞膜からは絶えず、さまざまな分子が漏れ出すので、それを取り込まなくてはならない。また、分子は熱によって分解されるので、分解された分子を再生しなければならない。増大した乱雑さ（エントロピー）をもとに戻すという意味で、ノーベル賞を受賞した物理学者シュレディンガーは、生命の維持には負のエントロピーが必要であると主張した。

シュレディンガーの負のエントロピーという言葉が生命の特徴を表す言葉として有名になった。しかし、生物がその状態維持するために負のエントロピーを取り込む必要はなく、エネルギー（専門的な言葉ではギブス自由エネルギーであるが、ここでは詳しく説明しない）を使えば、生命の状態を維持できる。つまり、負のエントロピーを維持することは生命にとって重要であるが、そのためにはエネルギーを取り込めばよいことには、シュレディンガー自身ものちに同意している。生命にとってのエネルギーの重要さについては、本書でも何回か説明している。

散逸構造

散逸構造というのは、これもノーベル賞を受賞した物理学者が提唱した考え方で、エネルギーを利用して次に説明するジャボチンスキー反応のような周期的反応を維持する仕組みを言う。物理学者は本業で成果を上げ、有名になると、次は生命にかかわる課題に取り組む例が多い。宇宙の起源や仕組みと並び立つ大問題が生命の起源と仕組みであり、それに取り組みたくなるのであろう。にわか専門家なので、議論には大雑把な場合も多い。しかし、物理学者はさすがに物事の本質をつかむことにたけている。生物学者が細かい点に目を奪われ、木を見て森を見なくなっているのを尻目に、大胆な仮説を唱える。それが物事の本質を極めてよくとらえていることも多い。生物学者は見習う必要があるかもしれない。

例えば、生物の現象ではないが人工的な反応系でジャボチンスキー反応という反応が散逸構造の例として有名である。ジャボチンスキー反応は何段階かの酸化還元反応を組み合わせた反応であるが、できあがった反応中間生成物が反応そのものを触媒したり、阻害したりするように反応系ができている。すると、反応の進行によって、中間産物の量が増えたり減ったりすることが起きる（図4-1）。反応中間体には色を持つ分子を使う。反応が溶液全体で起きれば色が出たり消えたり周期的変動を繰り返す。その繰り返し反応が、場所によって少し早く進んだところと遅いところができると、縞模様になり、その縞模様が前後左右に移動する。

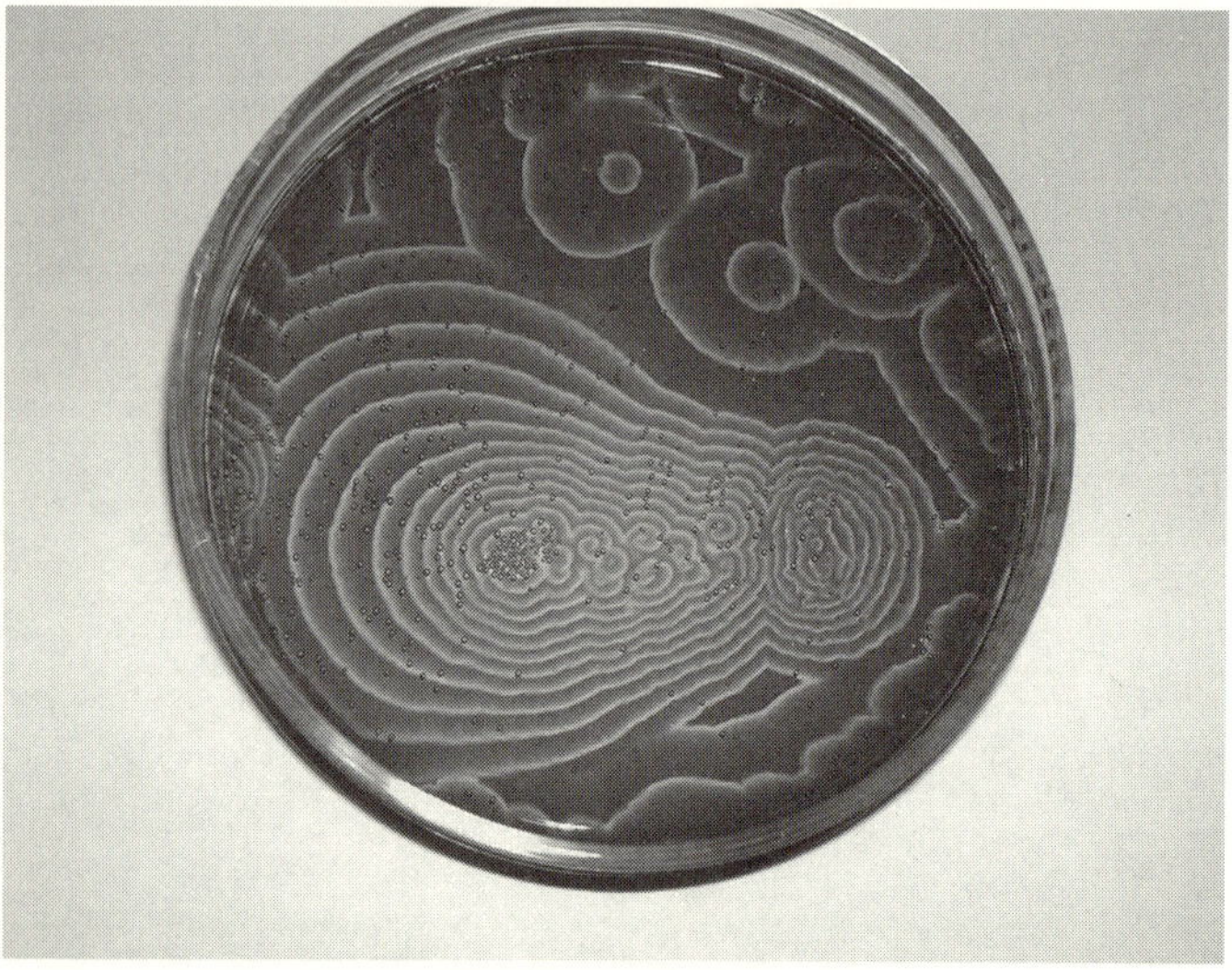

図 4-1　ジャボチンスキー反応
酸化還元反応を行う中間産物によって反応が触媒されあるいは阻害されるような反応は周期的振動を始める。
出典：Stephen Morris, Belousov Zhabotirsky reaction - Flicky

単なる反応ではないかとも思えるが、周期構造はエントロピーの低い構造と言える。酸化還元の基質（生物では栄養と酸素に相当する）がなくなれば、反応は停止して、反応系は死に至る。生物のように膜に囲まれている訳ではなく、複製する訳でもないが、エネルギーに依存して構造（低エントロピー状態）を維持するという点は生物の本質の一つをとらえている。

コラム　ウイルスは生命か

生物学者の中にはウイルスは生命ではないと考える研究者が多いが、ウイルスが生命であると考える研究者も少なくないし、生命と非生命の中間であると考える研究者もいる。

そもそも、定義というのは「何かは何かである」という考え方を過不足なく表現することである。「何かは何かである」という考え方が研究者によって異なり、いくつかの考え方があれば、定義が複数あってもよいことになる。例えば「生命は自己増殖できる」ということを定義に入れると、ウイルスは何かほかの細胞に感染しないと増殖できないので、ウイルスは生命でなくなる。

次に、そもそもその事柄が定義できるのかという問題もある。本節で説明したように、「生命の定義がない」あるいは「生命は定義できない」という考え方に立てば、「ウイルスは生命か」という問いそのものが無意味になってしまう。

さらに「生命とは自己増殖できる」という定義にしても、ウイルスが感染して増殖できる細胞そのものを増殖の環境であると考えてしまえば、ウイルスは生命であるということになる。ここでは、生命をどう定義するかという定義そのものの問題ではなく、その定義の仕方は適切なのかという定義の仕方の問題になる。

まとめると、ウイルスを生命に入れない考えの研究者が多いが、生命に入れるかどうか

表 4–1　生物の体の分子組成

成分　（%）	大腸菌
水	70
タンパク質	15
核酸　DNA	1
RNA	6
脂質	3
炭水化物	4
無機物	1

出典：Watson, J. D. "Microbiology of the Gene" 3rd ed., Benjamin (1976)

タンパク質と核酸には重要な特徴がある。第一にこれら二つとも有機化合物である。有機化合物というのは、炭素を含む分子のことを表す。炭素原子は最大四つのほかの原子と結合できるために複雑な化合物をつくることができる。その結果、炭素を含む有機化合物には非常にたくさんの種類の分子がある。ただし、炭素を含んでいても、一酸化炭素、二酸化炭素のように単純な分子は有機化合物には含めない。

第二にタンパク質と核酸は高分子化合物である。タンパク質というのはアミノ酸が多数結合してできている。アミノ酸には20種類あるが、それらが直鎖状に数十から数百個結合している（図4-2）。

核酸も高分子である。ヌクレオチドと呼ばれる単位分子が多数直鎖状に結合している（図4-2）。ヌクレオチドなどというと意味不明でおどろおどろしい感じがするが、核酸の単位という意味である。単に核酸と言ってしまってもよいが、遺伝子は核酸の単位（ヌクレオチド）が多数結合して、高分子の核酸になったものである。単に核酸と言うと、核酸の単位（ヌクレオチド）を指しているのか、高分子の核酸を意味しているのかわかりにくいので、核酸の単位であるということを表したいときにヌクレオチドという言葉を使う。核酸は数百個からときに1億を超えるヌクレオチドが結合している高分子である。

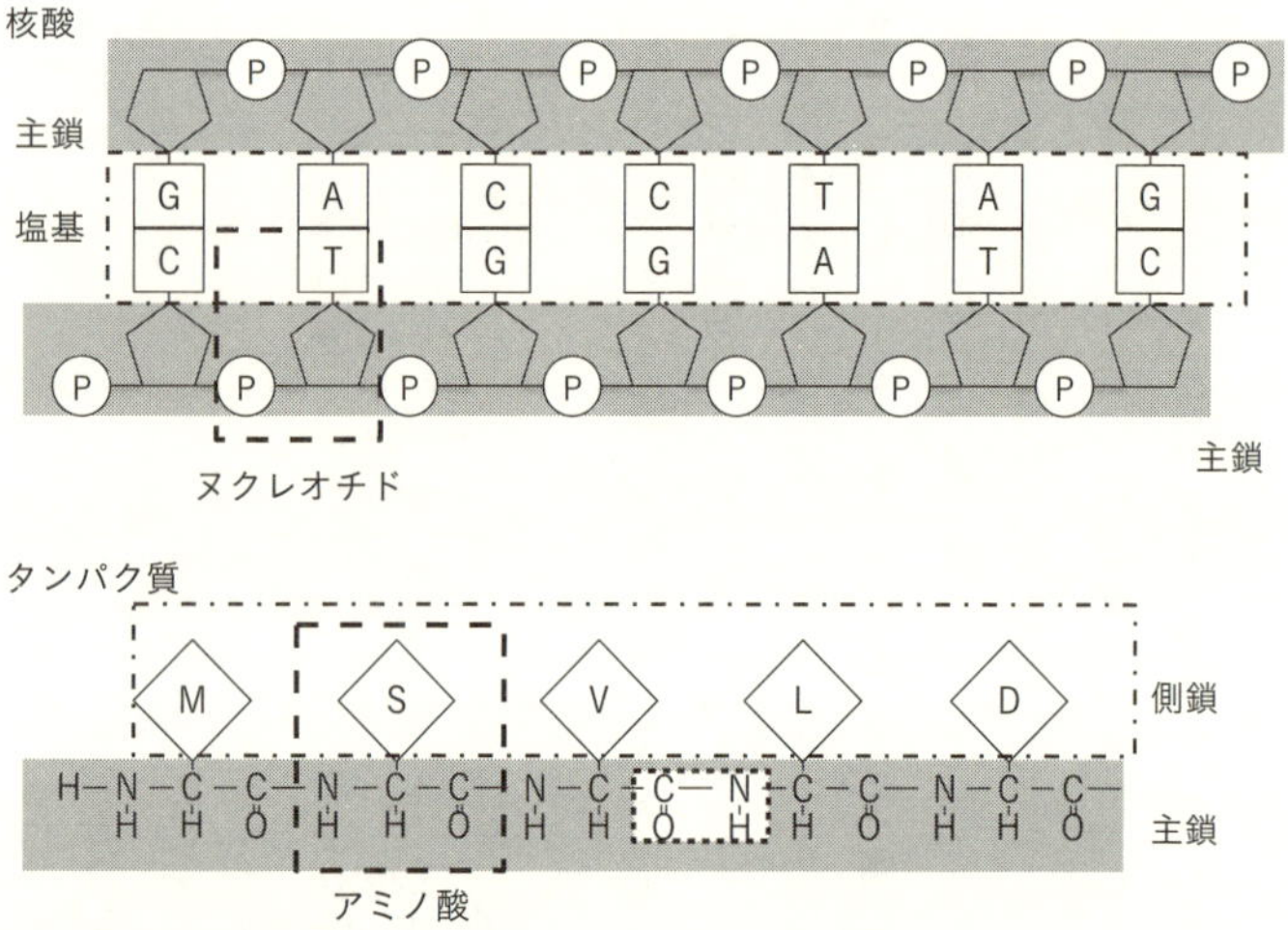

図 4-2　核酸（DNA）とタンパク質

核酸はヌクレオチド（破線の中）と呼ばれる核酸の単位（単量体とも呼ぶ）が多数結合している。結合は P で表したリン酸によって行われている。一つひとつのヌクレオチドが A、C、G、T のいずれかで、その順番で遺伝子の情報が記録されている。一点鎖線の中は塩基と呼ばれ、灰色背景部分は主鎖と呼ばれる。

タンパク質は単位となるアミノ酸が多数結合している。結合はペプチド結合と呼ばれ、図では CONH（点線枠内）で表している。アミノ酸は 20 種あり、図ではひし形の中のアルファベットの一文字で表している。それぞれの文字が表すアミノ酸名は図 4-7 を参照。アミノ酸ごとに異なる部分が側鎖（一点鎖線枠内）。灰色の背景部分は主鎖。

タンパク質と核酸の第三の特徴はいずれも情報を持つ分子であることである。このことが生命の本質に最も深く結びついている。情報とは遺伝情報のことである。どのような生物も遺伝情報を持っているが、その情報はDNAに記録されている。DNAが高分子であることは、DNAに膨大な遺伝情報が記録されていることと関係している。核酸のうちのRNAは遺伝情報の

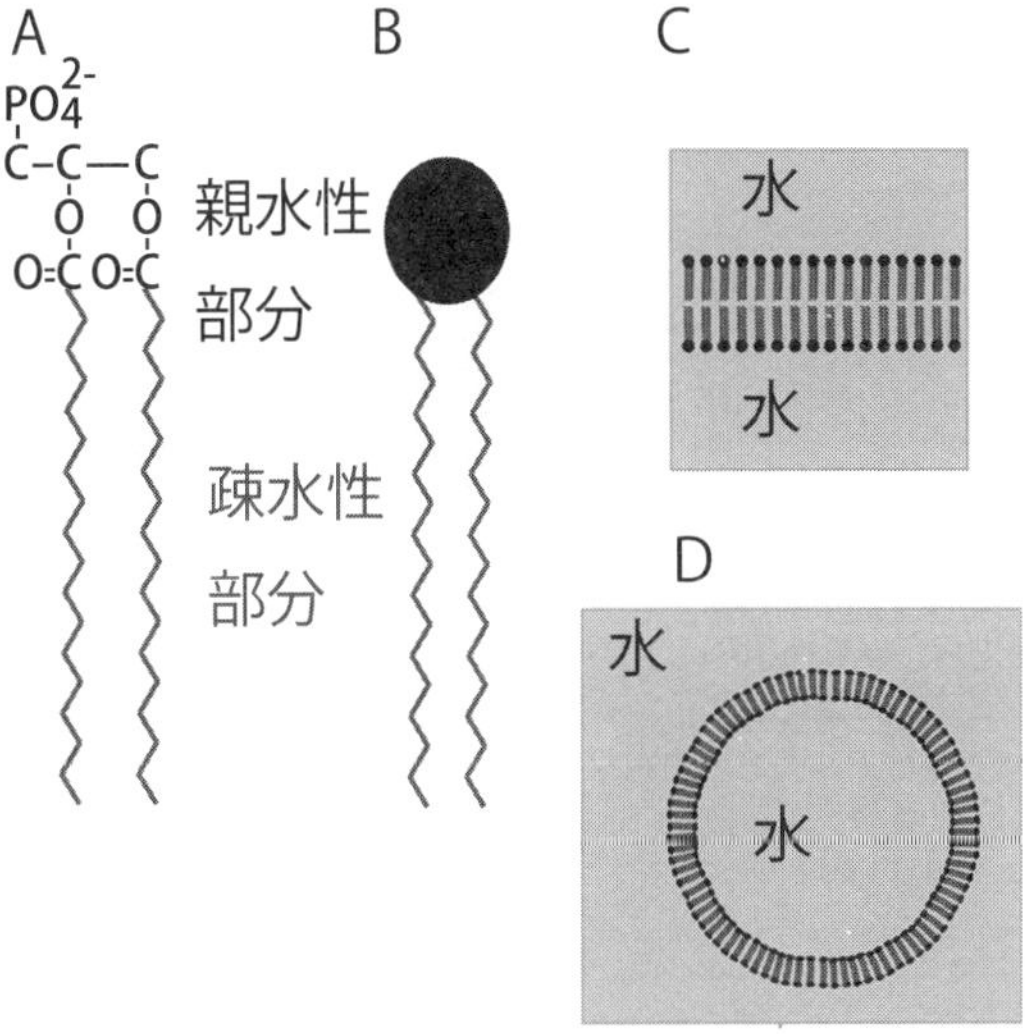

図 4-3　脂質と脂質膜の構造

A）膜をつくっている脂質分子の一つ黒色の部分が親水性部分、灰色の部分が疎水性部分。B）親水性部分と疎水性部分をモデル的に表している。C）水の中では疎水性部分を背中合わせに親水性部分を水の方向に向けて二層に並んで脂質膜をつくる。D）実際には脂質膜は球状の構造となる。

出典：海部宣男ほか編『宇宙生命論』東京大学出版会、2015 年、p. 4、図 1-1

一時的コピーで、情報を細胞内で伝える必要があるときに作成される。タンパク質は遺伝情報によって作成される高機能触媒で、その遺伝情報に依存してその機能を発揮する。

最後に量は少ないがやはり生命に欠かせない分子として脂質がある（図4-3）。脂質も有機化合物である。脂質は分子内に親水性（水に接触しようとする性質）部分と、疎水性（油の性質、水から離れようとする性質）部分を併せ持っている。脂質分子は親水性部分を水に接触させて平面状に並

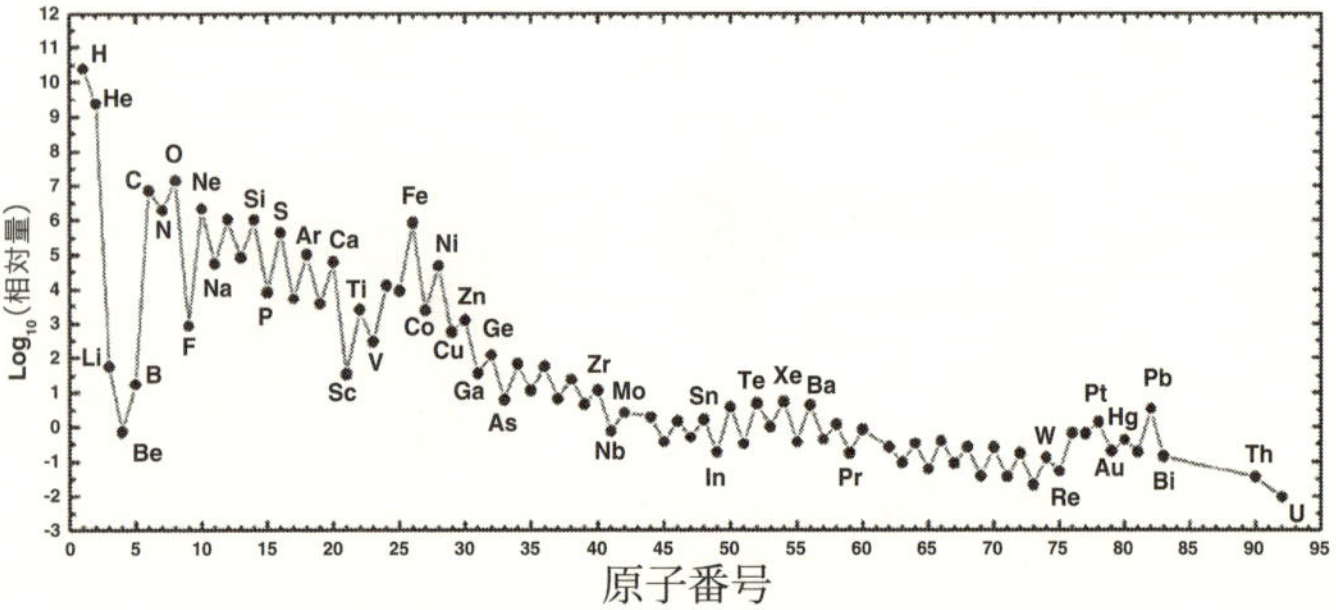

図 4-4　宇宙の元素組成

この図は太陽の元素組成で、太陽系の質量の大部分は太陽に集まっているので、太陽の元素組成は太陽系の元素組成といってよい。宇宙での原子が集まって太陽ができるので、銀河の同じ領域では同様な元素組成になる。ケイ素の含量を 1 とした相対量を対数で示してある。

出典：K. Lodders “Solar System Abundances and Condensation Temperatures of the Elements” *The Astrophysical Journal.* **591**：2 (2003) 1220–1247

び、疎水性部分を水から離して面状の構造をつくる。これは脂質膜と呼ばれる。単なる平面だと面の側面で疎水性部分が水と接触することになり不安定なので、脂質膜は球状、シャボン玉の構造になる。

脂質でできた膜、脂質膜によって細胞は包まれている。細胞はすべての生物の単位であるが、そのまわりは脂質膜で囲まれている。この脂質膜は細胞膜と呼ばれている。細胞膜に高分子有機化合物の水溶液が包まれているのが細胞である。スープ（高分子有機化合物）が、革袋（細胞膜）に詰まっているのが細胞であると思えばよい。

生命をつくる元素とその由来

生命をさらに元素まで分解すると、酸素、炭素、水素、窒素の4種類の元素が多く、こ

表 4-2　ヒト、海水、地殻、大気、宇宙の元素組成
海水は水を除いた組成。宇宙は太陽の組成。

ヒト	%	海水	%	地殻	%	大気	%	宇宙	%
O	65	Cl	58.20	O	46.6	N	78	H	92.5
C	18.5	Na	32.42	Si	27.7	O	21	He	7.35
H	9.49	Mg	3.85	Al	8.1	Ar	0.47	O	0.07
N	0.99	S	2.70	Fe	5.0	C	0.02	C	0.03
Ca	0.45	Ca	1.24	Ca	3.6	Ne	0.001	Ne	0.01
P	0.3	K	1.20	Na	2.8	He	0.0003	N	0.01
K	0.12	Br	0.20	K	2.6			Mg	0.003
S	0.09	C	0.08	Mg	2.1			Si	0.003
Cl	0.06	N	0.03	Ti	0.4			Fe	0.003
Na	0.06	Sr	0.02	P	0.1			S	0.002
Mg	0.03	B	0.01						

出典：Wedepohl, K. H. "The composition of the continental crust *Geochim. Cosmochim. Acta.*, **59,** 1217–1232 (1995)

れについで硫黄とリンが主要な元素である（表4-2）。水素と酸素は水の成分であり、水が生体の70%を占めているので、当然この二つが主要な元素となる。タンパク質と核酸は、炭素、水素、窒素、酸素を主成分としている。これら4種の元素に加えて、タンパク質には硫黄が、核酸にはリンが含まれている。

水素、炭素、窒素、酸素は宇宙で最も多い元素である（図4-4）。その中でも水素は宇宙で最も多い元素である。ついでヘリウムが多いが、ヘリウムはほかの元素と反応しない気体である。生物にとって反応しない元素を使う意味があまりないと見える。炭素、窒素、酸素は水素とヘリウムについで多い元素である。これらの元素は、大気中にも多い元素でもある（表4-2）。

現在の大気に炭素は少ないが、原始大気では二酸化炭素は主要な成分であった。生命をつくる主要な元素は、宇宙由来の大気に由来している。生物は宇宙で最も多く、宇宙のどこでも存在する元素を材料にしていると言える。

さて、これらの元素のほか、カルシウム、カリウム、ナトリウム、マグネシウムなどの金属イオンと塩素イオンが多く含まれている。これらの金属イオンは地殻の岩石から溶け出したものであるが、それが海水に含まれている（表4-2）。地殻をつくる岩石由来のイオンが細胞の中のイオンとして利用されている。これらの金属イオンも、もとをただせば分子雲の中で塵となり、微惑星を経て地球に持ち込まれたものである。

硫黄も宇宙で比較的多い元素である。硫黄は、タンパク質の成分として使われている。硫黄は海水中では硫酸イオンとして存在しているが、この硫酸イオンももともとは地殻の岩石に由来している。硫黄は地殻の岩石から海に溶け出しているものが使われている。

リンはそれ以外の主要元素に比べるとかなり少ない。リンはリン酸として、核酸の成分となる。リン酸は、生体内ではエネルギーを分子間で移動する際に用いられている。なぜリン酸がよいのかはよくわかっていない。リンが宇宙や、地球に少ないということを問題にする場合もある。しかし、月にはリンを多く含む岩石が見つかっている。月は地球の表層を衝突ではぎ取ってできたと考えられているため、月で見つかったリンを含む岩石は、初期地球の表層にもあった可能性がある。いずれにせよ、リンは地殻由来と言える。

これら金属イオンや硫黄、リンなど、海あるいは地殻に由来する元素も、宇宙に由来している。地球が形成する過程で、宇宙の分子雲中の塵、宇宙塵に含まれていた元素が、地球形成時に地殻に集まり、それが海に溶け出して生物に利用されるようになった。

4　地球上の生命の仕組み

生命の仕組みは、世界では何十万人もの研究者が何十年も研究し続けているほど複雑である。ここでは、複雑な仕組みをすべて説明することは紙幅の関係で難しいので、生命にとって最も本質的な部分だけに限定して説明することにする。どんな物事でも、本質的な点を理解することが最も大切である。

タンパク質の仕組み

タンパク質というと「栄養素であり、血や肉になる」と習った読者は多いと思う。タンパク質は生命にとって最も重要な分子である。それでは、タンパク質は体の中で何をしているのか。タンパク質は体の中のほとんどすべての仕事をやっている。

筋肉の中で力を発生しているのは、タンパク質である。神経軸索でシグナルを伝えているのもタンパク質である。皮膚もタンパク質、内臓もタンパク質で、要するに生物の活動のほとんどすべてはタンパク質によって行われている。

それでは、タンパク質はどのように生物の体の活動を行っているのか。その秘密はタンパク質がアミノ酸でできていることにある。

ヒトの体には数万種類のタンパク質があり、それぞれ別々の仕事をしている。しかし、生物の体のタンパク質は20種類のアミノ酸によってつくられている。数万種類のタンパク質が20種のアミノ酸でできている仕組みはアルファベットで英単語ができる仕組みに似ている。英語圏で使われる英単語の数は2万から3万語にもなるが、その単語を書くのには26のアルファベットを用いればよい。アルファベットの組み合わせで別の意味を持つ単語になる。英語の単語はアルファベット数文字から十数文字でできているが、タンパク質はアミノ酸数十から数百でできている。アルファベットの並び順で単語の意味が変わるように、アミノ酸の並び順が異なると別のタンパク質になる（図4-2）。

アルファベット一文字にはほとんど意味がないが、アルファベットが並んで単語になると意味を持つ。同様に、一つのアミノ酸にはほとんど意味がないが、アミノ酸が並んでタンパク質になると、ある一つの機能を持つようになる。例えば、あるタンパク質が筋肉で力を出す、別のタンパク質は神経でシグナル伝達をするようになる、さらに別のタンパク質は肝臓で糖を分解するようになる。つまり、アミノ酸が並んでタンパク質になると、タンパク質はある特定の機能を発揮するようになる。

タンパク質が機能を発揮する仕組みはもう少しわかっている。アミノ酸の意味はほとんどないと書いたが、少しはある。アミノ酸の中には親水性のアミノ酸と疎水性のアミノ酸がある。タンパク質でアミノ酸が並んだあと、親水性のアミノ酸は外側に、疎水性のアミノ酸は内側になるように、アミノ酸同士が立体的に移動して、決まった構造を取るようになる。例えばリゾチーム（裏表紙参照）というタンパク質には少し凹みがある。この凹みは、ちょうど細菌の細胞壁がはまり込むような形になっている。リゾチームの凹みにはまり込んだ細菌の細胞壁は分解され、細菌は殺されてしまう。つまり、タンパク質はアミノ酸が並んでいるが、アミノ酸の性質によってタンパク質はある形になり、その形によって機能を発揮する。

DNAの構造と情報

DNAは遺伝子の本体であるが、DNAは情報を記録しているだけでまったく機能を持っていない。DNAが情報を記録するやり方はよくわかっている。DNAにはアデニン、シトシン、グアニン、チミンの4種類がある。それぞれのDNAの英語の頭文字を取って、A、C、G、Tと書くことが多い。AはTとGはCと結合するので、この組み合わせでDNAの二重らせんができている。DNAのらせんに、ACGTの文字が並んでいることになるが、この文字の並び順が遺伝子の情報である。

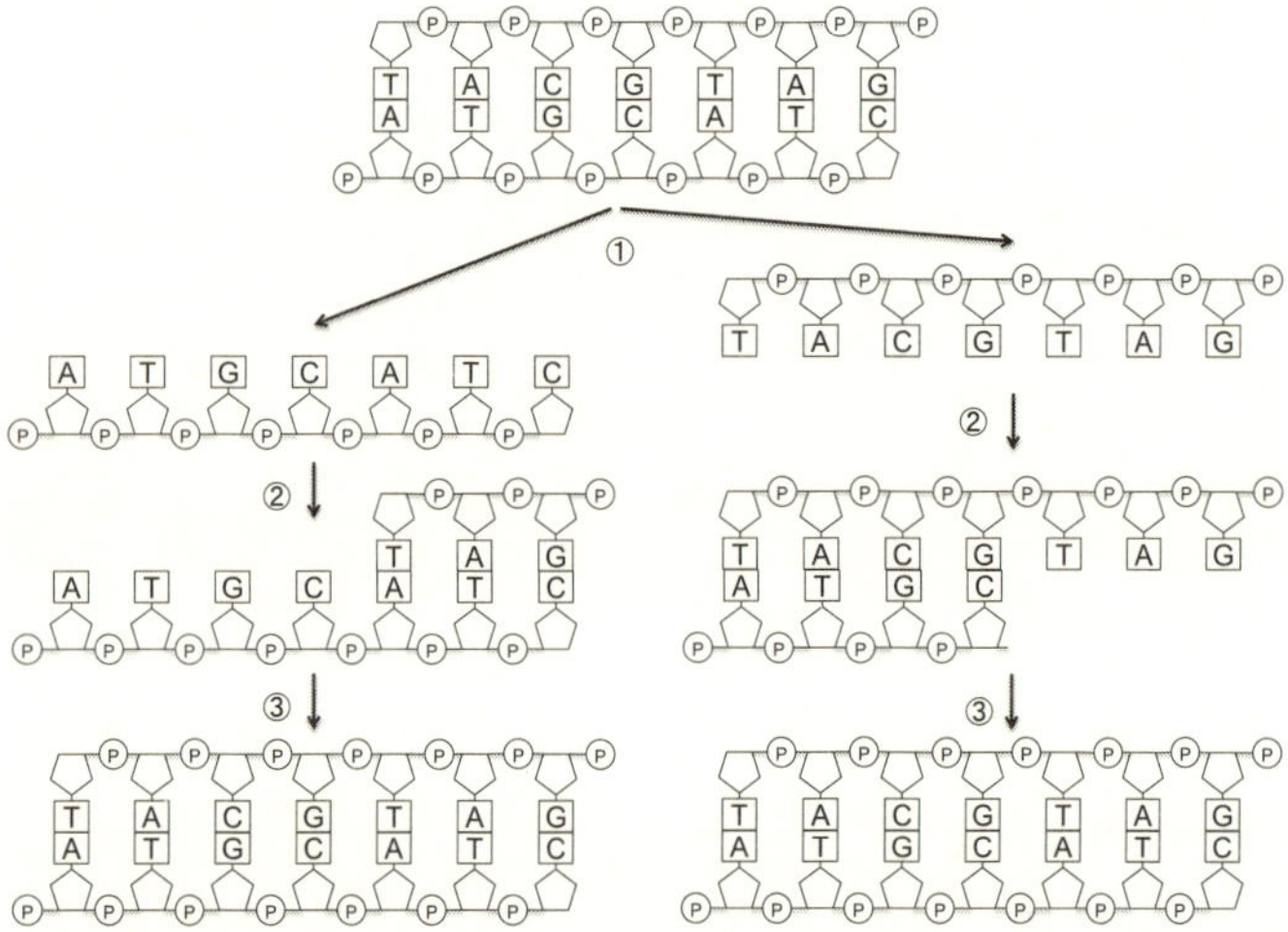

図 4-5　DNA の複製の仕組み

①DNA の 2 本鎖が、1 本ずつに分かれる。②それぞれの鎖に相手のヌクレオチドが一つずつ重合していく。③もとの 2 本鎖 DNA とまったく同じものが 2 本できあがる。2 本の 2 本鎖 DNA は 1 本ずつ娘細胞に分配される。

遺伝の仕組み

DNAのらせんに記録された遺伝情報は、親から子へ伝えられていく。細胞が分裂するときにも、分裂する二つの娘細胞に情報が一組ずつ伝えられる。その仕組みの鍵はDNAの二重らせんにある。DNAの二重らせん（二本鎖）がほどけると2本の1本鎖ができる（図4-5）。1本鎖にAがあるときにはそれにTが、TにはAが、CにはGが、GにはCが対応して結合する。こうして、1本鎖にもう一方の鎖ができて2本鎖に戻る。同じことは反対側の1本鎖にも起きるので、もとの2本鎖のDNAは2本の2本鎖になる。

できた2本のDNAはもとのDNAとまったく同じ情報を持っている。この、2本のDNAが1本ずつ娘細胞に伝えられることにより、娘細胞は親細胞とまったく同じ遺伝情報を持つことになる。

DNAの遺伝情報そのものは機能を持たないが、遺伝情報としてタンパク質の情報が記録されている。遺伝情報の本質は、DNAがタンパク質の情報を記録していることにある。そのDNAの遺伝情報がタンパク質の情報に変換される仕組みを細胞は持っている。

その仕組みは少し複雑である。まず、DNAの遺伝情報はいったん一時的なコピーに写し取られる。DNAの遺伝情報はRNAという核酸に一時的に写し取られる。情報を一時的コピーとしてRNAに写し取ることを専門的には「転写」と呼んでいる（図4-6）。RNAの構造はあとの章でもう少し詳しく説明するが、ここではRNAはDNAとほとんど同じという理解で構わない。ただし、DNAの文字ACGTのうち、TはUで置き換えられるという妙なことが起きる。その結果RNAではACGUの4文字で遺伝情報がコピーされる。DNAの遺伝情報を写し取ったRNAは、ほかのRNAと区別するためにmRNA、メッセンジャーRNA、あるいは日本語に訳して伝令RNAと呼ばれる。

次のステップが最も重要で最も難解なステップである。メッセンジャーRNAにコピーされた遺伝情報はアミノ酸の並び順に翻訳される。英語で「CAT」と書いてあったら日本語では「ねこ」と訳すのに似ている。RNAの3文字が一つのアミノ酸に翻訳される。この翻訳は英語と日

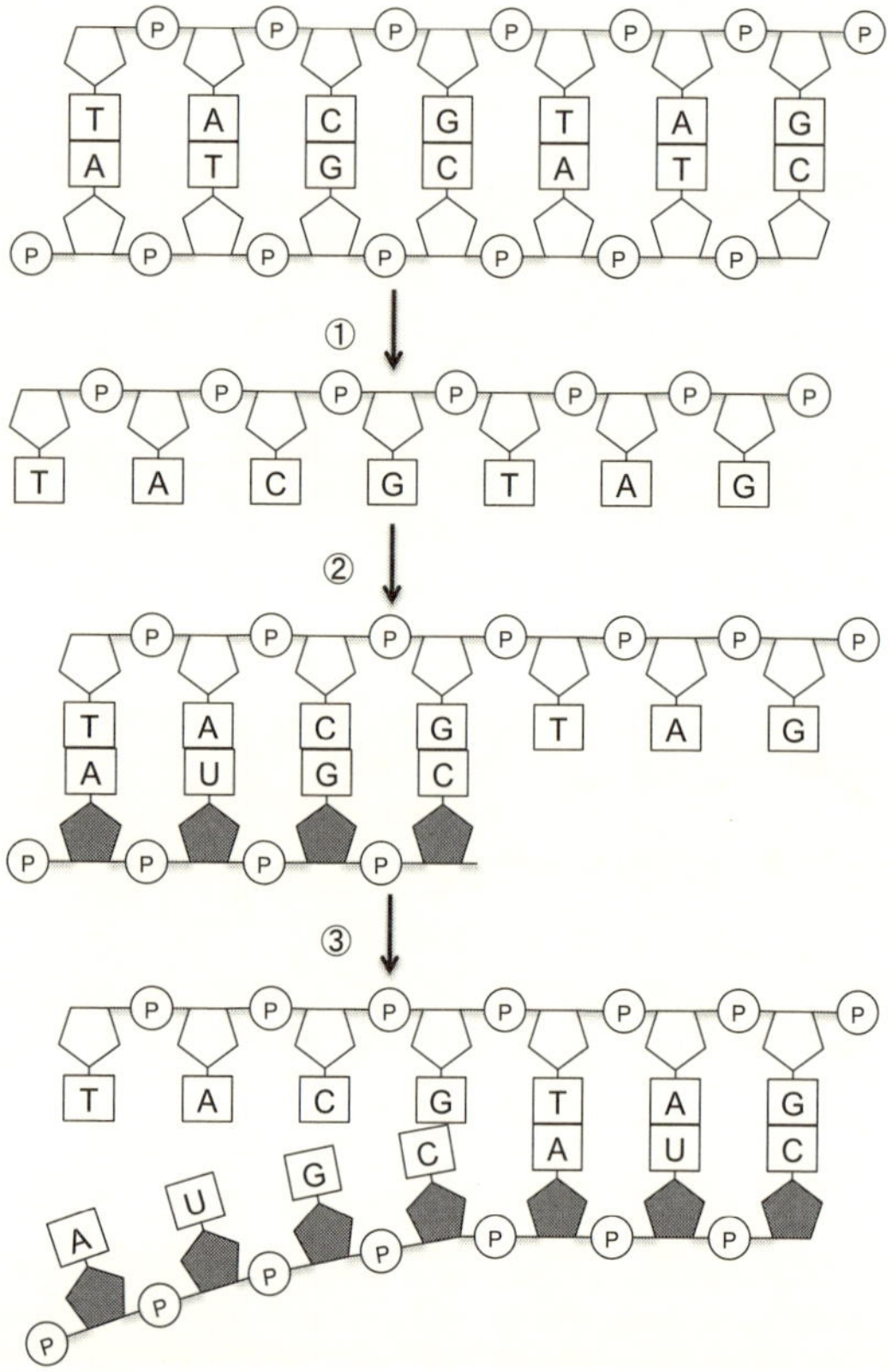

図 4-6　RNA への転写の仕組み

DNA の複製に似ているが、いくつか異なる点がある。①DNA の 2 本鎖が、1 本ずつに分かれる点は同じだが、②その一方だけが鋳型となって転写が起きる。この図では上側の鎖が鋳型になっている。相手となるヌクレオチドが一つずつ重合していくが、結合するのは RNA のヌクレオチドで、図では五角形の部分を灰色にしてある。T がつくべき場所には T の代わりに U が結合する。③重合してできた RNA 鎖は DNA の鎖から離れていく。DNA の遺伝情報を転写によって写し取った RNA はほかの RNA と区別するために mRNA、メッセンジャー RNA、あるいは伝令 RNA と呼ばれる。

にはっきりとした研究者間の合意はなく、そもそも生命の定義をどうするのかという問題と深くかかわっている。

3　地球生命は何からできているか

生命の定義をしようとしたときに、そもそも研究者間でも考え方が一致していないことがわかった。また、世界的には生命の定義などないという研究者のほうが多いくらいである。それでは、何のために生命の定義が必要なのか。生命探査に関して言えば、何かが見つかったときに、それが生命かどうかを見分けたいということがある。そこでこの節では、地球の生命をもう少し詳しく見直してからもう一度、定義の問題に戻ることにする。

生命をつくる分子

生物の体あるいは細胞の70％は水でできている（表4-1）。これは、単細胞の大腸菌でも、大型の多細胞動物ヒトでもほぼ同じである。その次に多いのがタンパク質である。生命にとってとても大事な遺伝子の本体であるＤＮＡは1％にすぎない。ＤＮＡは核酸の一種で、細胞の中にはもう1種類の核酸であるＲＮＡが6％ほど含まれている。水を除く分子の大部分はこれら二つ、タンパク質と核酸である。

1文字目		2文字目 U		2文字目 C		2文字目 A		2文字目 G		3文字目
U		UUU	フェニルアラニン(F)	UCU	セリン(S)	UAU	チロシン(Y)	UGU	システイン(C)	U
		UUC		UCC		UAC		UGC		C
		UUA	ロイシン(L)	UCA		UAA	終止	UGA	終止	A
		UUG		UCG		UAG		UGG	トリプトファン(W)	G
C		CUU	ロイシン(L)	CCU	プロリン(P)	CAU	ヒスチジン(H)	CGU	アルギニン(R)	U
		CUC		CCC		CAC		CGC		C
		CUA		CCA		CAA	グルタミン(Q)	CGA		A
		CUG		CCG		CAG		CGG		G
A		AUU	イソロイシン(I)	ACU	トレオニン(T)	AAU	アスパラギン(N)	AGU	セリン(S)	U
		AUC		ACC		AAC		AGC		C
		AUA		ACA		AAA	リシン(K)	AGA	アルギニン(R)	A
		AUG	メチオニン(M)	ACG		AAG		AGG		G
G		GUU	バリン(V)	GCU	アラニン(A)	GAU	アスパラギン酸(D)	GGU	グリシン(G)	U
		GUC		GCC		GAC		GGC		C
		GUA		GCA		GAA	グルタミン酸(E)	GGA		A
		GUG		GCG		GAG		GGG		G

図 4-7　遺伝暗号（コドン）表

DNA に TCAG の塩基で記録された遺伝子の情報はいったんメッセンジャー RNA に UCAG の塩基で写し取られたあと、アミノ酸に翻訳される。RNA の 3 文字で一つのアミノ酸が選ばれる。三つの文字の組み合わせをコドンと呼ぶ。アミノ酸名のあとに、アミノ酸を略称する 1 文字のアルファベットが記載してある。UAA、UAG、UGA のコドンに対応するアミノ酸はなく、アミノ酸配列はそこで終止する。

本語の関係よりはずっと簡単である。DNAの3文字が一組になって、アミノ酸の1種類に翻訳される。図4-7では左側に書いてある文字が1文字目、上に2文字目の文字が書いてあり、1文字目と2文字目で一つの碁盤の目が指定される。それぞれの碁盤の目の中に、異なる3文字目が決まるとどのようなアミノ酸に翻訳されるかが書いてある。コピーは専門的には「転写」と呼ばれるが、「翻訳」は専門的にも「翻訳」と呼ばれている。

　このような、コピー（転写）と翻訳の2段階でDNAの遺伝情報の3文字はアミノ酸に翻訳される。DNAの3文字でアミノ酸が一つ決まるので、DNAの文字が300文字あれば、100個のアミノ酸に翻訳される。その結果、翻訳されたアミノ酸が100個分、遺伝子で記録されていた順につながることになる。すると、先に紹介したアミノ酸が疎水性か親水性かという性質に従って、タンパク質は決まった構造を取り、その構造によって決まった機能を持つようになる。遺伝情報、つまりDNAの文字の情報はこうしてタンパク質の機能として発現する。

5　地球生命に何が必要か——なぜ水か、なぜ炭素か

地球生命を構成する原子や分子を見てきた。生命はなぜこうした分子、元素を使っているのか。それはどのような理由なのか。それは必然なのか偶然なのか。ほかの可能性はないのか。これらは遺伝の仕組みとも密接に関連している。

水

生命に水は必須である。水はなぜ生命にとって必要なのだろうか。細胞は脂質膜の中に高分子やイオンが溶け込んだ水溶液である。

水の役割の第一は、さまざまな分子を溶かし込むことにある。水溶液の中には、外から取り込

んだ栄養成分や酸素分子が溶け込んでいる。栄養成分はタンパク質によって触媒され反応する。先ほどタンパク質が機能を持つと説明したが、その機能の最大のものは触媒作用である。触媒作用を持つタンパク質は「酵素」と呼ばれる。栄養成分はタンパク質によって触媒され、さまざまに利用される。例えば栄養成分は酸素と反応して、エネルギーを得ることに利用される。また栄養成分はアミノ酸に変わってタンパク質をつくるのに利用されたり、核酸に変わって情報を記録したりするのに使われる。こうした栄養成分、酸素、タンパク質は水の中に溶け込んでいる。つまり、水の最大の役割は溶媒として細胞の成分を溶かし込んでいる点である。

水の第二の役割は、タンパク質と脂質膜の構造をつくるのに必要なことである。タンパク質が触媒機能を果たすためには、きちんとした構造になることが必要である。その構造は、疎水性のアミノ酸がタンパク質の内部に移動し、親水性のアミノ酸がタンパク質の外側に移動することによってつくられる。そのときに水分子と接触したほうが安定なアミノ酸と接触しないほうが、安定なアミノ酸があることが構造を取るために重要で、それは溶媒としての水との関係なので、水がほかの溶媒に変わるとタンパク質は構造を取って機能を果たすことができなくなる。同じように、脂質の疎水的な部分を水から遠ざけて親水的な部分を水に接触させるように脂質膜ができあがる。つまり、タンパク質と脂質膜がある構造を取ってその機能を発揮させるためには水の性質が重要な働きをしている。

炭素と情報

生命がなぜ炭素を使っているのか、おそらく情報を保持するために有機化合物が便利だったという理由が大きい。情報を保持するためには一次元に並んだ高分子であることは好都合である。情報を保持するためには、一次元につながるという機能と、情報を記録するために複数の種類がある必要がある。

地球の生命が用いている情報分子、核酸（DNAとRNA）とタンパク質は異なった性質を持っているが、共通した性質もある。第一に両方とも一次元につながるために1種類の結合様式を持っている。核酸の場合にはリン酸を用いた結合、アミノ酸の場合にはペプチド結合と呼ばれる結合である（図4-2）。核酸の4種類の文字は違っても、その結合様式は同じなので、4種類のどの文字のあとにどの文字が来ても問題なく結合できる。同様に、20種のアミノ酸のうちどのアミノ酸のあとでも20種のどれもが結合可能である。これは貨車にはさまざまな種類があるが、連結器は共通なのでどの貨車のあとにどの貨車が来ても連結できる仕組みと同じである。共通して連結している部分は主鎖と呼ばれている。

第二の共通点は、異なった文字を持っていて、その異なった部分がつながることによって情報を記録している点である。情報を記録するためには核酸には4種類、アミノ酸には20種類あって情報を記録している。情報を記録する異なった部分は核酸では塩基、タンパク質では側鎖と呼ばれている。

一次元につながって、かつ情報を記録する側鎖を持つためには一つの原子が最低でも三つのほかの原子とつながる必要がある。炭素はこの点で、一つの原子が四つのほかの原子と結合できるので問題はない。

炭素とエネルギー

炭素あるいは水素と酸素の結合がエネルギーの獲得に利用されている。エネルギーの獲得の様子は紙を燃やす場合に似ている。紙を燃やせば、紙は酸素と反応して二酸化炭素と水になるときに熱を出す。紙と酸素を反応させることでエネルギーを取り出すことができる。

紙の成分はセルロースで、セルロースはブドウ糖がたくさんつながってできている。つまり、紙はブドウ糖からできている。

ブドウ糖を燃やせば、紙を燃やすときと同様、エネルギーを取り出すことができる。細胞の中では、ブドウ糖をゆっくりと段階的に酸素と反応させることによってエネルギーを取り出している。

ブドウ糖をつくっているのは炭素と酸素、水素で、酸素分子と反応すると二酸化炭素と水になる。酸素分子のある環境では、炭素は二酸化炭素が最も安定であり、水素は水が最も安定な状態である。一方、例えばブドウ糖の中の炭素と水素はエネルギーが高い状態にある。そこでブドウ糖中の炭素と水素は酸素分子と反応してエネルギーの低い状態、二酸化炭素と水に変わり、そのときにエネルギーを放出する。細胞は、その反応をゆっくりと段階的に起こし、エネルギーを細胞のために利用する仕組みを持っている。つまり、細胞は炭素と酸素分子を反応させてエネルギーを取り出すことができる。炭素と酸素分子の反応からエネルギーを取り出すことができるというのが、生物が炭素を重宝して使っている理由の一つである。

6 ダーウィン型進化はすべてを可能にする

ここまで、地球の生命の特徴を分子、元素、情報、エネルギーの側面から順に見てきた。生命を特徴付ける最大の性質は生物がダーウィン型の進化をすることである。宇宙でほかの生物を発見したときに、その生物が地球生物と違った分子を用いていてもまったく驚かないが、地球生物と違った元素を使っていたら、少し驚く。しかし、ダーウィン型進化をしない生物がいたとしたら、驚異である。今の我々の知識からするとダーウィン型進化をしない生物があり得ないほどである。その意味では、4-1節で議論した生命の定義に「ダーウィン型進化」が入っているのは非常に適切である。

進化という言葉は特に学術用語でなくても普通に使われている。自動車もテレビも技術も進化する。これらの進化と生物の進化は似ているが少し違っている。生物の進化を初めて整理して示したのがダーウィンである。
ダーウィンの進化理論は自然選択説と呼ばれているが、その真髄はダーウィンの著書『種の起源』の前書に濃縮されている。
「生存可能な数よりも多くの子孫がそれぞれの種から生まれる。そのため、生存のための競争が頻繁に繰り返される。その結果、複雑な時々変化する生存条件の中で、もしほんの少しでも何らかの点で有利であるような個体があると、その個体にはより大きな生存の機会が生じ、その結果、その個体は自然によって選択されることになる。強力な遺伝の仕組みにより、選択された個体の持つ変化した新しい性質は広がっていくことになる。」（傍線は原文では斜体である）
この前書きに書かれている生命進化の本質は、次のように整理し直すことができる。
①生物の多産
どのような生物もたくさんの子供を産む、ニシンなどの魚がたくさんの卵を産卵することは有名であるが、そのほかのすべての生物もたくさんの子供を産む。そうでない種はやがて絶えてしまう。
②限られた資源
一方、たくさんの子供が産まれても、利用できる資源は限られている。生物が生存するためには、食料（栄養源）、酸素がまず必要である。酸素が必要のない生物もあるので、エネルギー源と言い換えたほうがよりよい。栄養源も、エネルギー源と、体を構成する元素の二つの成分が

必要である。植物は直接のエネルギーは太陽から得るので、動物とは少し様子が異なるが、エネルギー源としての太陽光は無限ではない。また、体を構成する元素として、二酸化炭素を空中から、水とイオンや窒素源を土中の水分から吸収する。

これらを得るための場所、休んだり寝たりする場所を確保しておく縄張りも限られた資源に含まれる。これらすべての生育環境はニッチという専門用語で呼ばれる場合もある。ただし、一般社会で「ニッチ産業」というときには、大規模産業が手を出さない「狭い市場」という意味に使われるが、生物学の本来のニッチという用語に「狭い」という意味はなく、どんなに広い場所でもその生物のニッチと表現する。

③生存競争

資源が限られていて、その資源で支えられる数よりも多くの子供が産まれると、その中で生存のための競争が起きる。

④変異の存在

もう一つ重要な点は、たくさんの子供に変異が存在すること、つまりたくさんの子供の遺伝的性質が異なっていることである。いくらたくさんの子供が産まれても、それらがすべて同じ遺伝的性質を持っていると進化は起きない。

⑤適者生存

たくさんの子供の中に変異が存在して、限られた資源をめぐる生存競争が起きると、たくさん

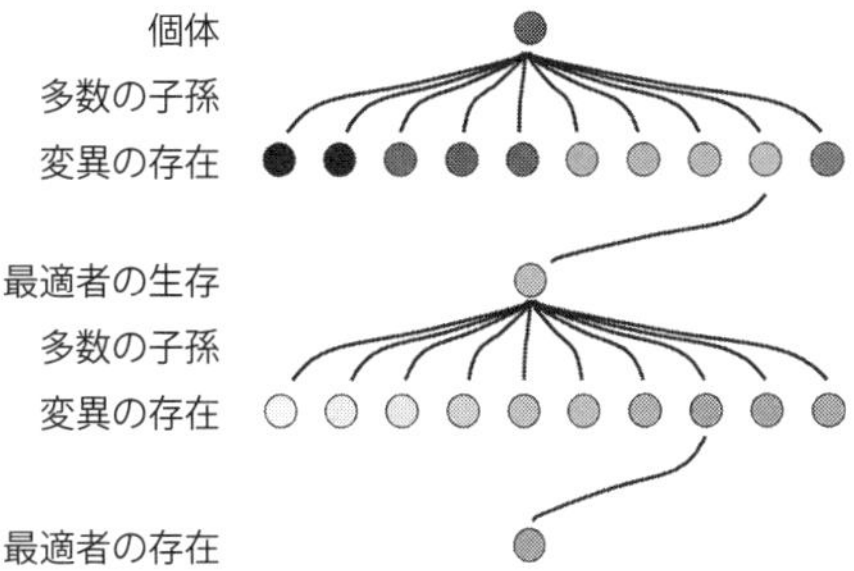

図4-8　ダーウィン型進化

ダーウィン型進化では、ある個体から多数の変異を持つ個体が誕生する。誕生した個体の中から最適者が選択される。それを繰り返すことにより、変異が蓄積し進化する。

出典：山岸明彦編『アストロバイオロジー——宇宙に生命の起源を求めて』化学同人，2013年，p.28，図3.4

の子供の中から、より生存に適した個体が生き残る確率が高くなる。その性質は子孫に受け継がれ、種の中で広がっていくことにより、種は環境に適応していく（図4-8）。

⑥自然選択

こうした進化の過程は、自然選択と呼ばれている。ダーウィンの時代から、農家や畜産家は農作物や家畜の選抜を行い、収量の多い穀物や肉量の多い家畜、病気に強い家畜を選抜してきた。こうした人間による農作物や家畜の改良は人為選択である。それと同様な過程が自然界で引き起こされている。これは自然選択と呼ぶことができる。

　ただし、特に生存にとって有利にも不利にもならないような変化もある。これは中立変異と呼ばれる。生物が変化していくうえで中立変異がかなり大きな影響を持つことも知られている。これは木村資生博士が提唱した進化機構である。中立的な変異はまったくの偶然によってある変異は集団（種）に広まったり、あるいは広まらずに消えてしまう。こうして生物が変化していくことは、中立進化と呼ばれている。ただし、これは生存に有利な変異が自然選択によって選択されるということを否定するものではない。

地球上で反映しているすべての生物種は自然選択の結果誕生した。現在および過去の生物種がどのように進化してきたのかという詳細がわかっている訳ではないが、生物の進化が自然選択以外の機構で起きたという証拠はない。いかにたいへんそうに見える進化であっても、すべての生物進化は段階を追って進化してきた結果である。

ここで、一点だけ注意が必要なのは、選択されるのは「適者」であって、「強者」でも「勝者」でもないという点である。適者はその環境によって変わる。エネルギー源の少ない場所では、エネルギーを大量に必要とする戦略は強者にはなっても適者にはならない。エネルギー源が少ない環境ではじっとしているという戦略が自然選択される。自然界においては競争でなく、共生によって適応し、自然選択されている多数の生物を見ることができる。

7　宇宙でどのような生命が可能か

さて、地球生物のいくつかの共通の側面を見てきた。これらの地球生物の特徴から宇宙で可能な生物に関してわかることはあるだろうか。我々の知識が地球生物から得られた知識に限定されているという限界から逃れることはできないが、それなりの推定をすることは可能である。

水

水の主な役割は、溶媒として栄養物質と触媒を溶かし込んでいることにある。反応をするためには、物質と触媒が分子状態で分散している必要がある。溶媒として機能するためには、液体である必要がある。

太陽系天体の表面に液体で存在しているのは地球の水と、タイタンのエタン・メタンの湖に限られる。地下にある液体としては、氷衛星（エンセラダス、エウロパ）には内部海がある可能性がある。一時的に存在する可能性も含めると、火星の地下から流出する塩水がある。つまり太陽系で液体として存在するのは、水とエタン・メタンに限られる。

もう少し範囲を広げると、地熱地帯の地下にあるマグマも液体的な性質を持っている。地球の内部には高温高圧で液体の鉄がある。しかし、こうした高温の液体中では炭素を基礎とした化合物は分解してしまい安定には存在しえない。有機物の溶媒として機能しうる液体としては水とエタン・メタンが太陽系に存在する液体と言える。

タンパク質

細胞内で反応を触媒するのはタンパク質である。タンパク質が反応を触媒するためには、タンパク質が立体構造を取ること、そのためには側鎖が遺伝情報に従って一次元的に並ぶことが必要である。

つまり、一次元的に並ぶことが可能である分子がほかにあるかどうかが、可能性検討の対象となる。アミノ酸には一つの分子にカルボキシ基とアミノ基という二つの反応基がある。この二つの反応基が交互に次々と結合することから一次元的にアミノ酸が多数結合してタンパク質ができている。

つまり、多数の分子が一次元的に結合するためには、分子が二つの反応基を持つ必要がある。有機化合物であれば、二つの反応基を持つ分子は少なくない。アミノ酸はカルボキシ基とアミノ基、糖はアルデヒド基とヒドロキシ基、核酸はリン酸基とヒドロキシ基の二つの反応基を持っている。これらの分子は天然に見られる分子である。人工的につくられた分子も含めれば、エステル結合をするカルボキシ基とヒドロキシ基を持つ分子もありうる。

つまり、タンパク質に必要な性質のうち一次元的に多数の分子が結合するという特性を持つ分子は天然にも存在している。これらは、核酸、多糖という高分子である。人工の分子としてはポリエステルも多数の分子が結合した高分子である。つまり、可能性としては有機化合物であれば、タンパク質以外にもさまざまな可能性があり、タンパク質以外を触媒として用いる可能性がある。

DNA

遺伝子としての核酸の機能の一部はタンパク質と共通している。それは一次元に結合するという点である。もう一つは、側鎖あるいは塩基が複数種類あり、情報を記録できることである。しかし、タンパク質と異なる核酸の最も重要な点は、塩基の組み合わせで、遺伝情報を複製できる点である。

天然でこの二つの性質を実現しているのは、2種類の核酸、DNAとRNAしかない。しかし、人工的な分子であれば、天然の核酸が炭素を五つ持つ糖を主鎖としているが、炭素三つの糖を使った人工的核酸でも情報の複製が可能である。また、アミノ酸と似た構造の主鎖で情報の複製も可能である。

さらに文字種であれば、アデニン、シトシン、グアニン、チミン以外にも別の文字が天然界でも用いられている。さらに、天然とはまったく異なる文字種も複製できることが実験的に証明されている。

つまり、遺伝情報を複製するためには、文字種がアデニン、シトシン、グアニン、チミン以外にもありうるし、また核酸とは異なった主鎖である可能性も考えられる。しかし、この性質はアミノ酸では実現しない。

膜

膜を構成する分子は脂質と呼ばれている。脂質には共通して疎水性の部分と親水性の部分を持っている（図4-3）。しかし、脂質の種類はとても多い。疎水性の部分として、炭化水素鎖が使われているが、炭化水素の炭素数は12から40までさまざまな炭化水素鎖が用いられている。親水性部分には炭素三つ（炭素数3）の糖が共通して使われているが、炭素数3以外の場合もある。親水性部分には、アミノ基、リン酸基、糖などさまざまなグループが結合している。これらの組み合わせがあるので、同じ脂質でもさまざまな脂質が自然界で使われている。

しかし、すべての生物のすべての細胞で脂質膜が使われている。脂質膜によってすべての細胞の内部と外部が区分けされている。脂質膜内部には、遺伝情報を保持したＤＮＡと、ＤＮＡを複製してタンパク質に翻訳する遺伝の仕組みと代謝に関与する分子、それに触媒、すべてが包み込まれている。

一番重要な点は、この膜によって遺伝情報とできあがったタンパク質が一つのユニットになっていることである。遺伝情報の変化があった場合に、その機能変化が膜で包まれた同じ袋の中にあるため、ダーウィン型進化が可能になる。遺伝情報が変わって、有利な触媒が誕生すると、その細胞が自然選択されるが、自然選択された細胞の遺伝子情報は分裂して誕生する娘細胞に伝えられる。脂質膜に包まれていない場合には、情報分子と機能分子がほかの分子と混ざってしまい、こうしたダーウィン型進化は起きなくなる。ダーウィン型進化をするためには、脂質膜が必要である。

もう一つの重要な理由は、脂質膜で栄養素と触媒を閉じ込めることによって、これらの分子の濃度を高く保ち反応効率を高める点がある。現在の生物細胞では、細胞に必要な分子を細胞内にエネルギーを使って濃縮している。また、触媒がいったん細胞の外に出てしまえば、数千倍も薄まってしまうが、脂質膜によってそれを防いでいる。

したがって、生命にとって脂質膜は欠くことのできない成分であるが、脂質膜を構成する脂質にはさまざまな可能性がある。脂質としては、疎水性の部分と親水性の部分を持っていればさまざまな脂質が脂質膜を構成できる。

有機物

以上のように、細胞を構成する材料として、脂質膜に囲まれて、触媒機能を持つ高分子と遺伝情報を保持する高分子があれば細胞の機能を持つ可能性がある。しかし、遺伝情報を記録する塩基がACGTでなくても、分子が核酸（糖とリン酸を持つ分子）でなくてもよいかもしれない。また触媒機能を持つ分子もアミノ酸が重合したタンパク質でなくてもよいかもしれない。脂質はそもそも、地球の生物であっても多様な脂質が使われている。つまり、細胞を構成する分子は地球上とは異なっている可能性もある。しかし、いずれの場合にも、構成する分子は有機物であることには変わりない。

ケイ素

さて、ここまで生命は有機物でできている可能性が高いという可能性について説明してきたが、有機物でない可能性はないのだろうか。生物では高分子が、遺伝情報の保持と機能分子で機能していることを説明した。

一次元の高分子を構成するためには、直鎖状につながる主鎖と、情報を保持するための側鎖が必要である。それを分子構造で実現するためには、三つ以上の結合が可能な原子が必要である。窒素であれば、一つの原子がほかの三つの原子と結合できるので、情報分子の二つの共通点を満足できる。また、ケイ素であれば炭素と同様にほかの四つの原子と結合できる。これらにはなく、炭素によい点があるのだろうか。

ケイ素は四つの結合が可能であるが、炭素との大きな違いは、ケイ素と酸素の結合が炭素の酸素との結合に比べてはるかに安定である点である。つまり、二酸化ケイ素は非常に安定な分子で、還元するには大きなエネルギーが必要である。純粋なケイ素単体は半導体として用いられているが、ケイ素単体を製造するのには二酸化ケイ素を材料として大量の電気エネルギーが使われている。二酸化炭素が生物によってでさえも光合成で還元されるのに比べて大きな違いである。

自然界でも、有機分子は生物の関与なしに多種の分子が合成される。分子雲中や隕石中には非生物的に合成された数百種の有機化合物がある。一方、ケイ素の化合物は二酸化ケイ素以外にはほとんどない。

宇宙でほかの生命があったとして、こういう点から考えるとケイ素でできた生物である可能性はほとんどありそうにない。

8　宇宙探査のための生命の定義

さて、本章では最初に生命の定義を試み、定義することの難しさを検討した。しかし、脂質膜に囲まれていることと、代謝を行っていることは、地球生命の「二つの非常に重要な性質」であることを説明した。宇宙で探査する場合にはどのように生命を探せばよいのだろうか。

ここで、これまでの定義でも生命の性質でも出てこなかった性質であるが、「有機物でできている」という点を宇宙で生命探査を行うときの第一の基準として提案したい。有機物が生命に適している理由はいくつかある。第一の理由は、有機物が高分子を構成するのに適している点である。生命は遺伝情報を記録する必要がある。触媒機能を持って代謝を行う必要がある。それを支える分子に高分子が必要である。情報を記録する高分子として、触媒作用を持つ高分子として、有機物は非常に適している。それ以外、例えばケイ素であっても、高分子化合物を作成するのには適していない。

有機物が生命構成分子として適している理由の第二は、多数の有機分子が非生物的にも合成されることである。次の章では生命の起源について説明するが、生命が誕生する前には非生物的に生命を構成する分子が合成されて蓄積されなければならない。分子雲中や隕石中に多数の有機分子が知られている。炭素以外の元素を中心とする分子の種類は有機分子に比べて宇宙空間でははるかに少ない。

生命探査の第二の基準は膜に囲まれていることである。水と有機物を構成成分とする生命であれば、脂質膜に囲まれているはずである。脂質膜は、遺伝情報とそれによってできあがる機能分子を閉じ込めることによって、ダーウィン型進化を可能にする。生物がダーウィン型進化をするためには膜に囲まれていることが不可欠である。また、脂質膜内に栄養素と触媒を閉じ込め濃度を高く保ち、反応効率を上げるためにも膜で囲まれることが必要である。こうした点から、宇宙でも脂質膜に囲まれていない細胞は想定しづらい。

第三の基準は、代謝をするという点である。地球生命は生命を構成する脂質膜に囲まれた細胞が、必要な分子、原子を取り込み、濃縮して反応し、自分自身の維持と増殖を行うために、何らかの形でエネルギーを獲得する。地球生命でも、生物間で共通する反応と、生物によって異なるさまざまな反応がある。しかし、エネルギーを獲得して、それを用いている点には例外がない。宇宙においても、エネルギーを獲得して、自分を維持するという代謝反応をしていないという可能性はほとんどない。

以上をまとめるならば、宇宙における生命探査に有効な生命の定義は

A　有機物でできている

B　脂質膜で囲まれている

C　代謝をしている

の三つである。

第五章 生命の材料はどうできたのか
——宇宙の誕生と元素の起源

本章では、地球生命を構成する元素と分子が宇宙でどのようにつくられてきたかを説明する。宇宙のほかの場所では、元素や分子の様子は異なるのだろうか。宇宙のほかの場所でも生命が誕生するかどうか。誕生したとするとどのような生命になるのか。これらの疑問に答えるための情報が得られるはずである。

1 生命の父——宇宙

インフレーション

宇宙の始まりは、生命の起源と並ぶ大きな疑問である。宇宙の起源についてはかなり詳しいことがわかってきている。

我々の住むこの宇宙は、今から138億年前、無から誕生した。誕生した瞬間の宇宙は砂粒よりも小さかった。誕生した宇宙は光の速度より速く加速度的に膨張した。

アインシュタインの相対性理論ではどのような物質も光の速度を超えることはできない。しかし、この最初の段階で広がるのは空間そのものなので、空間の膨張は光の速度を超えることができる。その様子は、空気の中に塵《ちり》が浮かんでいる状況に例えることができる。塵は空気の中で高速で動くことはできないが、空気が急速に膨張するとき塵も空気と同じ速度で膨張する。空間中の物質も空間とともに光速を超えて膨張した。

空間にはエネルギーが充満していたので、空間が広がるとともに宇宙に含まれるエネルギーも増加した。エネルギーの増加が空間の膨張を加速するので、加速度的に宇宙が広がっていった。この過程がインフレーションと呼ばれている。

ビッグバン

誕生直後の宇宙は電磁波のエネルギーで満たされていた。電磁波というのは、電場と磁場が伝わる波である。電波はその一つである。電場と磁場の波が伝わる際、波が変化する距離を波長と呼ぶ。我々の眼に見える光、可視光線も電磁波の一種で、光よりさらに波長が短くなると、波長が短くなる順に、紫外線、X線、ガンマ線と呼ばれるが、これらもすべて電磁波の一種である。光も電磁波の一種なので、それよりも短い波長の電磁波も比喩的に光と言われることがある。電磁波の中で最もエネルギーの高いガンマ線で満たされている宇宙は「光の宇宙」と呼ばれている。このエネルギーで宇宙空間は膨張していった。

素粒子の誕生、水素の誕生

空間が広がるに従って、温度が低下し素粒子が誕生する。やがて水素原子核が誕生、「光の宇宙」は「物質の宇宙」に変わる。素粒子が誕生すると、素粒子が宇宙空間を飛び回るので、光は透過できない。空間を飛び回っていた電子が原子核にとらえられると、それまで遮られた光が自由に空間を通過できるようになる。「宇宙の晴れ上がり」と呼ばれる。こうして、水素原子ができあがった。それ以外の元素ができるのはもう少しあとで、星が形成されてからになる。

2　生命の源——太陽

太陽は太陽系でのエネルギー源である。宇宙空間の無数の星はエネルギー源であると同時に、その中で多種の元素を合成している。

恒星の誕生

宇宙ができたときから揺らぎに由来する原子密度の濃淡が宇宙にあった。原子の濃い空間では、原子の濃集がさらに進む。水素は濃集して温度と圧力が上昇すると核融合を開始した。恒星の誕生である。

核融合と核子の質量欠損

恒星の中では水素原子の核融合が進行した。水素原子核は核融合によりヘリウム原子核となる。水素原子核のほとんどがヘリウム原子核に変わると、ヘリウム原子核はさらに核融合を繰り返し、さらに原子番号の大きい原子核に変わっていった。

図5-1は核子（陽子と中性子のこと）一つあたりの質量欠損を図示している。水素原子核は核融合によってヘリウム原子核になると、質量が低下する。エネルギーは質量と等価である、という

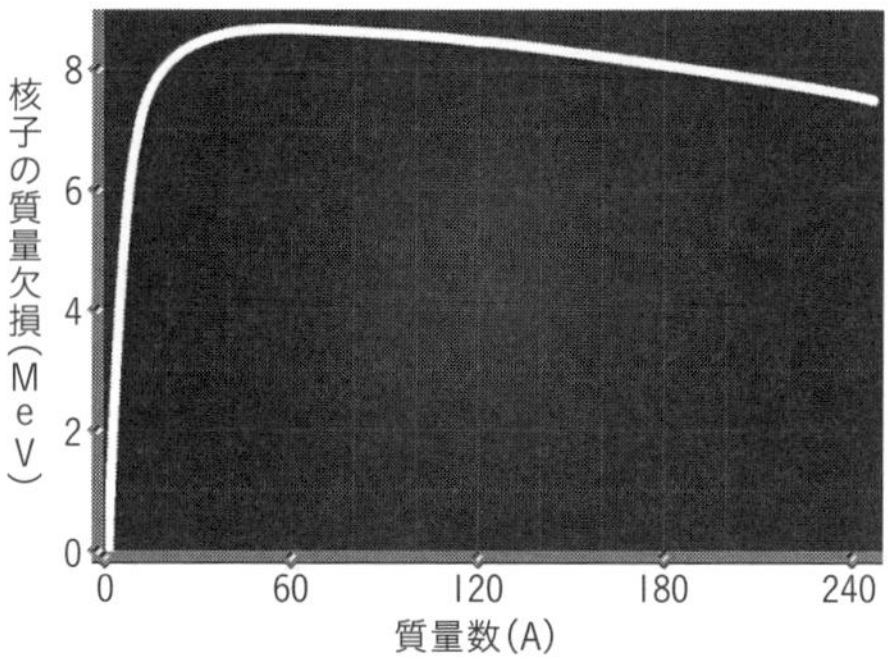

図 5-1　核子のエネルギー
原子の質量によって核子（陽子と中性子）一つあたりのエネルギーが変わる。図で上にあるほど核子は安定で、核は質量数 60 付近が最も安定である。質量数の小さい原子、例えば水素原子核は核融合によってエネルギーを放出する。ウランなどの質量数の大きな原子核も不安定で核分裂によってエネルギーを放出する。

表現を聞いたことがあるだろうか。核融合時に低下した分の質量がエネルギーで放出されたと考えると理解しやすい。原子核内の核子の結合が強く安定になる際に、エネルギーが放出されるのが核融合反応である。

鉄の合成

原子核は核融合反応によって、より大きな原子核に変わっていく。しかし、核子があまり大きくなると、むしろ不安定である。鉄の原子核が最も安定であり、鉄の原子核まで核融合反応が進行すると、それ以上の核融合反応は進行しない（図5-1）。

超新星爆発と重元素合成

核融合反応が進行して、鉄の原子核ができるとそれ以上核融合反応は進行しなくなる。こうなると星の寿命が尽きたと言える。寿命の尽きた星の運命は星の大きさによる。太陽の8倍より大きな質量を持つ星は、核融合反応が進行しなくなると中心部の圧力が低下して収縮を始める。その反動で爆発を起こすのが、超新星爆発である。それまで、暗かった星が突如、明るく輝き始める。超新星爆発によって、星の元素が宇宙空間に放散される。同時に、鉄よりも重い原子核は超新星爆発のエネルギーで形成される。

こうしてできあがった元素が、宇宙にふりまかれる。次の世代の恒星が誕生するときには、そこにある原子が再び濃集する。空間の原子が濃くなり、濃縮した水素が再び核融合を開始すると恒星が誕生する。我々の太陽にも宇宙空間にあった元素が濃縮している。太陽には、宇宙でできた水素と、星の中で形成された元素が再び濃集している。

生命を構成する元素はこうして恒星でできあがった元素が、地球にもたらされたものである。このことから生命は星屑でできているという言い方も可能である。

3　生命の母——海

生命を構成する元素の中で、宇宙由来の元素の次に多かったものは、各種の金属イオンと塩素イオンである。各種の金属イオンと塩素イオンは、海由来である。海水中のイオンは地殻の岩石から溶け出たものであるので、地球由来という言い方をしてもよいかもしれない。

血液は海

しかし、生命のイオン組成に関して、ナトリウムイオンとカリウムイオンに関して不思議なことがある。生物細胞の中にはナトリウムイオンよりもカリウムイオンが多い。一方、脊椎動物の血液や体液は逆の組成でカリウムイオンよりもナトリウムイオンが多い。

植物には動物の体液に相当する成分がないので植物は体全体としてカリウムイオンに富んでいる。植物をおもに食べる草食動物はナトリウムイオン不足になるので、ナトリウム塩を別に食べる必要がある。我々も、ほうれん草のおひたしにはしょう油をかける。

脊椎動物の体液中のナトリウムイオンは、海水中に由来しているのかもしれない。動物の細胞は、細胞内部のカリウムイオンと、細胞外部のナトリウムイオンの濃度勾配を利用して、細胞膜の電気的情報伝達を行っている。脊椎動物は魚類から両生類になる段階で、水中から陸に上陸した。脊椎動物の血液中でカリウムイオンよりもナトリウムイオンが多いのは、海水由来の成分を血液中に維持していることになる。ナトリウムイオンが多い海水に適応した細胞のために、血液中のナトリウムイオン濃度を現在も血液中に維持していると思われる。

細胞は温泉

それでは、細胞の中にカリウムイオンがナトリウムイオンより多いことはどう考えればよいだ

表 5-1　現在の海水、太古の海水、温泉水（例）、温泉凝結水（例）のイオン濃度

		現在の海水（モル／L）	始原的海水（モル／L）	細胞（モル／L）	温泉水（ppm）	温泉凝結水（ppm）
Na^{+}	ナトリウム	0.4	＞0.4	0.01	79	0.80
K^{+}	カリウム	0.01	～0.01	0.1	22	2.3
Ca^{2+}	カルシウム	0.01	～0.01	0.001	456	0.42
Mg^{2+}	マグネシウム	0.05	～0.01	0.01	119	0.14
Fe^{3+}	鉄	10^{-8}	10^{-8}	10^{-3}～10^{-4}	246	0.80
Mn^{2+}	マンガン	10^{-8}	10^{-6}～10^{-8}	10^{-6}	3.4	0.007
Zn^{2+}	亜鉛	10^{-9}	＜10^{-12}	10^{-3} to 10^{-4}	0.73	0.013
Cu^{2+}	銅	10^{-9}	＜10^{-20}	10^{-5}	–	–
Cl^{-}	塩素	0.5	＞0.1	0.1	–	–
PO_3^{-}	リン酸	10^{-6}～10^{-9}	＜10^{-5}	～10^{-2}	6.4	0.012

出典：Mulkidjanian, A. Y. *et al.* "Origin of first cells at terrestrial, anoxic geothermal fields" *Proc. Natl. Acad. Scie. USA.* **109**, E821–830

ろうか。細胞が誕生した当時の海の成分は、ナトリウムイオンよりもカリウムイオンが多かった可能性があるだろうか。これはそうではないことがわかっている。原始大洋の海水中でもカリウムイオンよりナトリウムイオンのほうが多いことがわかった（表5-1）。

最近、細胞内のカリウムイオンが温泉由来なのではないかという説が提案された。陸上地熱地帯では地下水が高温の岩石と反応して蒸気となる。数百度の高温の蒸気は、通常の蒸気とはかなり物理的に異なる性質を持つ。カリウムイオンは蒸気の中に取り込まれるが、ナトリウムイオンは熱水の中に残る。地上に噴出した蒸気の温度が低下すると、カリウムイオンを高濃度に含む水になる。陸上温泉の中にはこうしてできたカリウムイオン多く含むものがある。こうしたカリウムイオンを含む温泉で最初の細胞が誕生したと考えると、細胞内にカリウムイオン

が多いことがうまく説明できる。細胞内のカリウムイオンは陸上の温泉に由来しているのかもしれない。

4 宇宙は生命のゆりかご――宇宙での有機物合成

生物は自分に必要なタンパク質を自分で合成する。植物は二酸化炭素と水から炭水化物を合成し、アミノ酸を合成することができる。動物の多くはタンパク質の合成に必要なアミノ酸を自分でつくることができないが、ほかの生物体を餌として食べることによってアミノ酸を手に入れる。しかし、生命が誕生する前に有機物はどのように誕生したのか。生命誕生にかかわる謎の一つである。

有機合成の場所――暗黒星雲

有機物が合成される場所として暗黒星雲（裏表紙参照）がある。宇宙空間は高度な真空で、1立方センチメートルにせいぜい数個の水素原子しか存在しない。暗黒星雲はそれよりもはるかに高濃度の原子や分子がある場所である。光を通さないので、背景の星の光を遮り暗黒に見えるので暗黒星雲と呼ばれる。

暗黒星雲の中では電磁波が遮られるために低温となり、原子や分子が引き合って凝集し、星が誕生している。暗黒星雲の中で誕生しつつある星を光学望遠鏡で観測することができる。

暗黒星雲の中ではさまざまな分子も合成される。分子は電波望遠鏡を用いて観測することができる。電波望遠鏡の観測によって、宇宙空間には100種を超える有機化合物が検出されている。観測で見つかった有機化合物にはメタノールやエタノールなどのアルコール、メタンやエタンなどの炭化水素のほか、密度の高い状態では不安定なラジカル類が含まれている。暗黒星雲はたくさんの分子を含んでいるので、専門的には分子雲と呼ばれている。

宇宙での有機物合成

暗黒星雲の中では、原子や簡単な分子（水素分子、水、一酸化炭素など）の電子が宇宙放射線によって弾き飛ばされてラジカルとなる。ラジカルがほかの原子や分子と衝突することで反応が進行し有機物が合成される。

暗黒星雲の中は低温になっているので、ケイ酸が凝集して微細な粒子となる。ケイ酸の粒のまわりには水分子が凝集して氷の層をつくる。氷の中には、水素や一酸化炭素なども取り込まれる。ケイ酸塩のまわりの氷の中には、さまざまな分子が取り込まれる。氷の中で空間に比べて高濃度になった分子間で放射線のエネルギーによって有機物合成が進むのがもう一つの有機物合成過程である。ケイ酸塩のまわりの氷中での有機物合成はグリーンバーグ・モデルと呼ばれている。

5　隕石中に見つかる有機物

こうして、暗黒星雲で合成された有機物は隕石に含まれた状態で、今でも地球にやってきている。

隕石の種類

地球には宇宙からさまざまなものがやってくる。石がやってくれば隕石であるが、氷がやってくると隕氷と呼ばれる。隕石はその成分によって、鉄隕石（隕鉄とも呼ばれる）、石鉄隕石、石質隕石と呼ばれる。

大部分の隕石は、惑星形成過程でかなり大きな天体まで成長したあとで、破壊されてできた天体の破片である。惑星が形成される過程で、微惑星が衝突すると衝突のエネルギーで天体はドロドロに溶けた状態となる。マグマの成分は岩石と鉄に分離して、鉄は天体の中心部へ岩石は表面へと移動していく。この過程を天体の分化と呼んでいる。天体の分化によって、天体の中心には鉄とニッケルの合金でできた中心核が、その周りには鉄と石質（ケイ酸塩鉱物）でできたマントルが、表層には石質の地殻ができる。

鉄隕石は分化した天体の中心核に由来する鉄のニッケル合金でできている。石鉄隕石は鉄と石質（ケイ酸塩鉱物）でできたマントルに由来する。石質隕石は内部構造によって、さらに分類される。内部に粒状構造を持つ隕石はコンドライト、粒状構造を持たない隕石はエイコンドライトと呼ばれる。エイコンドライトは分化した天体の石質の地殻に由来する。コンドライトは未分化の天体、つまり完全にドロドロの状態にはならなかった天体由来の隕石である。

コンドライトの中には、炭素含量の多いものもあり、炭素質コンドライトと呼ばれている。炭素質コンドライトの中には、さまざまな有機物が含まれている。

隕石中の有機物

隕石中の有機物を調べる際には、隕石が地球に到達してから地球由来の有機物が混入した可能性を避けなければならない。そこで、地球に到達した直後に回収された大型の隕石が研究の対象となる。マーチソン隕石、タギッシュレイク隕石がよく研究されている。マーチソン隕石は1969年オーストラリア・ビクトリア州・マーチソン村に落下した。タギッシュレイク隕石は2000年カナダ・タギッシュ湖に落下した。

マーチソン隕石には数％の有機物が含まれている。水や有機溶媒で抽出して有機物が分析された。その中には、アミノ酸や脂肪酸、核酸塩基（核酸を構成する成分の一部）が含まれていた。マーチソン隕石には水や有機物で抽出しても残る炭素質の成分がある。不溶性有機物と呼ばれている。不溶性有機物を加水分解するとそこからアミノ酸や有機酸が分離してくる。つまり、隕石中の有機物は不溶性の高分子であるが、それを加水分解するとアミノ酸や有機酸を分離するような構造を持つ高分子である。

地球が形成されるときにはドロドロに溶けたマグマ状態になるため、隕石中の有機物は分解されて二酸化炭素と水になってしまう。しかし、地球ができあがり、温度が低下したあとで到達した隕石中の有機物は地表に蓄積して、生命誕生の材料となった可能性が高い。

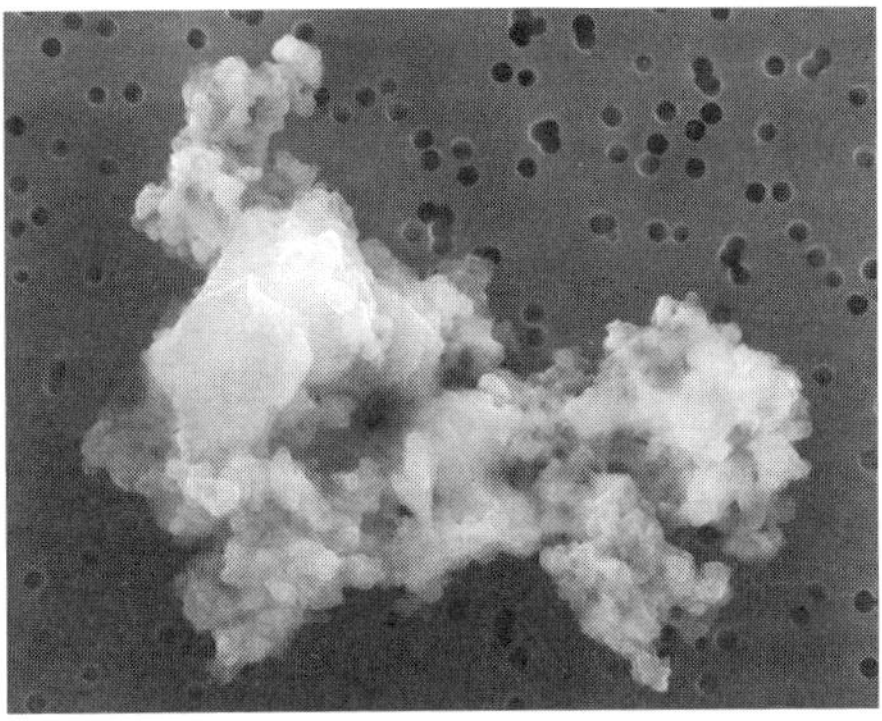

図5-2　宇宙塵

成層圏でNASAの航空機によって採集された宇宙塵。写真の幅は約10 μm。

提供：NASA Ames

宇宙塵中の有機物

隕石によって量的に十分な有機物が地球にもたらされたかどうかはよくわかっていない。現在も隕石がそれほど大量にやってくる訳ではない。地球が形成された初期には現在よりはるかに大量の隕石が地球に飛来したが、それでも大きな隕石の数はそれほど多くない。

隕石の大きさが小さくなると、数がはるかに多くなる。宇宙由来の小さい塵は宇宙塵（図5-2）と呼ばれる。1ミリメートル程度の大きさのものは大気中に突入した際に高温になり流れ星として燃え尽きてしまう。さらに小さい粒子はエネルギーが小さいので大気との摩擦が小さく、燃え尽きることはない。1ミリメートル以下の宇宙塵は現在も年間数万トン地表に到達する。

宇宙塵は深海底や南極氷河で採集することができる。宇宙塵には有機物があることがわかっている。しかし、粒が小さいので有機物が見つかってもそれが地球で混入した可能性がある。現在、筆者らによって宇宙空間で宇宙塵を採集して、その有機物を分析する計画「たんぽぽ計画」が進行している。

「たんぽぽ計画」ではエアロゲルという密度の非常に低い固体を用いる。ガラスと同じ成分でできているが、分子レベルの網目構造を持ち、低密度につくられている。秒速10数キロメートルのスピードで飛び込む宇宙塵は、固体に衝突すると衝突のショックで宇宙塵は蒸発、原子は電子と原子核にバラバラになる。それを避けるために、エアロゲルは低密度でできている。

「たんぽぽ計画」では、エアロゲルを用いて国際宇宙ステーションで宇宙塵を捕集する。エアロゲルで捕集した宇宙塵は地球に持ち帰り、分析する。宇宙塵の中に有機物があるかどうかを分析する。２０１６年から何回か、エアロゲルが地上に戻る予定である。

コラム：たんぽぽ計画――国際宇宙ステーションでの微生物と宇宙塵の捕集と曝露実験

「たんぽぽ計画」では二つの仮説、パンスペルミア仮説と有機物宇宙起源仮説を検証する。パンスペルミア仮説は別のコラムを参照されたい。この仮説は生命が宇宙を移動するのではないかという仮説である。「たんぽぽ計画」では、地球から飛び出した微生物がいるかいないかを宇宙空間で確認するための実験を行う。この実験ではエアロゲルと呼ばれる超低密度の固体、ケイ酸でできている固体で細かい網目を持つブロックを宇宙空間に曝露する。エアロゲル（図3-4参照）に衝突する粒子をとらえて地上に持ち帰り、微生物の分析を行う。

これまで、航空機や大気球を用いて成層圏で微生物採集実験が行われた。その結果、数十キロメートル上空まで微生物が採集された。微生物が上空まで上昇する機構ははっきりしていない。隕石衝突や火山爆発によって微粒子が吹き飛ばされるが、大きな隕石衝突や火山爆発はそう頻繁には起きない。一方80キロメートル上空まで放電現象があることがわかってきた。微粒子はしばしば電荷を帯びるので、放電現象を起こす電場によって微粒子が加速され上空にまで上がっているのかもしれない。「たんぽぽ計画」では国際宇宙ステーションが周回する400キロメートル上空まで、微生物がいるかどうかを調べる。

「たんぽぽ計画」では、同時に地球の微生物を宇宙曝露して、どれだけの時間生存可能かを調べる(コラム「パンスペルミア仮説」参照)。たんぽぽが綿毛を持つ種を風に乗せてまき散すことをパンスペルミア仮説になぞらえ、「たんぽぽ計画」と呼んでいる。

「たんぽぽ計画」では、有機物宇宙由来仮説、すなわち生命の起源前に有機物が宇宙塵によって地球に運ばれた可能性も検証する。エアロゲルには宇宙からやってくる宇宙塵も捕集される。1年間曝露したエアロゲルを地球に持ち帰り、宇宙塵中の有機物やアミノ酸の有無を分析する予定である。

「たんぽぽ計画」の実験装置はアメリカのスペースエックス社のロケットで2015年4月14日に打ち上げられ、国際宇宙ステーションの曝露部と呼ばれる場所で、5月26日から宇宙空間曝露が開始されている。2016年以降3年間、宇宙曝露した微生物と、エアロゲルが毎年地上に持ち帰られる。地上に帰還した曝露微生物とエアロゲルは、それぞれ微生物や有機物、鉱物の分析担当者に配分されて分析される。

6 原始地球上での有機物合成

生命の誕生前に、地球表面で有機物が合成された可能性がある。地球上で有機物が合成され、それが地球表面に蓄積した可能性である。

ミラーの実験

最初にその可能性を確かめたのは、今から50年以上前、スタンレー・ミラーの実験である。当時カリフォルニア大学の大学院生だったミラーは、指導教官であるハロルド・ユーリーが考える原始大気中で放電によって有機物が合成される可能性を実験した。ガラス容器の中に、当時原始大気成分と考えられていた気体、メタン、アンモニア、水素を閉じ込めた。そこに水を加熱してできる水蒸気を混合し、その中で放電を行った。数日間放電を続けるとガラス容器の下部には、茶褐色のドロドロした液体が蓄積してきた。

茶褐色のドロドロの液体と、それを加水分解して得られる水溶液を分析すると、両者からアミノ酸や脂肪酸、アミンなどの有機化合物が検出された（表5-2）。当時アミノ酸は、生物で合成されるが、化学反応でつくることはできない、生物由来の成分と考えられていた。ミラーの実験は、アミノ酸が非生物的に生成することを示した初めての実験結果であった。

表 5-2　ミラーの実験結果

アンモニア、メタン、水素、水蒸気の混合気体中での放電実験でできたアミノ酸や脂肪酸とその収量。†は生物に含まれるアミノ酸。

化合物	収量(%)
グリシン†	2.1
グリコール酸	1.9
サルコシン	0.25
アラニン†	1.7
乳　酸	1.6
N-メチルアラニン	0.07
β-アラニン	0.76
コハク酸	0.27
アスパラギン酸†	0.024
グルタミン酸†	0.051
ギ　酸	4.0
酢　酸	0.51
プロピオン酸	0.66

出典：S. L. Miller and L. E. Orgel "The Origins of Life on Earth" Printice-Hall (1974)

その後、放電以外のエネルギーを用いた同様の実験が行われた。その結果、放電以外のエネルギーによっても有機物が合成されることが明らかとなった。例えば、太陽からやってくる紫外線や陽子線、宇宙空間からやってくる宇宙放射線は有機物を合成できる。

一方、当時の大気組成によっては地球上での有機物合成は、あまり起きない可能性も出てきた。ミラーの実験の当時は、初期地球大気は還元的で、メタンや水素、アンモニアがその成分として想定されていた。これは、当時明らかになってきた土星の衛星タイタンの大気が地球の原始大気と考えられたからである。その後の研究により、初期地球の大気はタイタン大気とは異なり、現在の火山ガスの成分に似ていて、もっと酸化的であったのではないかということがわかってきた。

初期地球の大気は、二酸化炭素と一酸化炭素、窒素を含んでいた可能性が高い。しかし、こうした大気組成の中で放電を起こしても、有機化合物はほとんど合成されない。どのように、生命誕生前の有機物が合成されたのかの再検討が進んでいる。

一つの可能性は、宇宙線の中でも水素原子核が飛んでくる陽子線が関与した可能性である。陽子線が酸化的大気に照射されるとアミノ酸の合成が起きる。もう一つの可能性は、還元的成分（鉄-ニッケルなど）を持つ隕石が衝突して、その衝突によって有機物が合成された可能性である。衝突エネルギーによってアミノ酸の合成が起きることが実験的に示されている。しかし、陽子線や還元型の隕石の量はそれほど多くなく、これらの反応で十分な有機物合成が進行したかどうかは不明である。宇宙塵由来の有機物とどちらがより大きく寄与したのかが検討されている。

高分子複雑有機物

さて、ここまでさまざまなエネルギー源でアミノ酸が合成されると説明してきた。しかし、この点の見直しが行われている。大気中での放電実験やそのほかのエネルギーを用いる実験では、蓄積した物質を加水分解して得られる溶液を分析してアミノ酸を検出してきた。今までは特に深く考えずに、アミノ酸が合成されたと理解していた。その理解が間違っていた訳ではないが、もう少し正確に理解する必要がある。つまり、放電実験などでアミノ酸そのものが合成されたのではなく、それを加水分解するとアミノ酸を生成できるような前駆体が合成されたと理解すべきであるということがわかってきた。

合成された前駆体は不溶性であり、高分子なのでその構造の分析は難しい。おそらく、アミノ酸や脂肪酸、アミンなどが互いに複雑に重合したような高分子化合物であろうと推定されてい

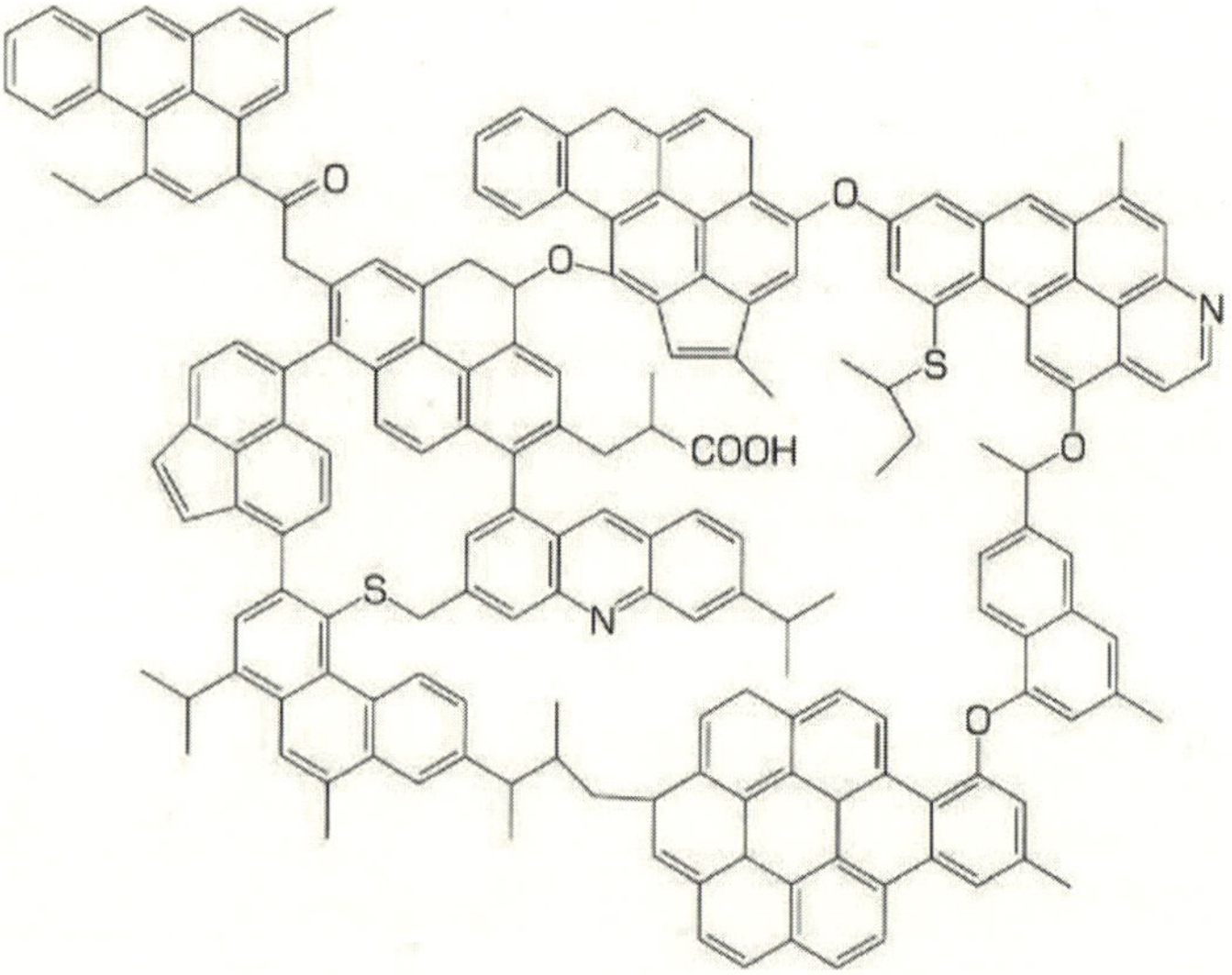

図 5-3　これまでの研究知見に基づいて推測された、高分子複雑有機物の分子構造モデル。

る。この前駆体の呼び方は定まっていない。ここでは、高分子複雑有機物と呼ぶことにしておく（図5-3）。

本章では、宇宙でどのように元素ができ、宇宙でどのように有機物が合成され、どのように地球にやってきたかを説明した。まだよくわかっていない点も多いが、元素は宇宙でできあがった。有機物は宇宙でできて地球に運ばれたか、地球上で合成され、地球表面に蓄積した。

細胞の中のイオン成分は、温泉水の成分組成を受け継いでいるのかもしれない。また、脊椎動物の血液成分は、海水の成分を受け継いでいるのかもしれない。陸上の温泉で誕生した細胞は、進化の途中で川を下り、海で進化を続けた。その間も細胞の中の組成は海の中でも変わることはなく、高いカリウムイオン濃度が維持された。その理由は、微生物であっても細胞が情報伝達をするために、細胞内外のイオンの濃度差を維持していることにある。細胞の外側の高濃度ナトリウムイオンと細胞内高濃度カリウムイオンが、細胞の情報伝達に使われている。例えば動物では神経伝達に利用されている。つまり海の中で誕生した脊椎動物は、多細胞化するときに体の中に海と同じ環境をつくる必要があった。その後進化をとげ陸に上がった脊椎動物も細胞外の体液と血液中に海と同じナトリウムイオン高濃度環境を維持している。

第六章 生命はどこで誕生しうるか
——どのように誕生するか

本章では、生命が地球上のどこでどのように誕生したのか、生命誕生に迫る。地球での生命の起源は長らく、宇宙誕生と並ぶ最大の謎であった。宇宙誕生の秘密がビッグバンとインフレーションによって解明されつつある。生命誕生の謎も、完全にとはいかないが、RNAワールド仮説によってかなり解明されつつある。RNAワールド仮説によって最大の謎は解明されたが、大きな謎がいくつも残されている。地球上での生命誕生過程がわかると、宇宙における生命誕生の過程やそこでできあがる生命の可能性がどれだけあるかが検討可能となる。また、宇宙でどのような生命の可能性があるのかも、検討可能となる。本章では地球生命の起源に関して説明する。

1　RNAワールド仮説

この節では、いくつかの検討すべき課題は後回しにして、現在、筆者が生命誕生の過程をどのように推定しているかを紹介する。この仮説は、すべての生物学者に受け入れられている訳ではないが、分子生物学と呼ばれる分野の研究者には世界的にも受け入れられている。

卵とニワトリのパラドックス

生命誕生の最大の謎は、遺伝情報とタンパク質機能のどちらが先に誕生したかという謎であった。現在の生物の遺伝情報はすべてDNAに記録されている。DNAの遺伝情報なしに機能を持つタンパク質はできない。しかし、タンパク質の機能なしにDNAの遺伝情報からタンパク質をつくることはできない。DNAの遺伝情報が先か、タンパク質の機能が先かという謎は「卵とニワトリのパラドックス」と呼ばれていた（図6-1）。卵が先なら、その卵はどのような生物から生まれたのか。ニワトリが先に誕生したのであれば、そのニワトリはどのような卵から生まれたのか。どちらにしても説明ができない。

この謎を解く鍵となったのはリボザイムの発見である。DNAは遺伝情報を記録できるが機能はまったく持たない。タンパク質は機能を持つが、遺伝情報を記録することはできない。さまざ

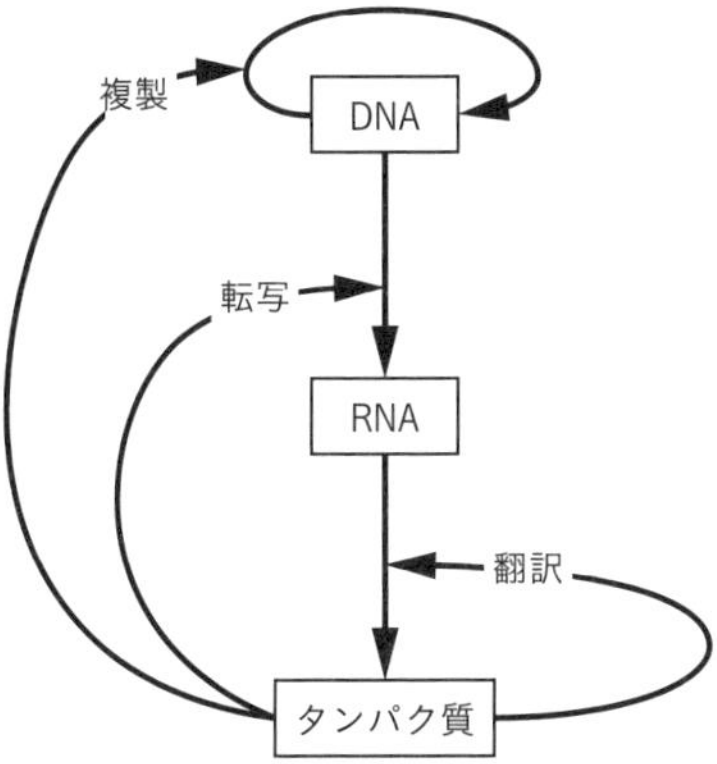

図 6-1　遺伝子（DNA）とタンパク質のパラドックス
DNA に記録されている遺伝子の情報は RNA にコピー（転写）され、タンパク質に翻訳される。タンパク質がなければ複製も転写も翻訳も進まない。遺伝情報（DNA）が先なのか、機能（タンパク質）が先なのかというパラドックス。

まな機能の中でも触媒機能を持つタンパク質は日本語で酵素、英語でエンザイムと呼ばれている。また核酸の中でもＲＮＡはリボ核酸の略である。リボザイムはリボ核酸でできた酵素という意味で、リボとザイムをつなげた造語である。リボザイムは触媒活性を持つＲＮＡのことを意味している。

アメリカの分子生物学研究者トーマス・チェックはＲＮＡをつなぎかえる酵素の研究をしていた。チェックはつなぎかえる反応の基質となるＲＮＡをまず精製した。ＲＮＡにタンパク質を加えて、ＲＮＡをつなぎかえる反応を触媒するタンパク質を突き止めるためである。しかし、いくらＲＮＡを精製してもタンパク質を加える前に反応が進行してしまう。いくらＲＮＡを精製してもタンパク質が取り除けていない可能性がある。しかし、チェックはRNAがRNAだけでつなぎかえる反応を触媒していることに気が付いた。タンパク質以外の生体高分子RNAが触媒機能を持つことの発見であった。チェックはこの発見で後にノーベル賞を受賞した。

リボザイムの発見によって、核酸であってもRNAは機能、触媒活性を持つことができることが明らかとなった。いったん、RNAが機能を持つということがわかると、そのほかのこともわかってきた。RNAが実はほかにも反応に関与しているのではないか、という事実も多数「再発見」されてきた。

それまで、触媒機能を持つのはタンパク質だけであると信じられてきた。触媒機能を持つタンパク質は酵素と呼ばれていた。したがって、それ以外の分子が触媒反応に関与すると、その分子は酵素を助ける分子なので、補酵素と呼ばれた。補酵素の中にはRNAやRNAを構成要素とする分子がいくつも含まれていることが「再発見」された。それまでタンパク質が機能を担っていると信じてきた。RNAはそれを補う分子と考えられていたが、反応の本質的な部分がRNAによって担われている反応がいくつも再発見されたことになる。タンパク質が反応を触媒する場合でも、しばしばRNAが反応の重要な役割を果たしている。

その中で最も重要だったのは、タンパク質を合成する反応である。タンパク質を合成する装置はリボソームと呼ばれている。リボソームはタンパク質とRNAからできている。リボソームを構成する分子のうち、タンパク質を合成する反応はタンパク質によって触媒されると信じられていた。しかし、リボソームの詳細な構造が解明され、タンパク質の合成はRNAによって行われていることが明らかとなった。現在の細胞で、タンパク質合成という最も大事な反応をするのも、RNAでできたリボザイムなのである。

RNAはもともと遺伝情報を保持できる。RNAが機能も発揮できることが発見され、卵とニワトリのパラドックスは解決した。生命の誕生時にはRNAによって遺伝情報も機能も担われていたのである。

RNAワールド

遺伝情報も機能もRNAで担われた生命の世界はRNAワールドと呼ばれている。RNAワールドでは、細胞内にはタンパク質もDNAもなく、RNAだけが脂質膜で囲まれていた。この構造はRNA細胞と呼んでもよい。最初に誕生したRNA細胞では、RNAを複製することのできるリボザイムの遺伝子だけが脂質膜に囲まれている。細胞の外からRNAの材料（ヌクレオチド）を取り込み、リボザイムの反応によってRNAが複製される。RNAの複製が2回起きれば、リボザイムも2分子になる。RNA複製は何度も繰り返され、細胞内にはRNA分子が複数含まれる。RNA細胞はやがて分裂して二つのRNA細胞になる（図6-2）。RNA複製能力の高い複製リボザイムを持つ細胞は自然選択され、ダーウィン型進化をして増えていく。

RNA複製リボザイムそのものが誕生する前には、たくさんのヌクレオチドがでたらめに結合

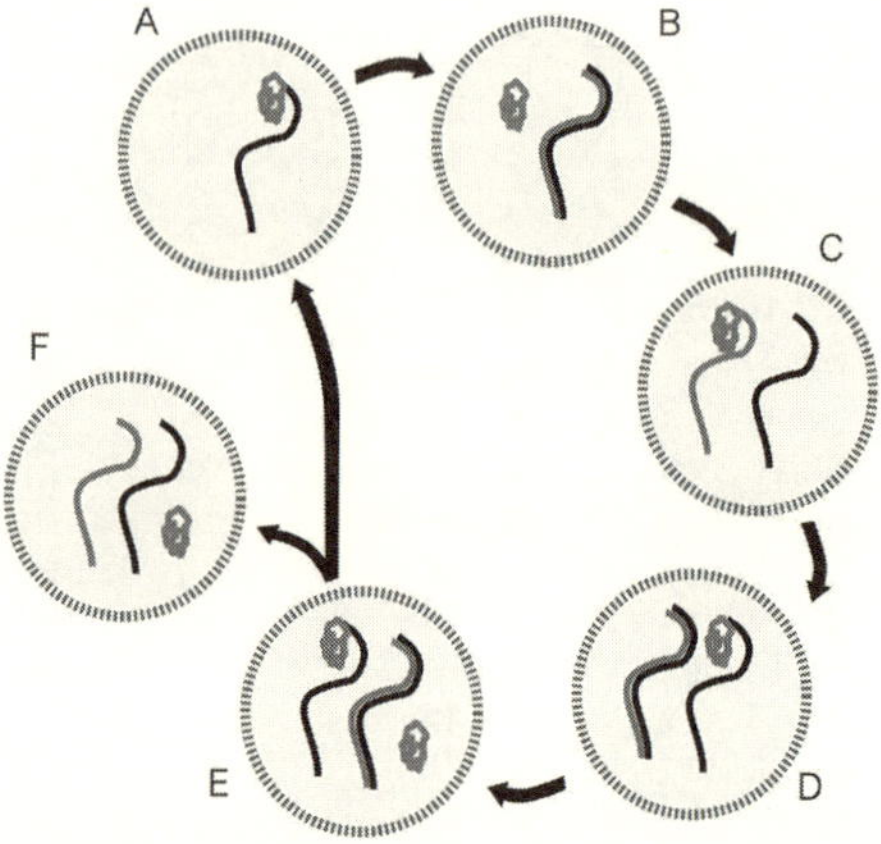

図 6-2　RNA 細胞のモデル

A：リポソーム（脂質膜小胞：破線）内でリボザイム（灰色の塊）が RNA 鎖（黒の線）を複製する。B：RNA が複製される（灰色の線）。C：灰色の RNA を鋳型にリボザイムが複製を行う。D：複製により RNA（黒の線）ができあがる。RNA（黒の線）を鋳型に複製を行う。E：D の 2 本鎖 RNA のうちの灰色 RNA が折り畳まれリボザイム（灰色の塊）になる。F：E のリポソームが F と A に分裂する。分裂によって鋳型とリボザイムの組み合わせがあるリポソームは複製を続ける。RNA の材料（ヌクレオチド）とリポソームの材料（脂質）はまわりの環境から取り込まれる。

してたくさんのＲＮＡ分子ができたはずである。その中に、ＲＮＡを複製する触媒活性をたまたま持つようになったＲＮＡ分子ができると、そのＲＮＡ分子が周辺の分子を複製し始める。脂質膜の中に、ＲＮＡ複製リボザイムとほかのリボザイムＲＮＡが一緒に閉じ込められれば、両方のリボザイムが複製されるようになる。

　ＲＮＡ細胞に必要なものは、ＲＮＡ単量体であるヌクレオチドと脂質膜の材料である脂質だけである。しかし、ヌクレオチドや脂質が環境から枯渇すれば、ＲＮＡ細胞はそれ以上増殖できずに死滅する。

まわりの環境のＲＮＡあるいはその材料であるＲＮＡの単量体ヌクレオチドがどんどん使われると、環境中から枯渇してくる。しかし、ヌクレオチドや脂質をより単純な分子から合成できるリボザイムが細胞内に誕生すれば、その細胞は生存に有利になる。複製リボザイムとヌクレオチドをつくる触媒作用を持つリボザイムが脂質膜に一緒に閉じ込められれば、そのＲＮＡ細胞はほかのＲＮＡ細胞に比べて有利となる。そのＲＮＡ細胞はダーウィン型進化をして、ヌクレオチドを合成する能力の高いＲＮＡ細胞が進化していく。

ヌクレオチドや脂質の合成のためには、その材料とともにエネルギーが必要である。エネルギーを獲得するためのリボザイムが細胞内に誕生すればその細胞が生存に有利になる。こうしてさまざまな代謝反応を行うリボザイム一式を細胞内に持つＲＮＡ細胞が進化していった。ＲＮＡ細胞の完成、ＲＮＡワールドの完成と言ってもよい。

ＲＮＡワールドでの代謝系の進化

ＲＮＡワールドで、リボザイムによってどの程度の反応が行われたのかはわからないが、現在の細胞にＲＮＡワールドの名残りを見ることができる。現在のタンパク質を基礎とした細胞でも、ＡＴＰを補酵素とする酵素が多数エネルギーを得る反応に関与している。ＡＴＰはヌクレオチドの一つである。ＡＴＰが関与する反応は、有機物分子にリン酸基を付加する反応が多い。エネルギーを獲得するときの逆、糖をつくるときにもリン酸基付加反応が関与している。ATPを補酵素として用いることがRNAワールドの名残であるならば、エネルギー獲得のための反応はRNAワールドで行われていたのかもしれない。

エネルギー獲得の反応に限らず、さまざまな有機化合物の合成反応では酸化還元反応が関与している。酸化還元反応では、NADあるいはNADPという補酵素が関与している場合が多いが、これらの補酵素はRNAの誘導体である。これらも、RNAワールドの名残かもしれない。つまり、酸化還元反応、エネルギー獲得反応、有機物合成反応など、かなりの種類の代謝反応がRNAワールドですでにリボザイムによって実現していたかもしれない。

RNPワールド

生命の誕生前にさまざまな有機物が蓄積したはずである。どこで合成された有機物が生命誕生の基礎になったのかは不明であるが、どこで有機物が合成された場合でも、アミノ酸の無生物合成は比較的容易に実現している。したがって、RNAワールドが実現した環境にアミノ酸が共存した可能性も高い。

現在もアミノ酸が酵素の中で反応にかかわっている。酵素は現存する細胞内でほとんどすべての反応に関与するタンパク質触媒である。酵素の中では、しばしばアミノ酸が触媒作用を担っている。アミノ酸の種類の中でも、ヒスチジン、セリン、アスパラギン酸などが反応にかかわっている場合が多い。これらのアミノ酸は、1分子でも反応性があり、リボザイムの反応を助けた可能性がある。いくつかのアミノ酸がつながることによってその触媒活性を増大させたかもしれない。こういった過程に関する実験はほとんど行われていないので、想像の域を出ない。しかし、やがてアミノ酸を複数結合する仕組みが誕生したと考えざるを得ない。そう考える理由は、現在のタンパク質合成がリボソームの中でRNAによって担われていることである。リボソームの中で、アミノ酸をアミノ酸とつなげる反応がリボザイムによって触媒されている。

いったん、タンパク質を合成するシステムができあがれば、より触媒効率のよいタンパク質を持つ細胞は自然選択される。そのタンパク質はRNA遺伝子に記録された遺伝情報によって次世代の細胞に受け継がれる。それまで、リボザイムで行われていた反応はタンパク質で置き換えられていった。リボザイムで行われていた反応の、一番肝心の部分が補酵素として保存されたまま、活性を促進するタンパク質も進化した。また、それまでリボザイムでは実現しなかった反応がタンパク質によって実現したかもしれない。こうして、それまでのRNAワールドは、RNAとタンパク質によって担われる細胞の世界、RNA-タンパク質ワールドになっていった（図6-3）。

タンパク質は英語でproteinと書かれる、その頭文字Pを取って、RNA-タンパク質ワールドは、RNPワールドとも呼ばれる。

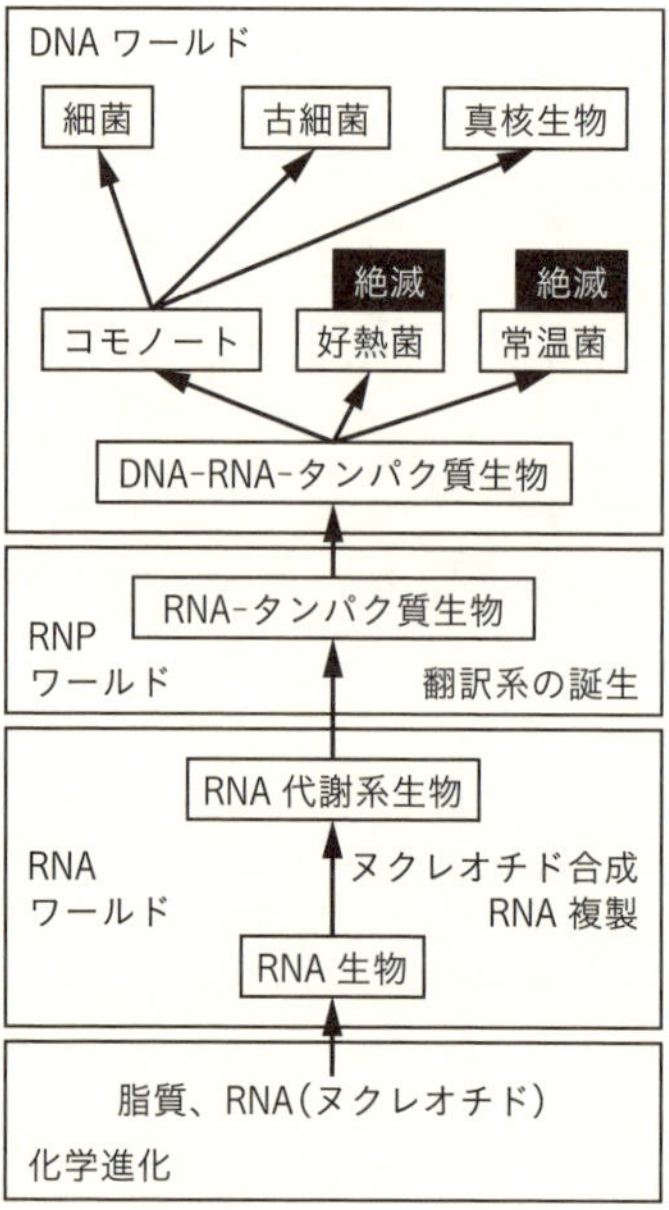

図 6-3　生命の誕生と RNA ワールドの進化

化学進化によって脂質と RNA の単量体（ヌクレオチド）が存在する環境でリボザイムが脂質膜で包まれた RNA 生物が誕生する。RNA 生物は図 6-2 のようにリボザイムによって複製して増殖する。複製能力の高いリボザイム入り脂質膜小胞（リポソーム）が自然選択される。ヌクレオチドはまわりの溶液から化学進化で合成されたものから取り込まれるが、やがて枯渇する。するとヌクレオチドを合成できるリボザイムを持つリポソームが生き残る。順々にほかの代謝もリボザイムで可能になれば、RNA 代謝系生物になる。まわりの環境にあるアミノ酸を取り込んでタンパク質を合成できる生物が誕生すると RNA-タンパク質生物になる。これもまわりはリポソームで囲まれている。リボザイムが行っている代謝反応をタンパク質が置き換えていく。性能のよいタンパク質（酵素）を持つ RNA-タンパク質生物が自然選択される。タンパク質の機能が極限まで高まると、それ以上の変異は性能を落とす可能性が高くなる。遺伝情報を DNA に保存した DNA-RNA-タンパク質生物が誕生する。そこから、さまざまな温度に適応した生物が誕生するが、その中で超好熱性のコモノート（p. 223 参照）が選択され現在の全生物の共通祖先となった。

DNAワールド

RNA遺伝子を持ち、遺伝子を翻訳してできる多数のタンパク質触媒（酵素）を持つようになった細胞は、外部の栄養（基質）を取り込み、エネルギーを獲得し、分裂して増殖する。細胞の外では枯渇した分子を、細胞内で合成できるようになった細胞は生存に有利となり、自然選択されてダーウィン型進化していく。

遺伝子が変化して、より効率のよい酵素が誕生すれば、その酵素を持つ細胞は自然選択される。こうして、自然選択によって効率のよい酵素の選択が進行すると、やがてそれ以上効率のよい酵素を変異によって得ることが難しくなってくる。また、変異はでたらめ（ランダム）に起きるので、変異によって効率がよくなるという保証はない。進化して効率がよくなった酵素は、ほとんどはランダムな変異によって効率が下がる可能性が増えていく。

簡単な分子から代謝反応を担うためには多数の酵素が必要である。多数の酵素を持つようになった細胞は、RNA遺伝子の変異によって効率が下がる可能性が高くなってきた。

RNAとDNAの分子構造上の違いは二つある（図6-4）。図を見ると、RNAもDNAもかなり複雑な分子であるが、両者とも二つの部分からできている。Pを含む部分は、リン酸基であるが、ここはRNAもDNAも同じである。その隣の五角形の部分が、RNAとDNAで異なっている部分である。それでも、一目ではその違いに気が付かない。五角形の炭素には数字で番号

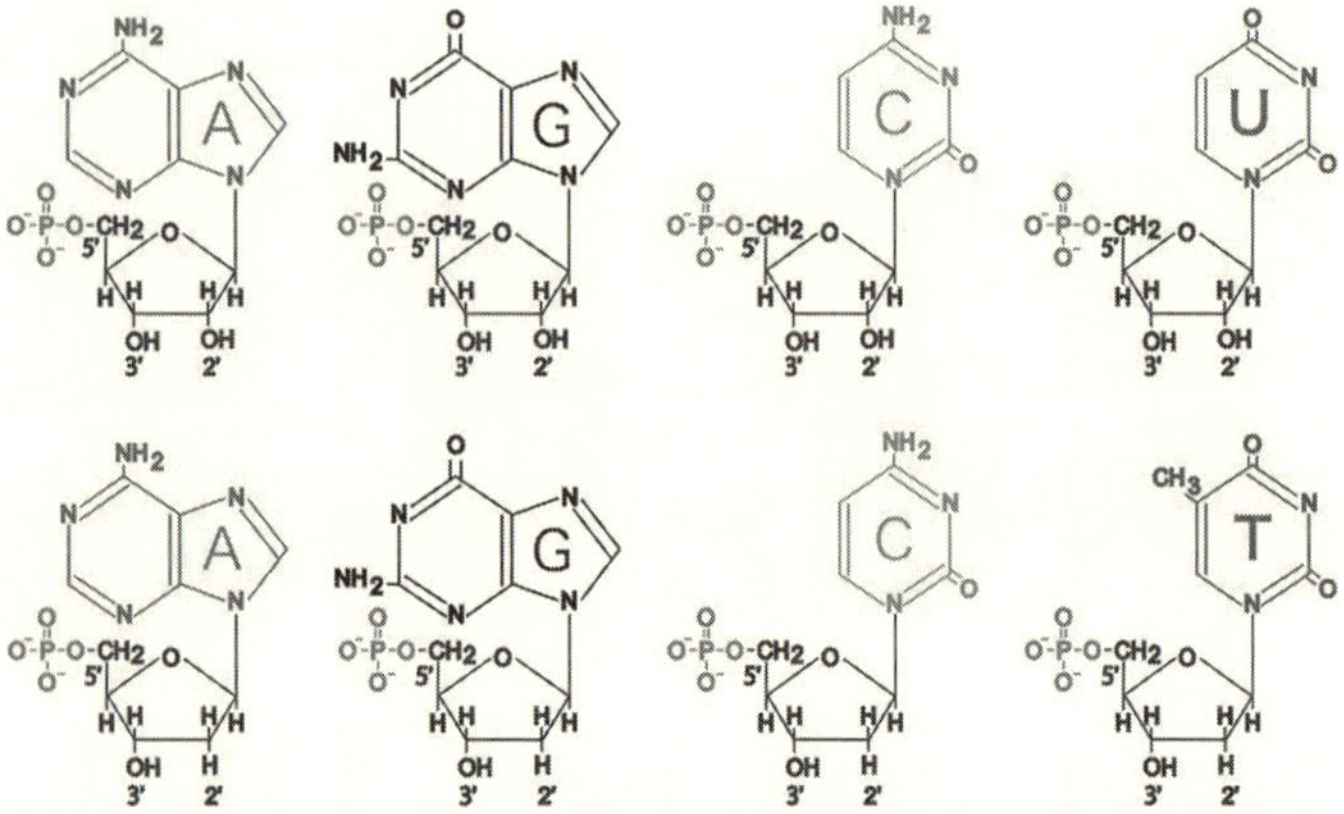

図 6-4　RNA と DNA のユニット（単量体）ヌクレオチドの構造

上の 4 つは RNA のユニット（単量体）リボヌクレオチド、下の 4 つは DNA のユニット（単量体）デオキシリボヌクレオチド、両者を総称してヌクレオチドと呼ぶ。AGCU あるいは AGCT が塩基と呼ばれる部分でそれぞれ、A：アデニン、G：グアニン、C：シトシン、U：ウラシル、T：チミンと呼ばれる。そこにつながる五角形は糖で、RNA の場合にはリボース、DNA の場合にはデオキシリボース。数字はそれぞれの炭素を区別する番号。2' が RNA のリボースでは OH で、DNA のデオキシリボースでは H である。5' にリン酸が付いている。

出典：海部宣男ほか編『宇宙生命論』東京大学出版会、2015 年、7 ページ図 1–5

が振ってあるが、これは五角形の炭素を区別するための番号である。RNAの2'と書かれた炭素に付いているのはヒドロキシ基であるが、DNAの2'炭素には水素しか付いていないことがわかる。

　五角形の構造はRNAではリボース、DNAではデオキシリボースと呼ばれている。デオキシのオキシは酸素のこと、デオキシとは酸素がないという意味である。リボースでは2'にあるヒドロキシ基の酸素が、デオキシリボースではなくなっていることを意味している。そして、RNAはリボ核酸、DNAはデオキシリボ核酸が正式名称であるが、この名称も、この2'の酸素があるかないかに由来している。

この、2'の位置に酸素があるかないかということはRNAとDNAの反応性に大きな影響を持っている。RNAには2'と3'の二つの炭素にヒドロキシ基が結合している。このうち3'の位置のヒドロキシ基は隣のヌクレオチドと結合するのに使われて、反応性を失ってしまう。RNAでは、2'にヒドロキシ基が残されており、このヒドロキシ基の反応性は高い。RNAがリボザイムとして触媒活性を持つのは、この2'のヒドロキシ基が反応に重要な働きをすることによっている。DNAの2'にはもともとヒドロキシ基がないので、DNAの反応性は非常に低い。DNAは、2'のヒドロキシ基を失ってRNAの反応性を失った。しかし、DNAは遺伝情報をより安定に保存できるようになった。

DNAとRNAの一番上の部分は、塩基と呼ばれている。アデニン、シトシン、グアニン、チミンという種類の違いは、塩基の部分が異なっていることに由来している。RNAとDNAは同じ塩基を用いているが、チミンはRNAでは用いられず、代わりに構造は似ているウラシルという塩基を用いている。この変更も遺伝情報の安定的な保持に役立っているが、かなり専門的になるので、『アストロバイオロジー』(化学同人、2010)などを見ていただきたい。

こうして、DNAに遺伝情報を安定に保持し、RNAにコピーをとり、その遺伝情報によって機能分子タンパク質を合成する細胞が誕生した。DNA-RNA-タンパク質ワールドと呼ばれることもあるが、単にDNAワールドと呼ばれる場合も多い。

2　最初の細胞はどのような細胞か

前項では、脂質膜に囲まれた細胞が最初の細胞であるとして説明してきた。筆者は最初の細胞は脂質膜で包まれた可能性が高いと考えている。しかし、どのような分子で最初の細胞が囲まれているかという点は、まだ完全には解決していない課題である。

脂質膜小胞（リポソーム）

現在の生物の細胞はすべて脂質膜に囲まれている。脂質膜で囲まれた小胞のことをリポソームと呼ぶ場合も多い。リボソームと1字違いで紛らわしいがリボソームはタンパク質合成装置、リポソームは脂質膜小胞である。リポは脂質のことソームは粒のことなので、リポソームは脂質膜で囲まれた球状構造のことを指す。ちなみに、リボはRNAのことソームは粒で、リボソームはRNAとタンパク質でできた粒である。

現在の脂質膜は脂質でできているが、脂質とは、糖（グリセロール）に脂肪酸が結合したものである。脂肪酸というのは炭化水素の鎖の末端にカルボキシ基が付いている分子のことである。ギ酸、酢酸という酸は聞いたことがある人も多いだろう。ギ酸はアリが敵にかみついて攻撃するときに使っている酸、酢酸は食酢の成分である。これらの脂肪酸は炭素の数が1個か2個でとても短いので、水溶性である。それに対し、脂質を構成する脂肪酸は炭素の数が16から20も連なる長鎖の脂肪酸である。長鎖の部分は炭化水素であるので、疎水性の性質となる。

このような長鎖の脂肪酸が非生物的にどのように形成されうるかはよくわかっていない。原始大気を想定した反応では短鎖の脂肪酸はできるが長鎖の脂肪酸はできない。しかし、隕石中にごく微量であるが、長鎖の脂肪酸が検出された。この長鎖の脂肪酸は、脂質膜を形成できることもわかった。したがって、初期の細胞は脂質ではなく、長鎖の脂肪酸を用いた脂質膜でまわりを取り囲んでいたかもしれない。

プロティノイド・ミクロスフェア

プロティノイドというのは、タンパク質もどきという意味である。タンパク質の英語はプロテイン、ノイドとはもどきという意味なので、プロティノイドでタンパク質もどきを意味する。タンパク質は何回か説明してきたが、アミノ酸が遺伝子に指定された順に並んだもので、決まった構造を取って機能を果たしている。アミノ酸を高温で乾燥させると重合して高分子になる。しかし、高温で重合した場合には遺伝子によって決まった順で結合する訳ではないので、結合する順がでたらめである。すると、決まった構造は取らないので、タンパク質とはまったく異なる構造のプロティノイドとなる。

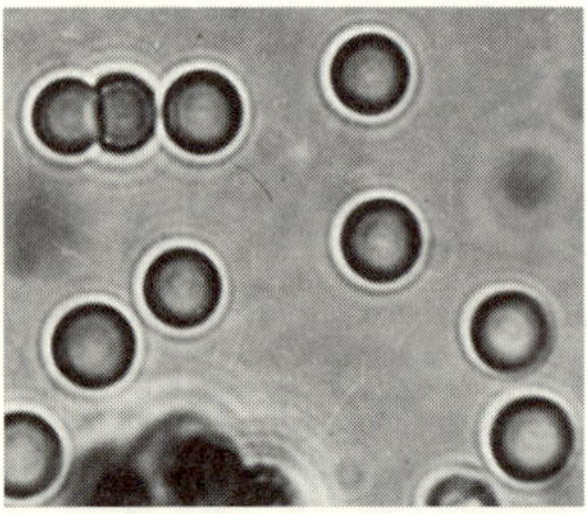

図6-5　プロティノイド・ミクロスフェア
アミノ酸の混合粉末を170°Cで数時間熱することで得られるプロティノイドを水に溶かすと球状の構造、プロティノイド・ミクロスフェアとなる。直径は1.5-3 μm。
提供：原田　薫 氏

しかし、プロティノイドは水に溶かすと、自然に1～3マイクロメートルの直径の球状構造をつくる。これはプロティノイド・ミクロスフェアと呼ばれる（図6-5）。ミクロは小さいという意味を表し、スフェアは球状構造のことである。

アミノ酸は、隕石中にも発見されており、大気中での合成も可能である。したがって、アミノ酸が生命誕生前の地表に蓄積する可能性は高い。アミノ酸が、火山活動で放出された溶岩の熱で熱重合するとプロティノイドが合成される。それが、水に溶けてミクロスフェアをつくる可能性があるので、生命誕生前にも存在した可能性の高い構造である。

しかし、プロティノイド・ミクロスフェアは、球状の構造体ではあるが、脂質膜と異なり、膜ではない。プロティノイド・ミクロスフェアの内部と外部は自由に分子の出入りができる。したがって、この構造がRNAの遺伝情報とリボザイム、あるいはタンパク質を閉じ込めることができた可能性は低い。

したがって、プロティノイド・ミクロスフェアがRNAワールド誕生時の細胞構造の材料であった可能性は低い。

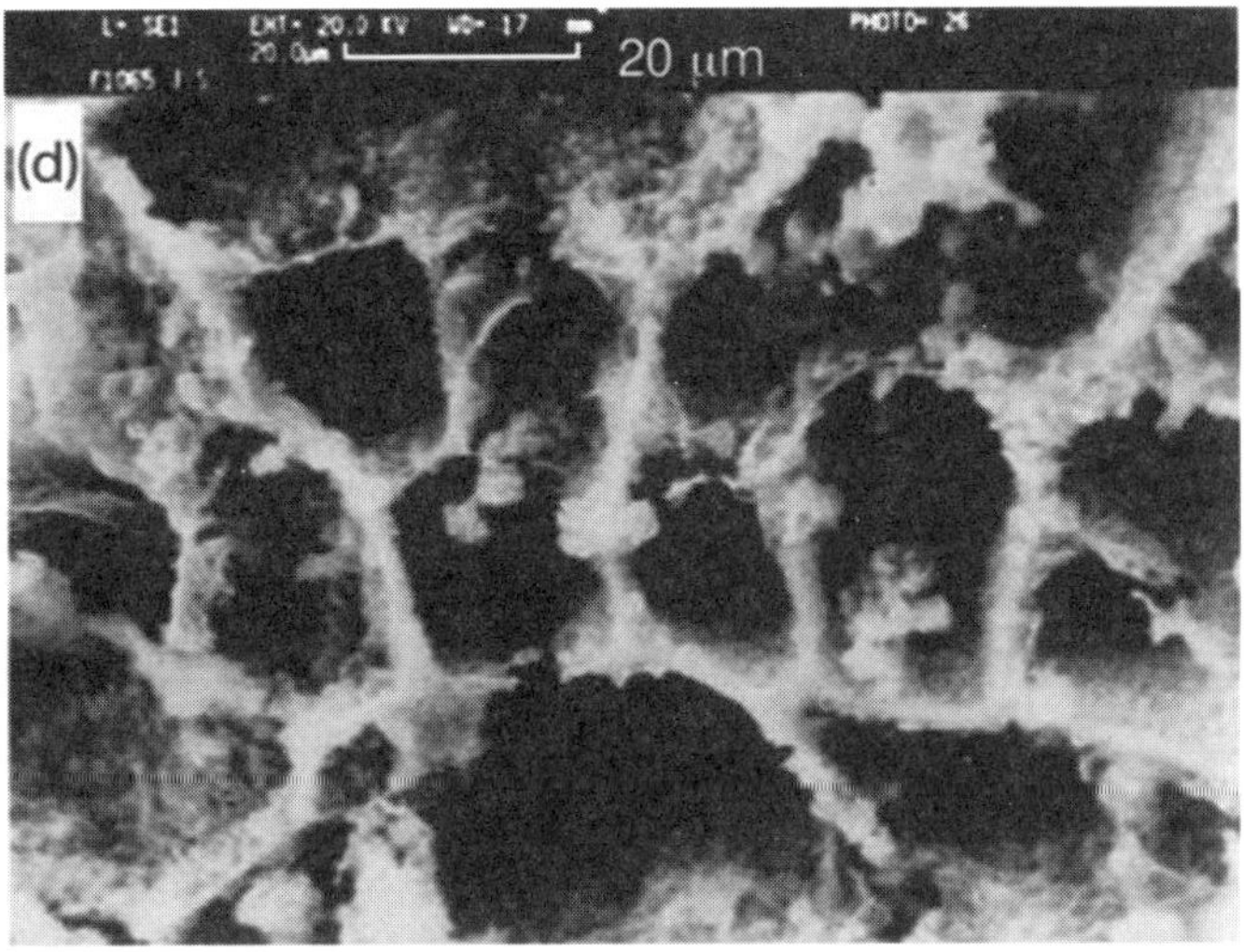

図 6-6　鉄硫黄小胞

硫化鉄を含む熱水の冷却過程で小胞構造ができあがる。

出典：Martin, W. and Russell, M. J., *Philosophical Transactions of the Royal Society B*, **358**, 59-85（2003）

鉄硫黄小胞

海底熱水地帯では海水が地下に浸透し、海底下の高温の岩石と反応する。岩石成分が熱水中に溶け出し、岩石成分を含む熱水ができる。熱水は海底面まで上昇し、海底の熱水噴出孔から噴出する。熱水中の硫化鉄が海水と混合する際に、マイクロメートルの大きさの小さい泡状構造、鉄硫黄小胞構造を取ることが発見された（図6-6）。

現在の生物では、タンパク質中の鉄と硫黄でできた構造が反応にかかわる例がいくつか知られている。その点に着目して、鉄硫黄の関与する生命の起源仮説が以前より提案されていた。その仮説では、過去に熱水周辺の鉄硫黄によって非生物的に触媒されていた無機触媒反応が、生物細胞でのタンパク質反応に受け継がれたのではないかと考えられている。

鉄硫黄の泡構造の発見と、鉄硫黄反応触媒説が結びつき、さらにこれらの仮説がＲＮＡワールド仮説を取り込んだ仮説が提案された。

極限環境微生物学者の中には、海底熱水噴出孔こそが生命誕生の場であると考える研究者が多かった。鉄硫黄小胞が最初の生命誕生の場であるという説は、多くの極限環境微生物学研究者の支持を得た。

しかし、残念ながらこの仮説は今のところ、生命誕生のシナリオ提案にとどまっていて、実験的な裏付けを欠いている。この仮説では、熱水噴出孔の鉄硫黄が触媒して、生物の関与なしにアミノ酸やヌクレオチドが合成されなければならないが、超高温熱水でこうした有機物が合成されるという実験結果はない。

さらに、鉄硫黄小胞の深刻な問題は、有機分子を取り込む機構が見当たらないことである。脂質膜が、有機分子でできた平面状の液晶という構造を取って、適度な流動性と透過性を持っているのに対し、鉄硫黄は無機的固体構造であり、流動性を欠いている。もし、液体の流入孔を持っているのであれば同時に流出孔を持たなければならない。最後に、鉄硫黄小胞が分裂するという仕組みが見当たらないことも問題である。鉄硫黄小胞が分裂するという仕組みなしには、鉄硫黄小胞がダーウィン型進化を起こす可能性はほとんどない。

もちろん、こうした問題点を解決する実験的結果が得られれば、鉄硫黄小胞が最初の細胞構造であるという仮説が生き返ることになる。

高分子複雑有機物小胞

さて、最後に紹介するのは、高分子複雑有機物（図5-3）の小胞である。高分子複雑有機物というのは、その分子の性質からさまざまな分子を一般的に呼ぶ名称である。高分子複雑有機物が生命の誕生前に関連してさまざまな場所で見つかっている。

ミラーの実験は、適当な大気組成と適当なエネルギー源があれば、有機物の合成が進み、その中にはアミノ酸が合成されることを明らかにした。しかし、合成されるのはアミノ酸そのものではなく、複雑な構造を持つ高分子化合物であることがわかった。これを高分子複雑有機物と呼ぶことを前の章で説明した。

隕石中には有機物が含まれているが、有機物の中でも不溶性高分子有機物が主成分である。これも高分子複雑有機物で、その構造はいまだに明らかになっていない。しかし、それを加水分解すればアミノ酸や有機酸、アミンが生成する。したがって、高分子複雑有機物はこれらの分子が重合したような高分子構造を持っていることが想像されている。

マーチソン隕石の内部の分析から、隕石内部にマイクロメートルサイズの炭素の小球状構造が発見された。これが隕石中の複雑高分子有機物でできているのかもしれない。

これらの結果はそれぞれ独立の結果であるが、共通していることは、生命の起源前の環境で高分子複雑有機物ができることである。しかし、高分子複雑有機物を水に溶かそうとしたとき、水溶液中で小胞構造を取るかどうかは不明である。もし、高分子複雑有機物が小胞構造をとれるのであれば、その量は隕石中に少量含まれる長鎖脂肪酸よりもはるかに多い。初期細胞の細胞膜の材料であった可能性が出てくる。

以上、いくつかの球状構造をとる有機および無機の分子を紹介したが、今のところは量が少ないことを除けば、隕石中に見つかっている長鎖脂肪酸が初期生命の細胞膜を形成した可能性が高い。

3　生命の起源諸説

最初の生命が誕生した場所がどこであるのか。これも確定した説はない。日本では海底熱水噴出孔であろうと考える研究者が多かったが、この説も問題を抱えている。筆者は、生命誕生の場は、陸上、中でも陸上の温泉である可能性が最も高いと考えている。この節では生命の起源と考えられている場所を検討する。

暖かい池説

ダーウィンは生命の起源の問題を著書では注意深く避けており、どこにもその記述はない。ただし、ダーウィンが友人に宛てた手紙の中に、「ひょっとすると、暖かい池の中で生命が誕生したのかもしれない」という意味のことを書いている。ダーウィンはその証拠をまったく示していないので、単なる思い付きである。しかし今日、陸上温泉説として「暖かい池」説が再浮上している。陸上温泉説に関しては、のちほど説明する。

粘土説

生命の起源の過程でいくつかの難しい問題があるが、その一つが濃縮の問題である。生命の誕生前には、いくつかの方法で有機物の合成が進行する。しかし、合成された有機物が広大な海洋に希釈されてしまえば、濃度が薄すぎて生命の誕生には結びつかない可能性がある。この問題の解決策として提案されたのが、生命誕生の場としての粘土鉱物表面である。

粘土鉱物は、層状構造を持っており、有機化合物を吸着する性質を持っている。その性質によって希薄な溶液中の有機物を濃縮することができる。しかも、層状構造にヌクレオチドを吸着すればヌクレオチドの重合の場を提供するのではないかと提案された。

しかし、残念ながら粘土鉱物上での重合反応は実験的には成功していない。したがって、濃縮効果はあるかもしれないが、重合を促進する訳ではないので、生命誕生の場として適当とは言えない。

海底熱水噴出孔説

海底熱水噴出孔の地下では、海水が超高温の岩石と反応し、還元型の金属、硫化水素、水素などに富む還元型の熱水となる。還元型の熱水が深海底に噴出すると、酸素と硫酸イオンに富む深海水と反応してエネルギーを獲得可能な環境を提供する。海底熱水噴出孔周辺には、これらの酸化還元反応に依存する化学合成細菌と呼ばれる微生物が増殖している。

地球形成初期には、地球内部の温度は現在よりも高く、地熱活動も現在より活発であったはずである。誕生直後の微生物がエネルギーを獲得して生育するのに好都合な場所として海底熱水噴出孔が着目された。

筆者も、初期生命の進化の過程で光合成生物が誕生する前には、海底熱水噴出孔周辺で化学合成に依存する微生物生態系があったであろうと推定している。しかし、この環境を生命誕生の場と考えるのには多くの問題があると考えている。この後の別項で比較検討するが、その最大の課題は海底では核酸の重合反応が進行しないことである。

陸上温泉説

化学合成系では、還元型の化合物と酸化型の化合物の反応から生物はエネルギーを獲得する。海底熱水噴出孔では、化学合成に依存した生態系ができあがっている。地下の熱い岩石と水が反応して、岩石中から還元型の金属、硫化水素、水素などが溶け出てくる。これを硝酸イオン、硫酸イオン、二酸化炭素と反応してエネルギーを獲得する。現在の海底熱水噴出孔では、海水中の酸素もこの反応に関与しているが、初期地球には酸素はなかったので、酸素は関与しなかった。それ以外の点では、初期地球の海底熱水噴出孔も現在の海底熱水噴出孔同様に、化学合成細菌にとって最適の生育場所を提供していたはずである。

現在の温泉でも、ほぼ同様の生態系が成立している。地下の岩石と熱水の反応によって還元型化学成分を含む水が温泉として湧き出ている。温泉の中には化学合成菌の生態系が形成されている。したがって初期地球でも同様で、化学合成生態系は地熱地帯であれば、海底でも陸上でも成立する。陸上温泉も化学合成細菌の生育に適切な場所であった。

陸上温泉の有利な点は、陸上にあることで、温泉の縁《へり》や、温泉の水量が減ったときに乾燥が起きることである。核酸の重合のためには、乾燥が必要である。この点について、次の項で検討する。

コラム　パンスペルミア仮説

パンスペルミア仮説というのは今から100年以上前、アレニウスという物理化学者が提案した仮説である。パンとは「汎」すなわちすべての意味、スペルミアとは胞子のことを意味している。宇宙空間に生命（胞子）が満ち満ちていると考えたのである。彼は宇宙空間に胞子が出て行けば、宇宙空間を放射圧によって移動できる。そして、胞子が生育可能な惑星に到着するや否や惑星は生命に満ち満ちると考えた。

この主張は、そもそも移動する生命の起源については議論していない。また、アレニウス自身が、移動する胞子は小さく数も少ないので、この仮説の検証は非常に難しいと考えていた。

しかし、欧州のアストロバイオロジーのグループが中心となって、微生物が宇宙空間でどれくらい生存可能であるかを試す宇宙実験が行われてきている。その結果、紫外線の影響は強力で微生物が紫外線を浴びると死滅してしまうが、紫外線から遮蔽されていればかなりの長期間宇宙空間で生存できることを明らかにした。彼らは、岩石中でなら微生物の惑星間移動が可能であると考え「リソパンスペルミア」（リソは岩石の意味）という仮説を提唱している。

一方、日本のアストロバイオロジー研究者のグループは、微生物が塊で移動すれば生存可能かもしれないと考え、「マサパンスペルミア」（マサは塊の意味）という仮説を提唱している。微生物はバイオフィルムと呼ばれる細胞の塊を形成することがよくある。バイオフィルムを形成した微生物は表面の細胞が死滅しても内側の細胞が生き残る可能性がある。これを確かめるために、2015年から国際宇宙ステーションで、微生物を宇宙空間に曝露する実験をおこなっている。たんぽぽが綿毛を持つ種を風に乗せてまき散らすことをパンスペルミア仮説になぞらえ、この計画を「たんぽぽ計画」と呼んでいる。

4　生命の起源――海か陸か

さて、生命の起源の場所として海底熱水噴出孔説と陸上温泉説を紹介した。ここでは、両説をもう少し比較検討する。

エネルギー

エネルギーが生命の生存に不可欠であることは本書でもかなり強調してきた。現在は太陽光を利用する光合成が地球のほぼすべての生物を直接的・間接的に支えている。しかし、生命史初期には、光合成ではなく化学合成に支えられた生態系が存在した。

ここで、生命の誕生前後の状況は現存生物の状況とは区別して考える必要がある。現在の生物は、酸化還元反応で得られるエネルギーを複雑な代謝系で得ている。エネルギーは細胞に必要な分子の生産、細胞構造の維持に用いられている。しかし、生命誕生前はもちろん誕生直後のRNA生物がこのような代謝系を持っていたとは思えない。RNAを複製するリボザイム以外の代謝を行うリボザイムが誕生するのはもう少しあとのはずである。つまり、誕生前後の細胞にはエネルギーを得るための代謝系はなかった可能性が高い。

それでは、この時期の細胞にエネルギーは必要ないかと言えば、必要である。そのエネルギーは、取り込んだ分子そのものから獲得していた。ヌクレオチド、脂質はそもそもエネルギーを持った分子である。これらの分子が細胞外にあれば、その取り込みによって同時にエネルギーも取り込んでいることになる。その意味で、生命誕生直前直後のエネルギーは、生命の誕生に寄与した有機化合物そのものに含まれていたと考えることができる。

アミノ酸の合成には放電や宇宙放射線などの関与が必要である。これは放電や放射線のエネルギーを用いてアミノ酸ができることを意味している。その結果、アミノ酸の中には放電や放射線のエネルギーが蓄積されている。核酸の合成過程に関しては不明の点が多い。次の項で説明する陸上での核酸合成では、乾燥によってヌクレオチドのエネルギーが与えられている。つまり、誕生初期の細胞に必要なエネルギーは、ヌクレオチド（核酸の材料）あるいはアミノ酸などの有機物の形で供給されていた。最初のRNAワールドの細胞は、従属栄養であったと言える。

代謝

細胞に必要な分子を合成し、エネルギーを獲得して、不要な分子を捨てる反応は代謝と呼ばれている。生命誕生初期の細胞のすがたが推測の域を出ない以上、代謝の様子も推測するほかない。

この項目では、陸上であれば脂質膜で囲まれたRNAワールドの細胞、RNA細胞、海底熱水噴出孔であれば鉄硫黄小胞中のRNA細胞を考えておこう。どちらのRNA細胞の場合にも細胞外からの必要な分子の取り込みが最初の代謝である。RNA細胞が進化すると、リボザイムでヌクレオチドをつくることができるようになる。新たなリボザイムが増えてより簡単な分子からヌクレオチドを合成できるようになる。

陸上の場合にも、海底熱水噴出孔の場合でも、その過程はダーウィン型進化で起きる。つまりより単純な分子からヌクレオチドを合成できるような細胞が自然選択される仕組みで起きる。ダーウィン型進化のためには、鉄硫黄小胞よりも脂質膜のほうが適している。脂質膜のほうが分裂しやすいからである。しかし、この過程は推測の域を出ないので、この点からは陸上がよいか、海底がよいかの判断は難しい。

核酸合成

核酸合成に関しては、陸上でヌクレオチドが合成可能であることが実験的にわかっている。これまで、RNAを構成する成分のうち、塩基は隕石中に発見されている。また、ごく微量であれば、リボースも発見されている。しかし、塩基とリボースをつなぐ反応を起こすことができないため、RNAの単量体であるヌクレオチドが生命誕生前に合成される機構が不明であった。

イギリスの研究者ジョン・サザランドの研究グループは、リン酸塩水溶液中で途中に乾燥操作を挟むことによってヌクレオチドが合成されることを見つけた（図6-7）。サザランドは、宇宙空間で比較的大量に見つかる有機化合物を出発材料として、4回の反応でヌクレオチドが合成されることを発見した。サザランドは合成の場が温泉と主張している訳ではないが、ヌクレオチドを合成するためには乾燥反応が必要になる。したがって、この方法でのヌクレオチド合成は海水中では困難である。つまり核酸の単位ヌクレオチドの合成は陸上で行われた可能性が高い。

さらにサザランドのグループは、隕石衝突でできるクレーターがヌクレオチド合成の場ではないかという提案を行った。隕石衝突によってできた、クレーターには隕石由来の還元型の硫化鉄やシアン化合物ができあがる。その中を水が流れる際にヌクレオチドだけでなく、アミノ酸も合成されるという提案を行っている。しかも、その反応効率が非常によい。隕石クレーターは温泉ではないが、陸上でできるという点では陸上温泉と共通している。核酸の単位ヌクレオチド合成

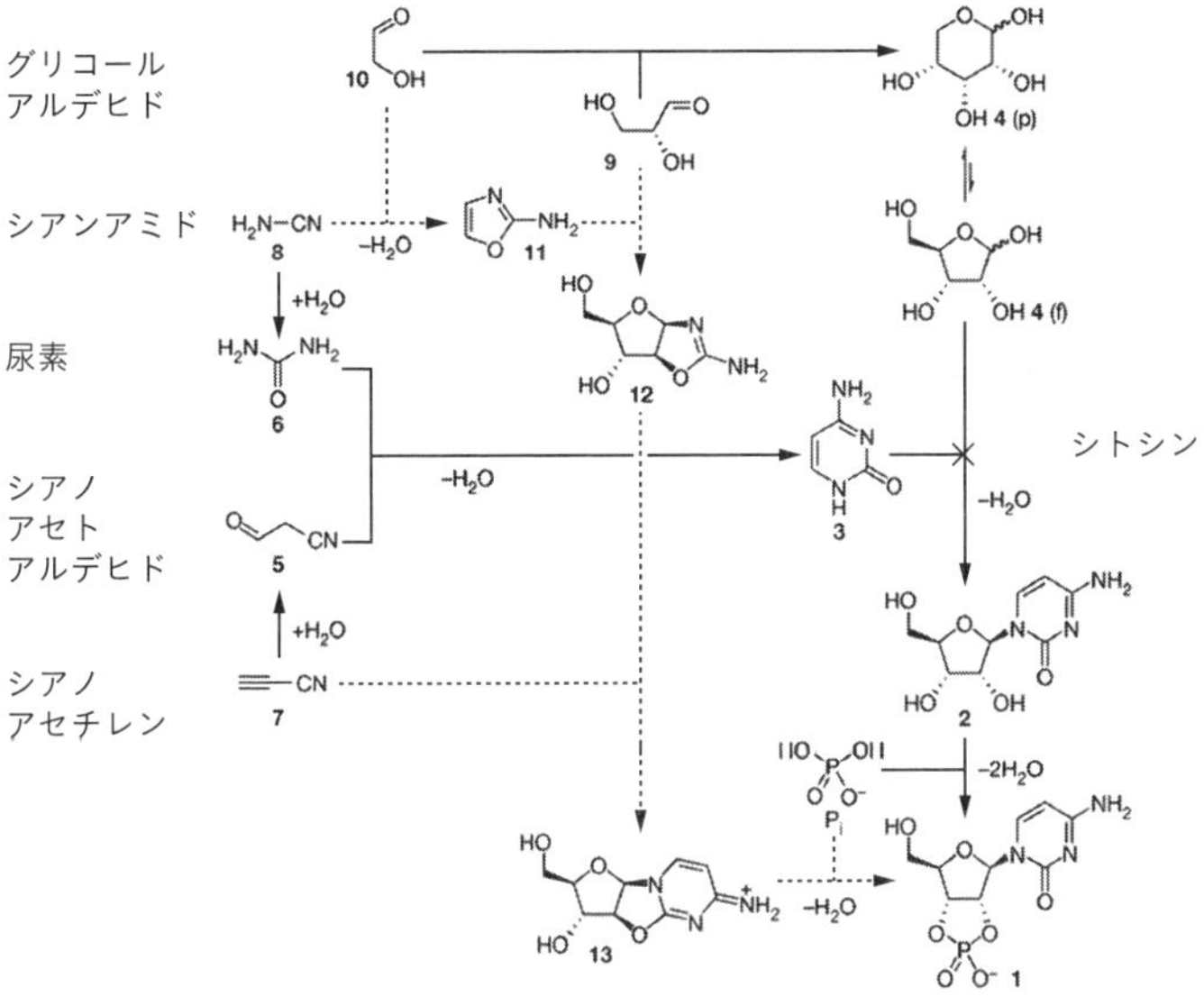

図 6-7　核酸の合成

宇宙空間で存在するグリコールアルデヒド、シアンアミド、尿素、シアノアセトアルデヒド、シアノアセチレンから 4 段階で RNA の単量体であるシトシン-リン酸が合成される。途中に脱水反応があるので、乾燥過程が必要である（破線）。実線は、以前に推定されていた合成経路で×印の反応は進行しないので、この経路での RNA 合成は進行しない。

出典：Powner, M. W. *et al.* "Synthesis of Activated Pyrimidine Ribonucleotides in Prebiotically Plausible Conditions" *Nature*, **459**, 239-241（2009）

の場としては陸上が適している。

高分子重合

核酸の重合反応は、乾燥が起こらない熱水環境では進行しない。生命の起源において、RNAワールド誕生のためには、RNAの重合が生命なしに進行する必要がある。しかし、海水中では重合反応は進行しない。

300℃を超える高温熱水の性質は、

常温の水とは異なる。高温高圧熱水は超臨界あるいは亜臨界と呼ばれる状態になる。この状態で、アミノ酸の重合が進行するという実験結果が報告されたが、重合が起こるのはせいぜい数個のアミノ酸である。ヌクレオチドの重合が起きるかどうかはわからない。超臨界水ではセルロースなどの高分子は分解することが知られているので、核酸もむしろ分解する可能性が高い。海底熱水地帯はヌクレオチドの重合を起こして、RNAワールドが誕生する場所として適当な環境とは言えない。

現在のさまざまな実験結果を考えると、生命誕生の場は、陸上の温泉であった可能性が最も高い。その理由の最大のものは、陸上温泉を想定してヌクレオチドを100個も重合する実験結果があることである。この実験では、ヌクレオチドと脂質の一種（リン脂質）を混合して、乾燥と湿潤の繰り返しを数十回行った。陸上での乾燥と、雨か温泉に見られる間欠泉を想定した操作である。その結果、RNA（ヌクレオチド）が100個程度まで重合することが確認された（図6-8）。

陸上温泉では、RNAの単量体（ヌクレオチド）が合成される。さらにRNA（ヌクレオチド）が乾燥と湿潤の繰り返しによって重合する。海底では、この反応のどちらも進まない。この二つの点において、陸上温泉が生命誕生の場として最も可能性が高いと考えられる。

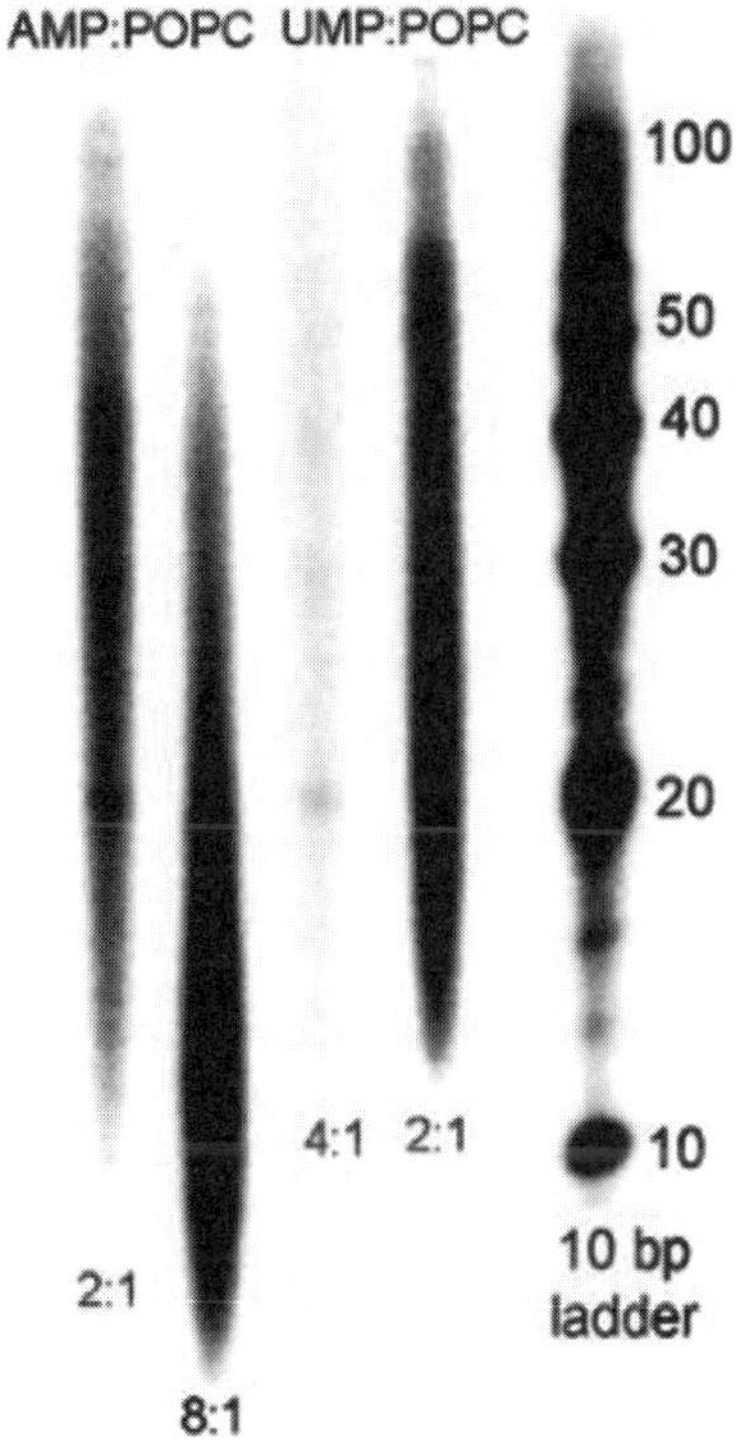

図 6-8　核酸の重合

核酸の単量体ヌクレオチド（AMP と CMP はヌクレオチドの種類を表している）とリン脂質（POPC）という種類の脂質を混合して乾燥と湿潤のサイクルを数十回繰り返したあとで、できあがったものを電気泳動で分析した。右端の数字はヌクレオチドがつながった数を表している。乾燥湿潤サイクルによって 100 個近いヌクレオチドが結合した核酸ができあがっていることがわかる。

出典：Rajamani, S. *et al.* "Lipid-assisted synthesis of RNA-like polymers from mononucleotides" *Origins of Life and Evolution of the Biosphere*, **38**, 57-74（2008）

5　遺伝子から調べる生命の進化

ここまでの説明では、過去から生命の誕生へ向けた過程を検討した。ここでは、現在生きている生物が持つ遺伝情報から生命の起源にどの程度迫れるかを解説する。現在の生物は膨大な遺伝情報を記録している。太古の化石は変性してしまって、当時の情報がほとんど残されていない。それと同様、太古の遺伝情報は多数の変異の蓄積で過去を明らかにすることは非常に難しい。現生の生物の遺伝子に残されている情報をどれだけ掘り起こすことができるかを紹介する。

分子系統樹

現在の生物の持つ遺伝子は祖先から受け継がれたものであり、そこには祖先が持っていた遺伝情報が残っている。図はヒトとウマ、コイのヘモグロビンというタンパク質の遺伝子である（図6-9）。ヘモグロビンは血液の赤血球の中で、酸素と結合して体中に酸素を運ぶ働きをしている。図6-9中のヘモグロビン遺伝子のアルファベットの一文字はアミノ酸の種類を表している。ヒトとウマを比べると、両者のアミノ酸配列（並び順）がほとんど同じことがわかる。一方ウマとコイを比べると、半分近いアミノ酸が異なっている。

このアミノ酸配列の違いからヒト、ウマ、コイの進化を推定することができる。ヒト、ウマ、

ヒト VLSPADKTNVKAAWGKVGAHAGEYGAEALERMFLAFPTTKTYFPHF
ウマ VLSAADKTNVKAAWSKVGGHAGEYGAEALERMFLGFPTTKTYFPHF
コイ SLSDKSKAAVKIAWAKISPKADDIGAEALGRMLTVYPQTKTYFAHW
祖先 VLSDADKTNVKAAWAKVGPHAGEYGAEALERMFLVFPTTKTYFPHF

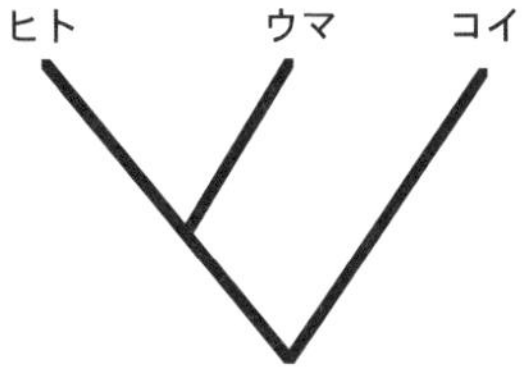

図 6-9　分子系統樹作成法

文字列は上からヒト、ウマ、コイのヘモグロビンというタンパク質のアミノ酸配列の一部。遺伝子は DNA に AGCT の文字で書かれるが、アミノ酸に翻訳される。文字列は翻訳されたあとのアミノ酸配列で書いてある。それぞれの文字が表すアミノ酸の種類は図 4-7 を参照。アミノ酸配列がヒトと違っている文字は灰色にしてある。ヒトとウマはアミノ酸が 4 個、ヒトとコイは 22 個異なっている。ヒトとコイはヒトとウマが分かれるより前に分岐したことがわかる。アミノ酸の配列を比べると、ヒトとコイが分かれる前の祖先の配列を推定することもできる。三つの生物で同じアミノ酸は祖先でも同じ、二つの生物で同じアミノ酸はおそらく祖先では 2 種で同じアミノ酸、3 種が異なる場合には祖先に近いコイのアミノ酸である可能性が高い。実際にはもう少し複雑な方法を用いて、計算機で系統樹や祖先配列を推定する。

コイの共通祖先の遺伝子は現在に至るまで受け継がれてきた。コイはほかの二つの生物よりかなり前に種分化したので、分岐後コイに突然変異が蓄積していった。ヒトとウマの祖先にも突然変異が蓄積した。ヒトとウマの祖先が分かれたのは比較的最近なので、ヒトとウマにはそれ以後の突然変異が少ない。つまり、これら3種の動物で、コイが最初にほかの二つと枝分かれし、その後かなりたってからヒトとウマが枝分かれして別々の種になったと推定できる。

実際の遺伝子はＤＮＡのＡＣＧＴで書かれているが、それを翻訳したアミノ酸配列でも本質的には同じ情報が記録されている。数億年単位の古い進化を考えるうえではアミノ酸配列のほうが信頼できるので、アミノ酸配列が系統解析に用いられる。

実際の系統解析ではデータを計算機で処理して系統樹を推定する。第二章では地球上の生物を分類する方法の説明をした。現在では、遺伝子の情報をもとに生物を分類することが基本的な方法となっている。遺伝子の情報をもとに、さまざまな生物の分類が検討され、さまざまな特徴に基づいた以前の分類が再検討されている。その結果、非常に多くの場合には、これまでの分類が遺伝子の解析によっても裏付けられた。しかし、小さな見直しや、大幅な見直しも行われることになった。

脊椎動物に関しては化石の証拠が手に入るので、すでにかなり詳しい進化の様子が明らかとなっていた。しかし、化石に残りにくい生物に関しては遺伝子解析によって初めて進化の様子が明らかとなっていった。

図6-10は遺伝子の解析からわかった地球上のすべての生物の進化系統樹である。進化系統樹というのは生物がどのようにお互いに分かれてきたのか、その様子を木の枝で図示したものである。木の枝の長さが短く、近くにある枝ほど似ている生物である。遺伝子を研究する生物学分野を分子生物学という言い方にならって、遺伝子から作成した系統樹のことを分子系統樹と呼ぶ。

右の端の枝を見ると動物、植物、カビと書いてある。カビの仲間にはキノコ、酵母も含まれ

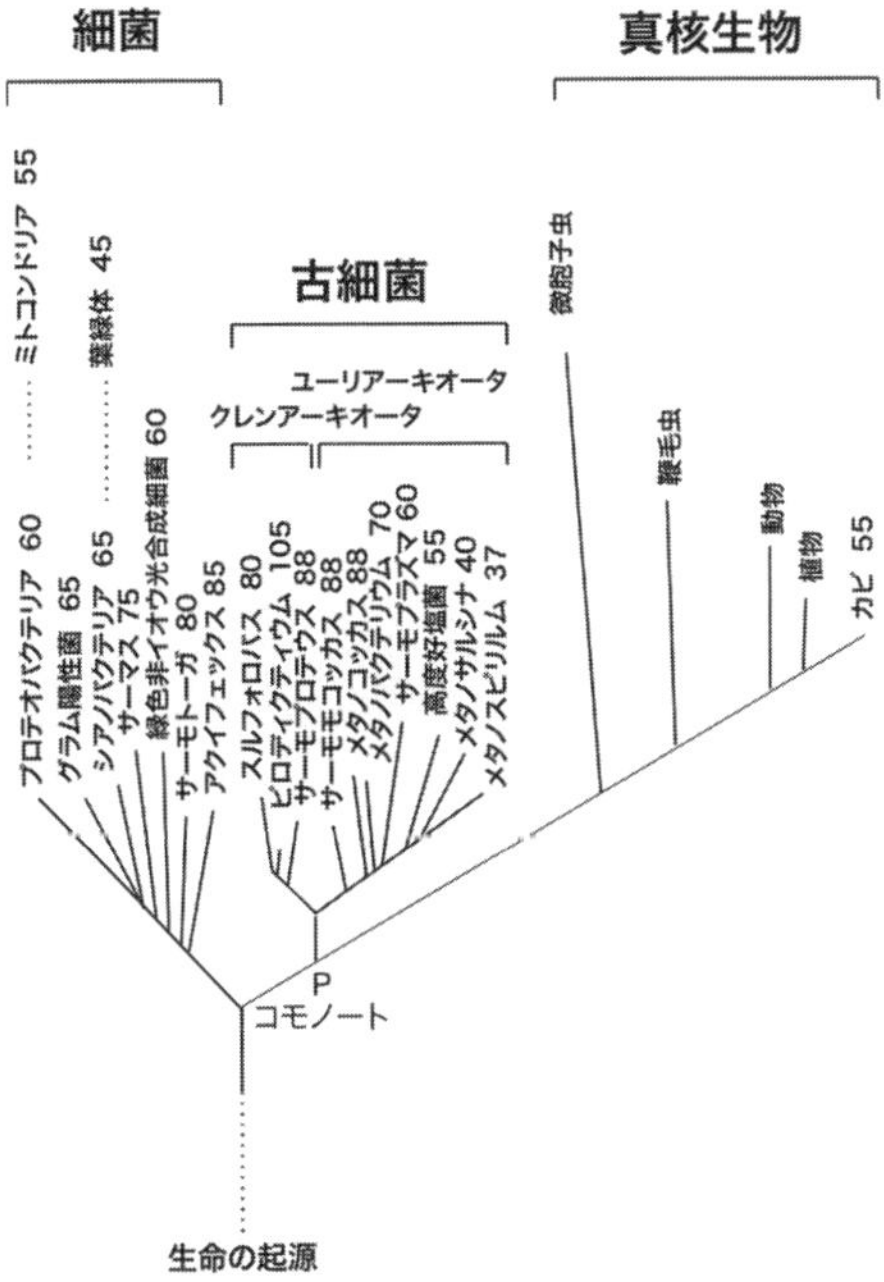

図 6-10 全生物の分子系統樹

リボソーム内のある遺伝子をもとに全生物が進化してきた様子を表した図。下が生命の起源でコモノート（p. 223 参照）からさまざまな生物に分かれていく様子がわかる。それぞれの線の上端がすべて現代を表している。枝の長さが異なるのは進化速度が生物によって違っていることを反映している。

出典：Woese, C. *et. al.* “Towards a natural system of organisms: Proposal for the domains Archaea, Bacteria, and Eucarya” *Proc. Natl. Acad. Sci. USA*, **87**, 4576-4579 (1990)

る。普通の感覚では、動物と植物、カビはまったく異なった生物である。しかし、すべての生物を比べるような大きな視点で見るなら、動物、植物とカビもむしろ非常に近い親戚である事がわかる。

真核生物の細胞内共生

こうした系統樹を作成すること

で、それまで化石からは進化の様子がわからなかった生物についても、進化の様子がわかるようになってきた。例えば、分子系統樹ができる前は、原核生物と真核生物の関係ははっきりしていなかった。

真核生物には核やミトコンドリアなどさまざまな細胞器官があり、細胞の構造から原核生物とははっきり区別されることはわかっていた。真核生物と原核生物では細胞の大きさも構造もまったく異なっている（図2-14）。真核生物細胞の大きさは原核生物の10倍、体積で見れば1000倍ほども大きい。真核生物と原核生物の細胞構造の違いはわかっていたが、真核生物細胞の構造がどのようにできたのかは不明であった。今も、核や多くの細胞器官の由来は不明である。

真核生物の細胞器官の中でもミトコンドリアと葉緑体の起源は進化系統樹から明らかになった。ミトコンドリアと葉緑体の起源については二つの説があった。一つは細胞が大きくなる過程で、膜構造が貫入してできたという細胞膜貫入説。もう一つは、好気性細菌とシアノバクテリアが、真核生物の祖先に細胞内共生して、それぞれミトコンドリアと葉緑体になったという細胞内共生説である。

ミトコンドリアと葉緑体はそれぞれ脂質膜で囲まれている。ミトコンドリアと葉緑体の脂質膜の中には、それぞれミトコンドリアと葉緑体専用のDNAが入っている。そのDNAの遺伝情報を調べて、系統樹を作製した結果が図6-10には書き込まれている。真核生物は動物も植物もカビもまとまって、一カ所の枝になっている。ところが、動物のミトコンドリアも植物のミトコンドリアも、この枝とはまったく別の生物であることがわかった。左の枝の中から点線の枝がでていてミトコンドリアと書いてあるのは、それを意味している。同じように、葉緑体の遺伝子を調べると、真核生物の植物の枝とはまったく異なった場所、シアノバクテリアの枝の中に入ってしまった。

こうした進化系統樹の解析から、ミトコンドリアは好気性細菌が真核生物の祖先の細胞の中に共生したことが明らかとなった。その後共生した細胞が現在の真核生物のさまざまな種類に受け継がれているということがわかった。今では、共生した細菌はアルファプロテオバクテリアという種類だということもわかっている。

葉緑体の場合にも同じで、シアノバクテリアという種類が葉緑体の祖先であることがわかった。シアノバクテリアが、植物の祖先の細胞に共生して、そのまま現在の植物に受け継がれて葉緑体になった。

ミトコンドリアや葉緑体に必要なさまざまな栄養は真核生物細胞から供給されているので、ミトコンドリアや葉緑体は真核生物細胞から利益を得ている。反対に、ミトコンドリアは、有機物を酸素と反応させてエネルギーを獲得する能力を持っている。ミトコンドリアは真核生物細胞にエネルギーを供給しているので、真核生物細胞もミトコンドリアから利益を得ている。シアノバクテリアも、光合成をして二酸化炭素から糖を合成できる。シアノバクテリアは、真核生物細胞内で光合成をして、植物細胞に糖分を供給しているので真核生物細胞は葉緑体から利益を得ている。ミトコンドリアや葉緑体は細胞内にあって、これらと真核生物細胞のいずれもが利益を得ているので、ミトコンドリアや葉緑体は細胞内共生しているという言い方ができる。

生物の三大分類あるいは二大分類

図6-10を見ると、真核生物の大きな枝のほかに左側に細菌（真正細菌）が、真ん中に古細菌の大きな枝がある。遺伝子に基づく系統樹の解析から、生物は三つの大きな分類群からなっていることもわかった。

これらの分類群はドメインと呼ばれる。ドメインとは、植物界、動物界、菌界（カビの仲間）よりさらに大きい分類群を表すときに使われる。細菌（あるいは真正細菌）と呼ばれるドメインは、大腸菌や納豆菌、乳酸菌など我々が見聞きする微生物を含むドメインである。真核生物は植物界、動物界、菌界に加えて、原生生物界を含んでいる。原生生物界には単細胞の原生動物、藻類、粘菌など、原始的な真核生物が含まれている。これに古細菌ドメインを加えて、三つのドメインよりなる三大分類がよく見られる生物の系統樹である。

古細菌ドメインには、カタカナの種名が並んでいるが、これらは学名である。メタンで始まる種はメタンを発生する微生物、メタン菌である。メタン菌はドブや沼、汚水処理場などで生物の遺骸を分解してメタンを発生している。メタン菌は我々の腸やウシなどの反芻動物、シロアリの腸内にも棲み着いてメタンを発生している。高度好塩菌は塩田などの飽和に近い食塩水に生息する。ピロ、サーモで始まる種は高温に棲む種である。海底や陸上の地熱地帯に棲息している。こういう種を含む微生物の一群が古細菌と呼ばれている。古細菌は細菌（真正細菌）とは系統樹上ではっきり分かれるので、両者は生命史の初期に二つに分かれたことがわかる。

古細菌と真核生物の枝は接近しており、真核生物と古細菌は似た性質を多数持っている。その意味で真核生物は古細菌をもとに誕生したという考え方が最近は受け入れられ始めている。真核生物が古細菌から誕生したという説では、真核生物と古細菌を別々に扱うことができなくなってしまう。古細菌と真核生物をひとまとまりに考えると、生物は細菌と（古細菌＋真核生物）の二つに分類されることになる。やがて、生物を二つに分ける二大分類法が主流になるかもしれない。

共通祖先超好熱菌説

さて、図6-10でコモノートと書かれた点で、生物は細菌の枝と（真核生物＋古細菌）の枝の二つに分かれる。この分岐点が、全生物の共通の祖先を表している。全生物の共通祖先が、現在のさまざまな生物になったわけである。全生物の共通祖先は、LUCA《ルカ》、センアンセスターなどいくつかの名前で呼ばれる。筆者は、この全生物の共通祖先を一つの種であると考えて、コモノートと名付けている。この図で、コモノートが生命の起源につながる線が1本であることは、コモノートが1種類であることを意味している。つまり、現在の多数の生物すべてはたった1種類の生物、コモノートの子孫であることがわかる。

全生物の共通祖先は非常に高温の場所に棲む超好熱菌ではないかという仮説が提唱されていた。図の系統樹に各生物の名前の後ろの数字はその生物が棲んでいる温度を表している。系統樹の根本付近の生物は80℃以上に棲んでいる種類が多いことがわかる。この数字が80℃以上の種類を超好熱菌とよんでいる。好熱菌というのは、常温では生育できず、好んで高温に生育する菌という意味である。それに超がつく超好熱菌は、80℃以上で最も生育速度が速くなる菌のことを指している。

全生物の共通祖先が超好熱菌であるという結論は多くの研究者の想像をかき立てた。初期地球の温度は高かったという測定結果もあるので、全生物の共通祖先が超好熱菌であるという考えも、それと矛盾しない。

しかし、不思議なことの一つは、それまでRNA生物が誕生して、RNP生物が進化して、DNA生物が誕生したとき、その生物が一種類だけだったのだろうかという疑問である。もっとたくさんの種類が誕生してもおかしくない。それなのに、現在の生物はすべて一種類の全生物の共通の祖先コモノートから種分岐してきた。

後期重爆撃

全生物の共通祖先が超好熱菌であるという理由の一つとして考えられている機構が後期重爆撃

という現象である。つまり、生命が誕生してさまざまな温度で生育する生物が地球のあちこちに生育するようになった。その後、隕石が衝突して一時的に地球の表面温度が上昇し、ほとんどの生物は死滅してしまった。そのとき、高温に耐えうる超好熱菌だけが生き残ったという仮説である。

後期重爆撃という現象そのものは月のクレーターの分析結果から得られた。月には多数のクレーターがある。さまざまな大きさのクレーターがしばしば重なり合っている。二つのクレーターが重なり合っている場所では、どちらが先に衝突したかということがわかる。また、クレーターの縁は盛り上がっている。新しいクレーターの縁の先端がシャープであるが、時代がたつとクレーターの縁の先端が崩れてくる。こうした情報をもとに、月のクレーターがいつ頃できたのかという分析が行われた。その結果、月が46億年前にできた直後は多数の隕石が降り注いでいた。その後次第に隕石の数は減少する。しかし、42億年前位に再び隕石の数が増加したかもしれないということが推定されている。これを後期重爆撃と呼んでいる。

RNAワールド、RNPワールドを経てDNAワールドの生物が誕生した。それらは、さまざまな温度に棲む生物に分岐していった。その後、隕石の衝突によって地球は高温となり、DNA生物のうちの超好熱菌が生き残り、それが全生物の共通の祖先となったというのが後期重爆撃選択説である。

6　生命はこうして誕生した——生命誕生のシナリオ

以上の説明から推定されるRNAワールドが誕生してコモノートに至るシナリオをこの節で再度まとめてみよう（図6-11）。

有機物の蓄積

誕生したばかりの地球はドロドロに溶けたマグマで覆われていた。マグマで覆われた状態をマグマの海、マグマオーシャンと呼んでいる。数千万年たつと、温度は低下して、大気中の蒸気が雨となって降り注ぎ、やがて海が形成された。隕石や宇宙塵が降り注ぎ、その中に含まれる有機物が海の中に溶け込んだ。陸が形成され、陸上の温泉ができると、そこにも有機物が蓄積した。

有機物の中でも、比較的簡単な分子は、隕石衝突の穴の中でさらに複雑な化合物になっていった可能性もある。核酸の材料であるヌクレオチドは、温泉や隕石衝突のあとにできたクレーター内に蓄積していった。隕石から溶け出た、長鎖脂肪酸もこうした環境に蓄積していった。

RNAワールドの誕生

核酸の単位であるヌクレオチドと長鎖脂肪酸が溶けた温泉の水際は、温泉水量が減ると乾燥す

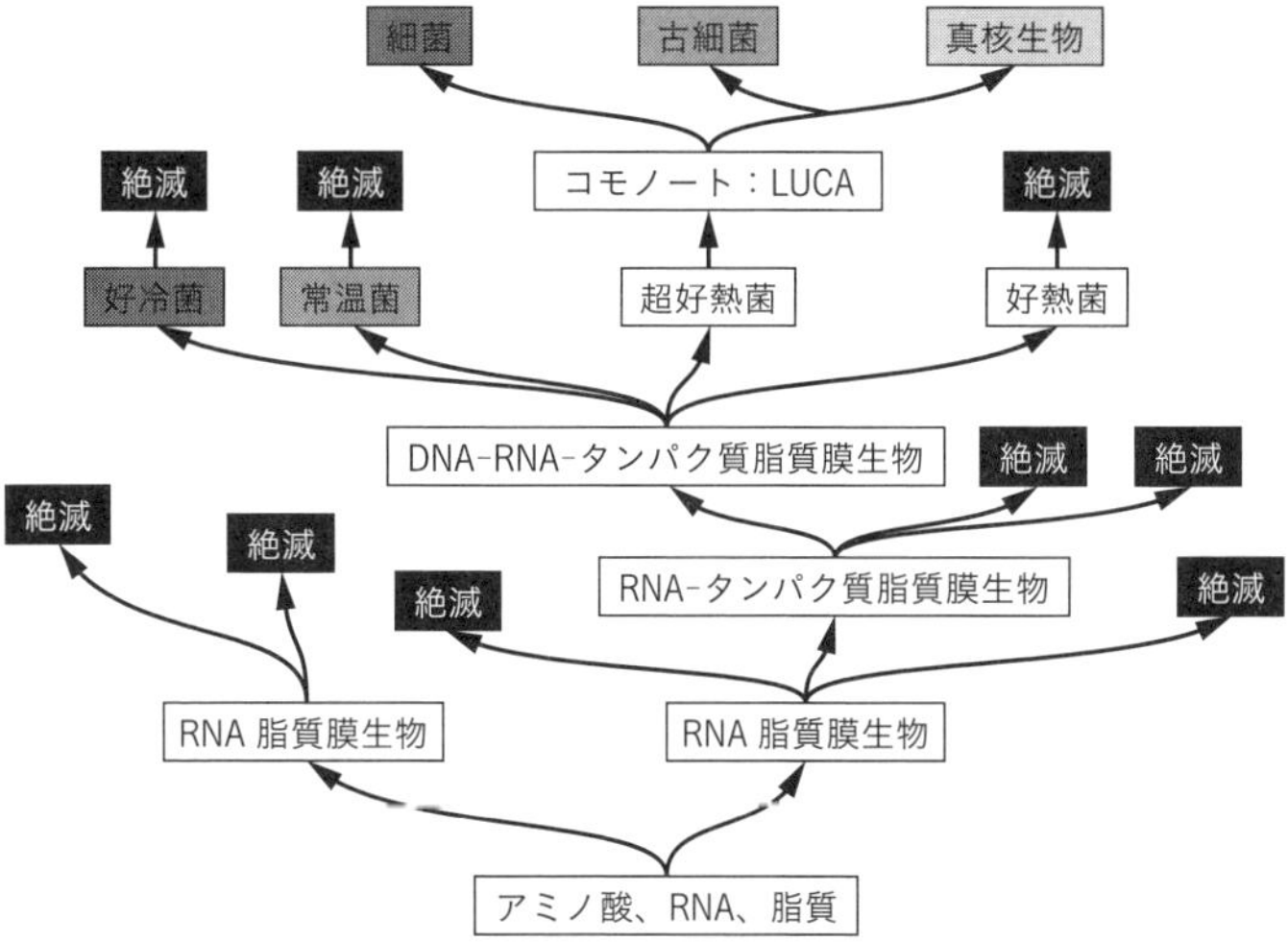

図 6-11　生命進化の仮説

化学進化で非生物的にできたアミノ酸と RNA、脂質（脂質の種類は不明）から最初の RNA 脂質膜生物が誕生する。誕生は複数回あったかもしれない。そのうちの一つからタンパク質合成ができるようになった生物が誕生する。その中から遺伝子を DNA に変えた生物 DNA-RNA-タンパク質脂質膜生物が誕生する。その生物から、さまざまな温度に生育する生物が分岐する。超好熱菌だけを残してほかの生物は絶滅した。超好熱菌コモノートから現在のすべての生物、細菌、古細菌、真核生物が誕生した。まだ確認できてない部分も含まれる。また、本文中および図 6-3 では「脂質膜」という単語は省略している。

る、温泉水量が増加すると乾燥した場所は再び湿るという、乾燥と湿潤の繰り返しで、結合する順はでたらめであるがヌクレオチドが多数結合したRNA分子ができあがった。

RNA分子の大部分は1本鎖であったが、中には偶然2本鎖になるRNAもあった。でたらめな配列をもつ2本鎖RNA分子は、長鎖脂肪酸でできた球状の脂質膜に取り込まれた。あるとき、取り込まれたRNA分子はたまたまRNAを複製する活性を持つリボザイムの機能を持っていた。このリボザイムの活性はおそらく極めて低かった。しかし、ゆっくりとRNA分子の複製を開始した(図6-2)。

RNA分子を複製する際にはRNAの配列に変異が入ってしまうことがある。変異が入ったRNAの大部分は複製活性を失ってしまうが、ある確率でRNA複製活性の上昇したリボザイムが生まれる。すると、そのリボザイムを含む脂質小胞の中ではRNAの増殖がより速く進む。効率のよい複製を行うリボザイムを持つRNA細胞がダーウィン型進化していった。

RNA細胞の進化は、ヌクレオチドと脂質(長鎖脂肪酸)を含む環境の中で進行した。増殖の遅いRNA細胞から増殖の速いRNA細胞へリサイクルされたかもしれない。しかし、ヌクレオチドはやがて使い尽くされ枯渇してくる。

乾燥と湿潤でできたたくさんのRNA分子の中には、ヌクレオチドの合成反応を触媒するリボザイムもできる。複製するRNA細胞の中に、ヌクレオチド合成リボザイムを取り込んだものが出れば、そのRNA細胞はヌクレオチドの枯渇した環境でも有利に増殖できるようになった。同様な過程が繰り返され、さまざまな分子の合成能力を持つRNA細胞も誕生した。RNA細胞はエネルギー獲得方法も持つようになり、より高機能のRNA細胞が誕生していった。

このような複製と選択過程の1回は数時間あるいは数日であっても、その繰り返しは長い年月をかけて進行していった。温泉はやがて停止し、火山はやがて海に没するかもしれない。しかし、新たな場所に別の火山が誕生し、新な温泉で進化の試みは続いた。

温泉から大雨で流れ出したＲＮＡ細胞は、次の火山の誕生では盛り上がる大地とともに温泉に取り込まれ、次の進化の出発点となったかもしれない。数千万年の繰り返しの中で、さまざまな代謝系を持つＲＮＡ細胞ができあがっていった。

ＲＮＰワールドへの進化

ＲＮＡワールドからＲＮＰワールドへの移行は、以外と難しかった可能性もある。ＲＮＡワールド仮説によって解決したかに見えた「卵とニワトリのパラドックス」は、ＲＮＰワールドの誕生時に残されている。それは、遺伝暗号がいつどのように誕生したかという問題である。

ＲＮＡワールドの世界では、ＲＮＡ遺伝子に遺伝情報を蓄え、さまざまな代謝反応をリボザイムで触媒するＲＮＡ細胞が誕生した。その中で、アミノ酸を結合することによって触媒活性が上昇したＲＮＡ細胞が誕生する。隕石や宇宙塵の中にはアミノ酸は比較的多く含まれているので、アミノ酸の結合が起きることは、無理のない推定と言える。しかし、アミノ酸の結合がＲＮＡの配列情報に依存して行われるようになった過程は不明である。

ＲＮＡの遺伝情報によってアミノ酸の種類が決まるためには、そのアミノ酸を指定するコドンが決まっていなければならない。同時にコドンに対してあるアミノ酸を指定する方法がなけばＲＮＡ情報は意味がない。遺伝情報とアミノ酸を指定するコドンのどちらが先に誕生したのか、

「卵とニワトリのパラドックス」がコドン誕生の謎としてまだ残されている。

しかし、現在の翻訳の仕組みから、以下のコドン誕生のシナリオを描くことができる。まず、アミノ酸がｔＲＮＡに結合するような反応が誕生したが、最初は特にｔＲＮＡの配列に関係なくアミノ酸が結合した。アミノ酸結合ｔＲＮＡがもうひとつのアミノ酸結合ｔＲＮＡと並び、一方からもう一方へアミノ酸を移動させるリボザイムが誕生した。アミノ酸は一つでもたいへん弱い触媒活性を持っている。アミノ酸が二つつながることによって、触媒活性が上がったかもしれない。このアミノ酸とアミノ酸をつなぐリボザイムは、現在もリボソームの中に残され、同じ触媒反応を行っている。

最初の鋳型ＲＮＡの役目は、単に二つのアミノ酸結合ｔＲＮＡを固定するだけの役目だったのかもしれない。やがて、アミノ酸種とそれを結合するｔＲＮＡ配列を識別する仕組みが誕生した。同時に、鋳型ＲＮＡの配列によってアミノ酸結合ｔＲＮＡが識別されるようになっていった。これがコドンの誕生であるが、実際にどのような事が起きたかの情報は残っていない。鋳型ＲＮＡが遺伝情報を持つようになった現在のＲＮＡはｍＲＮＡ（メッセンジャーＲＮＡ）あるいは伝令ＲＮＡと呼ばれている。ｔＲＮＡは現在もアミノ酸を結合するＲＮＡとして機能している。

アミノ酸が多数つながった触媒効率のよいタンパク質がダーウィン型進化によって選択されていった。それまで、リボザイムで行われていた代謝はタンパク質によって置き換えられていき、ＲＮＰワールドが誕生した。

ＤＮＡワールドの誕生

ＲＮＰワールドで、効率のよいタンパク質配列が自然選択されていく。やがてタンパク質の配列が、自然選択によって最適な配列となる。配列が最適な配列になると、さらにその配列を変えても機能が高まる可能性は減ってしまう。それ以上の変異は、むしろタンパク質の機能を下げてしまう可能性が高くなる。遺伝子の数が多くなると、どれかの遺伝子の機能低下が細胞全体の機能を下げる。こうした段階になった細胞では、遺伝情報を変異させてよりよい遺伝子を誕生させるのではなく、遺伝情報をより安定に保持することのほうが、生存には有利となった。

ＲＮＡの2'位の酸素を取り除いてより安定なＤＮＡを合成し、それをＲＮＡの代わりに遺伝情報として用いる細胞が誕生した。そのためには、最初はＲＮＡの複製をする酵素がＤＮＡも複製できるように変わっただけかもしれない。その段階では、ＲＮＡからＤＮＡへの逆転写とＤＮＡからＲＮＡへの転写を自由に行うような段階を経たはずである。

やがて、遺伝情報を保持する機能を持つＤＮＡと遺伝情報の一時的なコピーとしてのｍＲＮＡという核酸の機能分化が起きた。ＤＮＡを遺伝子とする細胞の世界、ＤＮＡワールドの誕生である。

全生物の共通祖先

できあがったＤＮＡワールドの細胞は、すでに現在とほとんど同じ遺伝の仕組みを完成させていた。翻訳の仕組みはＲＮＰワールドのときに実現していた。しかし、どの段階で現在のコドンと20種のアミノ酸の組み合わせを完成していたかはまだ不明である。全生物の共通の祖先より少し前にはアミノ酸の種類は20よりも少なかったかもしれないといういくつかの状況証拠がある。この段階は実験的に確かめることができ、研究が進行中である。

誕生した最初のＤＮＡ細胞と全生物の共通祖先との関係ははっきりしていない。20年前頃、全生物の共通祖先という概念が形成される過程では、全生物の共通祖先そのものが生命の誕生あるいはＤＮＡ生物の誕生であると特に理由もなく考えた研究者は多かった。現在では、ＤＮＡ生命の誕生と全生物の共通祖先は明らかに区別して考えられるようになってきている。

古細菌と細菌への分岐

全生物の共通祖先コモノートから、古細菌と細菌の二つの生物にわかれていった。この二つの生物は、両方とも1マイクロメートルほどの大きさの小さい細胞で、細胞内に特別な構造は持たない。遺伝子の配列で見ると区別がつくが、例えば、顕微鏡で見ても古細菌と細菌の区別はほとんどつかない。両者の違いは、細胞をつくる脂質がまったく異なっている点である。

古細菌と細菌はさまざまな代謝反応を発明・進化させていった。さまざまな化学合成反応（メタン生成、硫酸還元、硝酸還元など）、さまざまな光合成反応もこの時代の発明である（図2-13）。やがて、古細菌に細菌が細胞内共生して、真核生物の誕生を迎えた。

コラム　全生物の共通祖先

地球上の生物がまったく異なった形態や構造、エネルギーの獲得法を持ちながらも共通の点を多数持っている。すべての生物がDNAの遺伝子を持ち、mRNAに転写し、同じようにタンパク質に翻訳している。こうした共通点は全生物の共通祖先が存在したと考えるとわかりやすい。

一方で異なった提案もある。ゲノム配列の解読が進んで、多数の遺伝子の解析をすると、これまで考えていたような古細菌と細菌というような単純な分岐にはならない遺伝子も多い。生命進化の初期には、遺伝子の水平伝播と呼ばれる現象が頻繁に起きていたのではないかという可能性がある。この考えに立つと、はっきりとした生物の共通祖先はいないか、あるいは複数あるという結論になる。

全生物で保存されているような大事な遺伝子をもとに系統樹を作成すると共通の祖先は、古細菌と細菌の分岐の前に誕生したことがわかるので、全生物の共通祖先がいたのではないかと考える研究者が増えつつあるが、まだ研究が進んでいる最中である。

7　生命はどこでどのように誕生しうるのか

生命の誕生には、タンパク質（機能）が先か核酸（情報）が先かというパラドックスが長らくあった。RNAが機能を持ちうるという発見がきっかけとなって、RNAによって機能も情報も持つ生物の世界、RNAワールドが広く受け入れられるようになっている。

アミノ酸がさまざまな環境で比較的簡単に非生物的に合成されるのに対し、核酸の単位であるヌクレオチドはなかなか合成されない。RNAワールドがそもそも誕生するのかという懸念がずっと続いていた。しかし、最近の研究で、陸上温泉あるいは隕石が衝突してできるクレーターの中ならばヌクレオチドが合成されることがわかった。したがってRNAワールドという考え方がかなり確かなものとなってきている。

RNAを包み込む構造が何であるのかに関しては、まだいくつかの可能性がある。しかし、長鎖脂肪酸が隕石中に含まれるので、これが最初の膜構造をつくった可能性が高い。

最初のRNAができる（重合できる）環境として、陸上である必要がある。さらに、カリウムイオンを含む環境としても陸上温泉がある。さらに、前述のヌクレオチドを合成できる環境も陸上である。こうした点を考えると、生命誕生の場は陸上であった可能性が高い。

コラム　生命火星起源説

本書では生命の起源は地球であるということを前提に説明をしているが、火星に生命の起源を求め、火星から地球に生命がやってきた可能性を指摘する説がある。

その一つは火星からやってきた隕石中に火星の生物の痕跡があるという説である。地球には多数の隕石が見つかっている。その中には火星から来たと考えられる隕石が多数見つかっている。隕石の中の鉱物中には気体が封じ込められている場合がある。その気体を分析したところ、火星探査機が分析した火星の大気組成とほぼ一致したのである。つまり、その隕石が火星からやってきたものであることはほぼ間違いない。

その中の一つALH84001は南極のアラン・ヒルズという場所で1984年に採集された隕石である。その解析が行われ、この隕石が有機物を含むことがわかった。また隕石中に0・1〜0・02マイクロメートルの大きさの細長い構造体が見つけられた。その形から、微小な大きさの微生物ではないかという解釈が提案された。しかし有機物は通常の隕石中にも含まれるので生命の証拠にはならない。また微小サイズのバクテリア化石が本当に生物の化石であるかどうかという点の判断に賛否両論ある。

さらに、その後同じ隕石内に磁鉄鉱が発見された。磁鉄鉱の構造の特徴が磁性細菌という特殊な細菌がつくる磁鉄鉱に似ているという理由から、火星には生物が存在したという主張が行われた。磁鉄鉱の由来を生物と断定してよいかどうかを判定するだけの知見が現在ないために最終的な結論には至っていない。火星隕石に生命の証拠があるかどうかは結論が出ていない。

第七章 何があれば生命は進化するか——進化の条件

本章ではまず地球で生命が進化する過程を紹介する。さまざまな進化の条件を検討して、どのような進化は必然であり、どのような進化は偶然なのかを検討する。こうした研究はほとんど行われていないので、推測がかなり入ってしまう点はご容赦いただきたい。しかし、こうした検討から、地球外の生命探査をする際にどのような生物を想定して、どのように探せばよいかという指針が得られるかもしれない。

1　生命は1億年で誕生した――多数の生命の起源と絶滅

生命誕生前後の生命の証拠は残っていない。そもそも、地球に残された最古の岩石は今から40億年前のものである。地球ができた46億年前から数億年間の証拠はほとんど失われてしまっている。

地球上最古、45億年前の鉱物ジルコン――大陸地殻と海の誕生

岩石は残っていないが、古い堆積岩の中にはそれ以前の鉱物の粒が見つかる場合がある。こうして見つかった最古の鉱物は45億年前のジルコンである（図7-1）。ジルコンは花崗岩中にできる鉱物である。花崗岩は火成岩であり、大陸地殻にできる。45億年前にジルコンができたことは、当時、大陸地殻ができたことを意味している。さらに、花崗岩ができるためには海が必要なので、当時すでに海ができていたこともわかる。

最古の岩石は今から40億年前のものであり、それ以前の岩石は見当たらない。40億年前の岩石は花崗岩が変性した岩石である。花崗岩ができたことから海ができていたことと大陸地殻ができていたことがわかる。しかし、40億年より前の岩石がなぜ残っていないのか。大陸がそもそもできなかったのか、できた大陸が浸食で失われてしまったのか、後期重爆撃と呼ばれる隕石衝突に

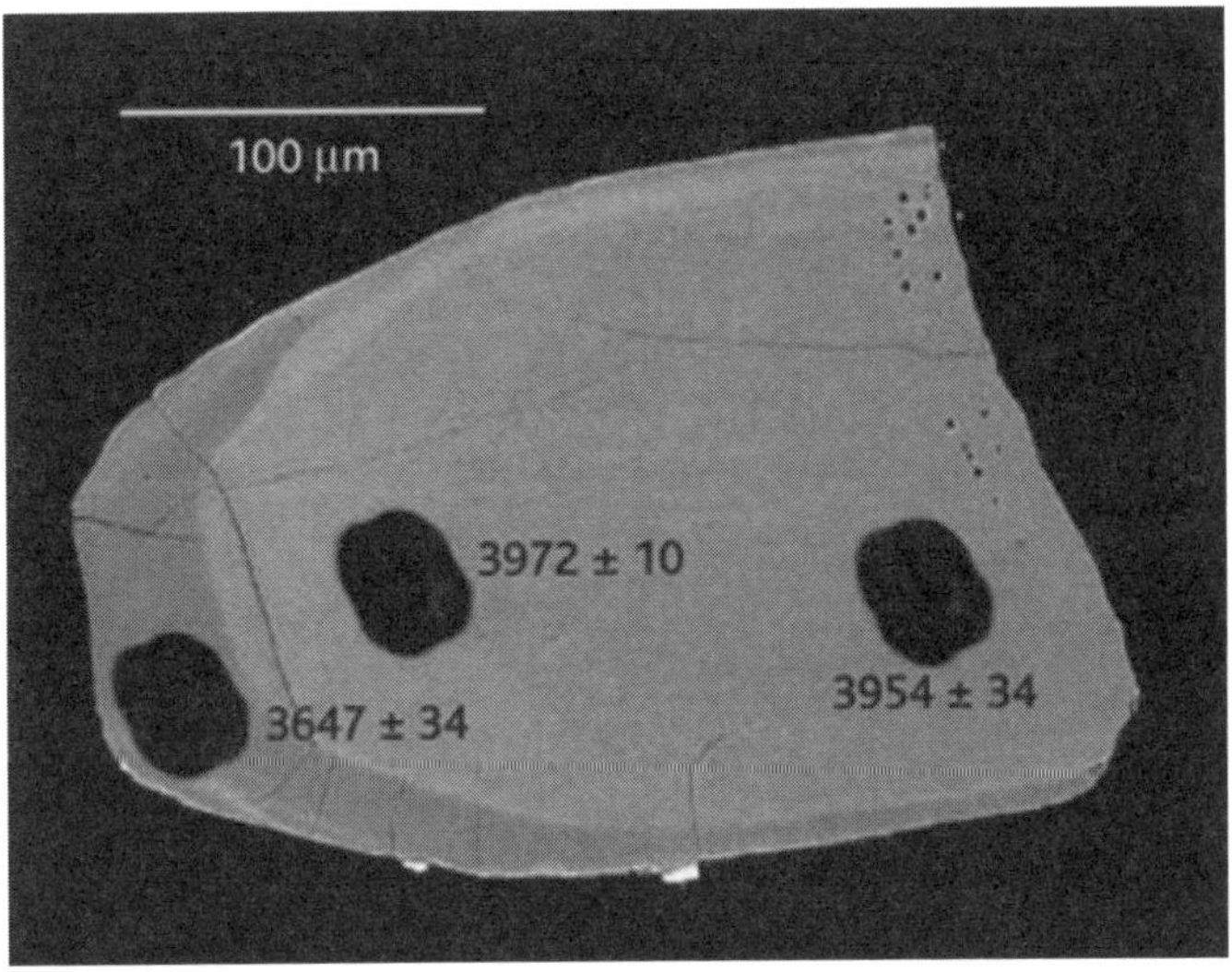

図 7-1　ジルコン

西オーストラリアのジャックヒルズという場所で採取されたジルコンの粒。孔のあいた場所にレーザー光を照射して年代測定が行われた。当時、大陸地殻ができていたこともわかった。

出典：Amelin, Y. “A Tale of Early Earth Told in Zircons” *Science*, **310**, 1914-1915 (2005)

よって失われてしまったのか。いくつかの可能性があるが結論はでていない。

地球上最古の生命の証拠
——同位体化石

地球最古の生命の証拠は今から38億年前の炭素の粒である。炭素の粒があるからと言って生命の証拠にはならない。無機的な炭素もあるからである。炭素の粒が生物由来であることは、炭素の同位体分析という方法で明らかになった（図7-2）。

炭素を記号で書くとC、炭素原子の重さは12なので^{12}Cと表される。12という数は、炭素原子

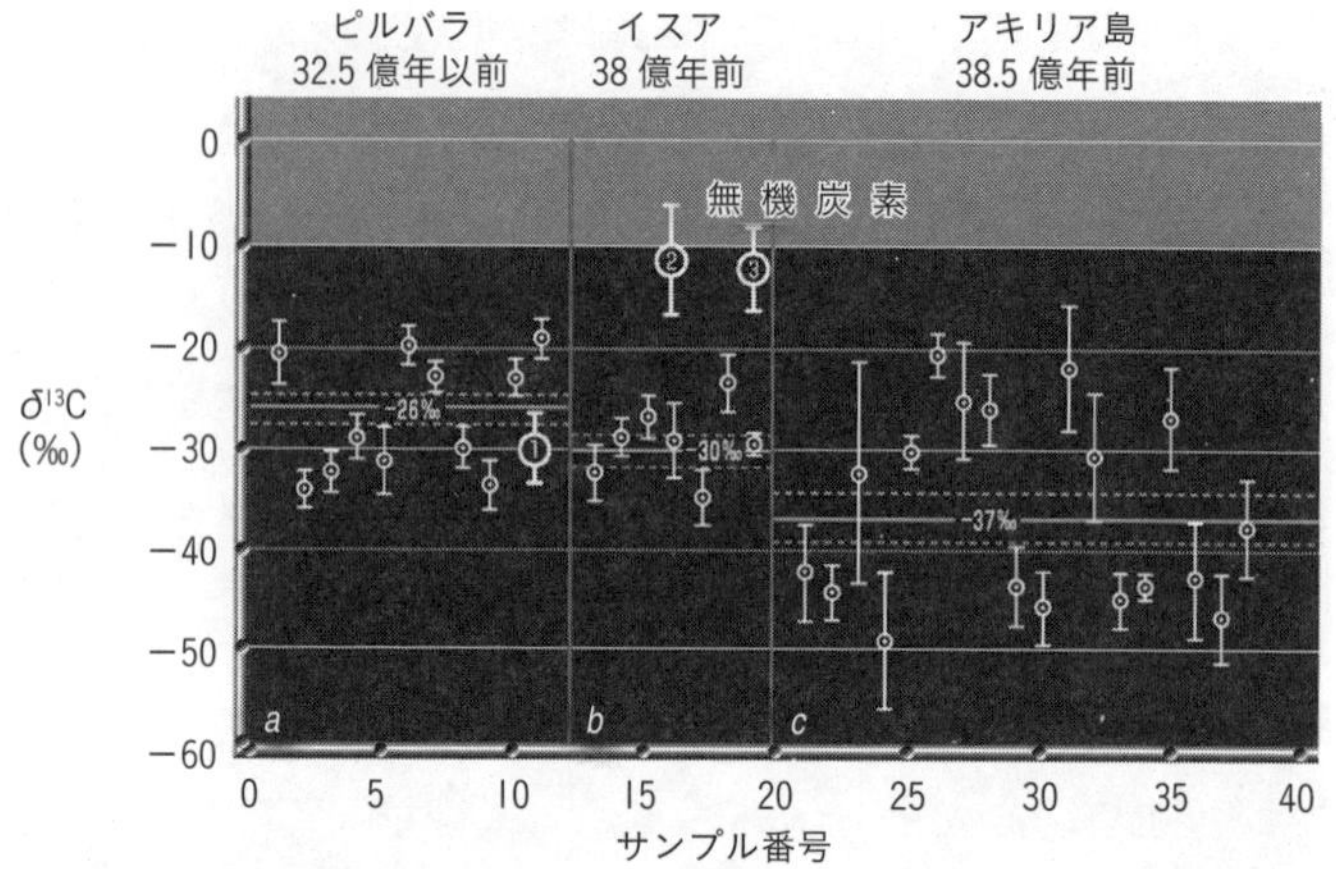

図 7-2　太古の岩石中の炭素粒の同位体分析結果

岩石中の炭素の粒の中にある ^{12}C と ^{13}C の比率を調べた。それを当時の無機炭素と比較してある。縦軸は 1,000 分の 1 を表し、パーミルと読む。炭素の粒の値がマイナスであることは炭素の粒が生物由来であることを表している。38.5 億年前の岩石中の炭素は、岩石ができたあとに入った炭素であることがのちにわかったので、最古の生命の証拠は 38 億年前ということになる。

出典：Mojzsis, S. J. *et al.* "Evidence for life on Earth before 3,800 million years ago" *Nature* **384**, 55–59 (1996)

核にある陽子と中性子の数の合計を表している。炭素原子の中には、中性子の数が一つ多い原子が2%ほどあり、^{13}Cと表される。中性子の数が違う同じ原子の事を同位体と呼んでいる。^{12}Cと^{13}Cの割合（同位体比率）は無機化合物であればほぼ一定なのであるが、この割合が生物では違ってくる。

生物の体をつくる炭素は動物の場合でも植物に由来している。植物の体の炭素は光合成によって二酸化炭素から有機物として固定される。光合成によって二酸化炭素が有機物に変換されるとき、最初にRubisCO《ルビスコ》と呼ばれる酵素が作用する。この酵素は地球上で最も量の多い酵素と言われている。ルビスコが二酸化炭素と反応するとき、炭素の同位体によって反応速度が違っている。^{12}Cと^{13}Cを比べたとき、^{12}Cと反応する速度のほうが^{13}Cと反応する速度より速い。したがって、植物の体の炭素は^{12}Cが多くなり、それを食べる動物の炭素も^{12}Cが多くなる。

38億年前の生物はまだ光合成を行っていなかった。しかし、光合成を行っていない場合でも、化学合成という方法で二酸化炭素を固定していたはずである。化学合成の場合にも光合成と同じ仕組みで^{12}Cが多くなる。こうした理由で、38億年前の炭素の粒の^{12}Cが多いことから、この粒は生物由来の炭素であろうと推定されている。

多数の生命の起源と絶滅

さて、生命の起源が何回あったのか、証拠は何も残ってない。しかし、前章で想定した生命の起源のシナリオの場合、RNAの合成場所が1カ所であったと考える理由はない。生命の誕生が1回だけだったと考える理由もない（図6-11参照）。

そもそも、RNAワールド誕生までの過程で多数のリボザイムが誕生し、多くは消滅したと考えるほうが自然である。RNA脂質膜（リポソーム）細胞も、何度もさまざまなものが誕生し、消滅した。こうして誕生したRNA細胞の中から十分に継続的複製ができる細胞が誕生すると、それが進化していった。それとは別に誕生したほかの系列のRNA細胞がとって変わるということも起きたかもしれない。

また、RNA細胞の中からタンパク質合成できるようになる過程が何回起きたのかも不明である。ここでも、さまざまなリボザイムを試し、その中から効率のよい翻訳リボザイムを持つRNP細胞が誕生したはずである。

さらに、たくさんのRNP細胞の中から、DNAを遺伝子とする細胞が誕生した。DNA細胞も何回も誕生したのかもしれない。ここでは、DNA複製酵素のよし悪しが試されたはずである。

DNA細胞はさらに、さまざまな温度に適応した。しかし、その中から現在の生物に進化した細胞は1種類だけであった。それ以前に存在した、RNA細胞も、RNP細胞も、初期のDNA細胞も、現在は残されていない。

こうした証拠は残されていないが、RNA細胞の誕生も、そのあとのDNA細胞に至る進化も複数回あり、絶滅と選択を経て現在の生命に進化したと考えるほうが自然である。

2　生命存続にはエネルギーが必要

生命が存続するためには絶えずエネルギーが供給される必要がある。細胞膜の外から栄養素を取り込むこと、分解してしまう成分を合成して補うこと、細胞分裂に備えてさまざまな構成成分一式を合成すること、こうした過程にエネルギーが利用される。

物理化学的には自由エネルギーあるいは、ギブスエネルギー、さらに厳密にはギブスエネルギー差が正しい表現であるが、本書では一般になじみの深いエネルギーという言葉で説明している。

動物は餌がなくなればやがて死んでしまう。動物は酸素がなくなれば間もなく死んでしまう。動物は餌の中の有機物と酸素を反応させてエネルギーを得て、それを生存のために使っている。どちらかがなくなれば、エネルギーを獲得することができずに死んでしまう。

動物以外の生物もさまざまな方法でエネルギーを得ている。そのさまざまな方法にはどのような方法があるのか。見慣れた方法もあれば、かなり奇妙な方法もある。こうした、さまざまなエネルギー獲得系が進化の過程で生物界に進化していった（図7-3）。

従属栄養

動物がエネルギーを獲得する方法は従属栄養と呼ばれる。文字通り、有機物をほかの生物に従属しているという意味である。動物は餌を食べるという方法で栄養を取り込む。栄養というどちらかというと非専門的用語であるが、動物が餌を食べる目的は、エネルギーを得るための有機物と体を構成する有機および無機の成分を取り込むことである。

細胞は有機物を酸素と反応させることによってエネルギーを得る。エネルギーは細胞内でのエ

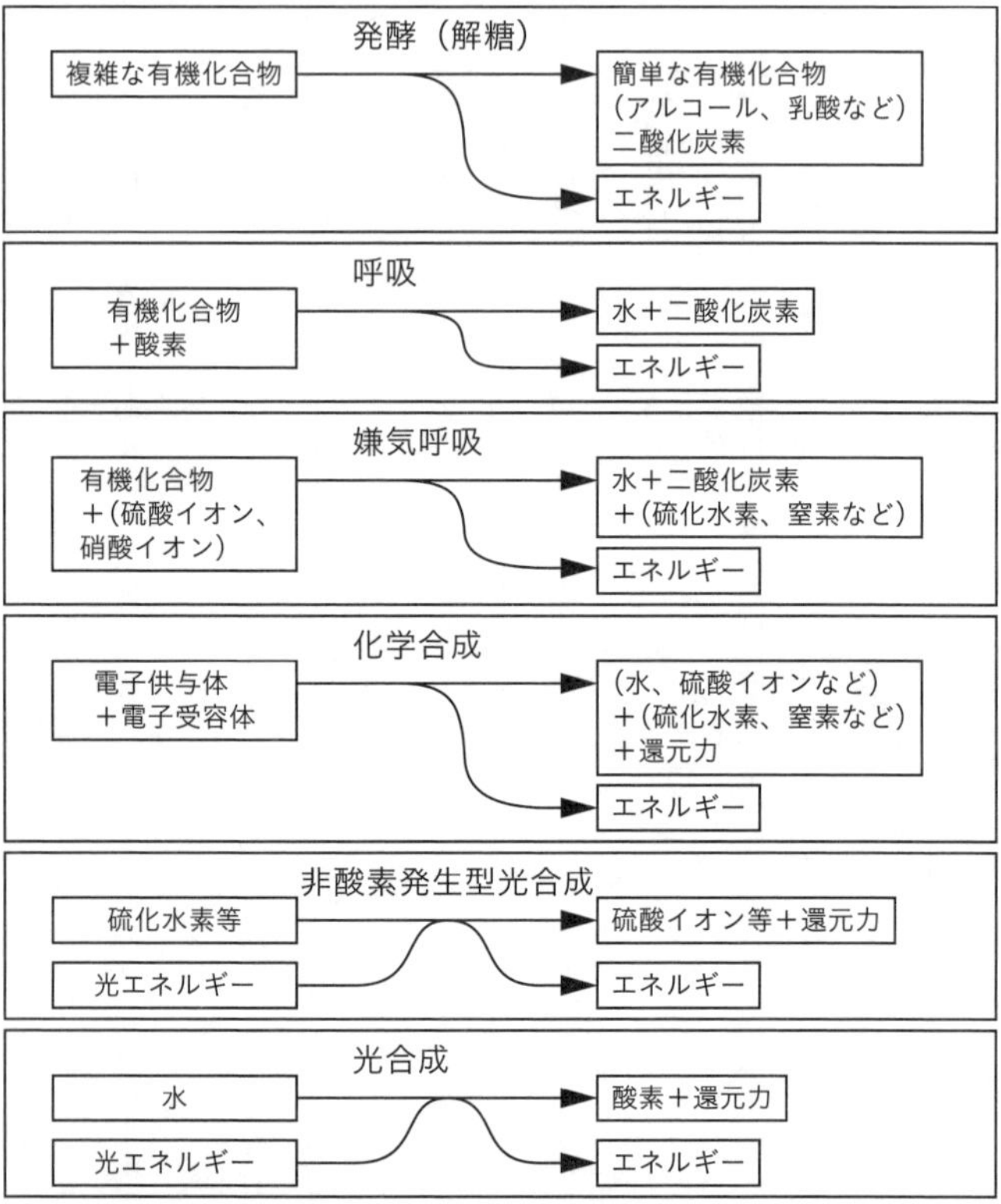

図 7-3　生物のエネルギー獲得法

複雑な有機化合物を簡単な有機化合物に分解する過程でエネルギーを獲得する方法を発酵（解糖）という。アルコール発酵、乳酸発酵などがある。有機物と酸素を反応させて、水と二酸化炭素に変える場合は呼吸と呼ぶ。酸素の代わりに硫酸イオンや硝酸イオンを用いる場合には嫌気呼吸と呼ぶ。以上 3 つは従属栄養。電子供与体と電子受容体と呼ばれる無機化合物を反応させてエネルギーを得る場合を化学合成と言う。光エネルギーを利用してエネルギーを得る場合が光合成であるが、水から電子を得る場合を単に光合成、硫化水素などを用いる場合には非酸素発生型光合成と言い区別する。これら 3 つは独立栄養。

海部宣男ほか編『宇宙生命論』東京大学出版会、2015 年、p. 22、図 1-9 を改変ネルギーの通貨、ＡＴＰに一度変換される。ＡＴＰは、細胞が外から必要なものを取り込んだり、必要なものを合成したり、大型の動物の神経活動や運動に使われる。つまり、ＡＴＰのエネルギーを用いてすべての生物活動が行われる。

細胞が有機物と酸素を反応させてエネルギーを得ることを「呼吸」と呼んでいる。動物が空気を吸い込むことをやはり「呼吸」と呼ぶ。動物は空気を吸い込んで酸素を取り入れ、それを体の細胞に配って、細胞の「呼吸」を助けている。微生物の場合に口から空気を取り込むことはないが、有機物と酸素を反応させてエネルギーを獲得する呼吸は行っている。

菌類つまりカビ、キノコ、酵母の仲間は口を持っている訳ではないので、何かを食べることはない。菌類は消化酵素を細胞の外に分泌する。分泌した消化酵素で主に死んだ生物の有機物を分解する。分解してできる比較的小さい有機物（アミノ酸、糖など）を細胞に取り込んでエネルギーを獲得する。

菌類が細胞の中でエネルギーを獲得する方法は動物と同じで、有機物と酸素を反応して呼吸によりエネルギーを得る場合が多い。しかし、有機物を酸素と反応しなくてもエネルギーを獲得することはできる。これは発酵と呼ばれている。アルコール発酵や乳酸発酵が有名である。お酒は菌類に属する酵母のアルコール発酵によってつくられる。発酵では糖の様に比較的大型の有機物を分解して、アルコールのような小型の有機物に変える際にエネルギーを獲得する。

従属栄養と言うのはいずれにせよ、ほかの生物のつくった有機物からエネルギーを得る方法である。

光合成

植物はほかの生物のつくった有機物を利用することはない。植物は太陽光を吸収してそのエネルギーを利用している。植物は吸収した太陽光エネルギーで水を分解して水素を得る。植物はその水素を用いて二酸化炭素から有機物をつくることができる。自分で有機物をつくれる生物は独立栄養と呼ばれる。光合成は光エネルギーを用いた独立栄養である。

化学合成と化学合成細菌

もう一つのエネルギー獲得方法が、化学合成と呼ばれるものである。身のまわりで化学合成をする生物はほとんどいない。化学合成する生物は化学合成細菌と呼ばれる。多くの種類の化学合成細菌が陸上の温泉や海底の熱水噴出地帯に生育している。化学合成細菌は光合成が誕生する前に、生態系をつくっていたはずで、生命誕生初期に重要な寄与をしていたはずである。

化学合成細菌は、二つの化学物質を反応させてエネルギーを獲得する。二つの化学物質の組み合わせはたくさんあり、その組み合わせを表7-1にまとめた。化学合成細菌には反応に用いる化学物質名に由来する名前が付いている。

表 7-1　化学合成細菌の種類

化学合成細菌はエネルギーを獲得するために還元型の化学物質（電子供与体）と酸化型の化学物質（電子受容体）の 2 つの化学物質を使う。その組み合わせによって、さまざまな化学合成細菌がいる。それらの化学合成細菌は化学物質の組み合わせによって名前が付けられている。酸素を電子受容体として用いる場合には酸化細菌、硝酸を電子受容体として用いる場合には脱窒酸化細菌と呼ばれる。水素を電子受容体とする場合には、硫酸還元菌の様に還元菌と呼んだり、メタン菌や酢酸菌のように還元反応で生成する分子で名前を付けたりすることもある。

電子供与体	電子受容体	化学合成細菌
S^{2-}, S^0, $S_2O_3^{2-}$	O_2	硫黄酸化細菌
S^{2-}, S^0, $S_2O_3^{2-}$	NO_3^-	脱窒硫黄酸化細菌
H_2	O_2	水素酸化細菌
H_2	NO_3^-	脱窒水素酸化細菌
H_2	S^0、SO_4^{2-}	硫黄硫酸還元菌
H_2	CO_2	メタン菌，酢酸菌
NH_4^+, NO_2^-	O_2	硝化細菌
Mn^{2+}	O_2	マンガン酸化細菌
CH_4	O_2	メタン酸化細菌
CO	O_2	一酸化炭素酸化細菌

シアノバクテリア

光合成生物というと植物であるが、植物が誕生するはるか前に光合成を始めていた微生物がシアノバクテリアである。シアノというのは紫色、バクテリアが細菌のこと、紫色をした細菌という意味である。シアノバクテリアは細菌の仲間なのだが、立派に光合成をする。太陽光を吸収して、水を分解して酸素を発生して、二酸化炭素から有機物を合成する。

シアノバクテリアが、植物の祖先に細胞内共生して葉緑体になった。したがって、植物が光合成しているのも、植物の中でシアノバクテリアが光合成をしていることになる。

光合成細菌

光合成細菌は光エネルギーを吸収して光合成できる細菌のことである。光エネルギーを吸収して二酸化炭素から有機物を合成することができるので、立派な光合成生物である。しかし、光合成細菌は水を分解することができない。二酸化炭素から有機物を合成するのには水素が必要だが、光合成細菌は水素を硫化水素や簡単な有機化合物から手に入れる。アルコールや有機酸などの有機化合物から水素を得て、二酸化炭素から糖をつくる。硫化水素はともかく、有機物から有機物を合成するというと変な感じがするが、発酵の逆と思うとわかりやすい。エネルギーの低い簡単な有機物からエネルギーの高い糖を光エネルギーを用いてつくる訳である。

シアノバクテリアも光合成をする細菌であり、まれにシアノバクテリアも光合成細菌に入れることがある。しかし、一般的にはシアノバクテリアは特別扱いで、光合成できる細菌ではあるが、光合成細菌には入れない場合が多い。水以外と二酸化炭素から光合成をする細菌が光合成細菌である。

エネルギー生産系の進化

エネルギー生産系の進化が、系統樹の解析からある程度はわかるが、その解析が意外と難しくエネルギー生産系進化の様子はあまりよくわかっていない。

遺伝子の情報でのエネルギー生産系の解明は意外と難しい。全生物の共通祖先コモノートはおそらく従属栄養だったと思われるが、化学合成をしていた可能性もまだ残っている。いずれにせよ、古細菌と細菌が多数の種に種分化する過程で、さまざまな化学合成システムが誕生していった。

化学合成には二つの化合物が必要で、その一方は従属栄養生物での餌に相当し、もう一方は酸素に相当する（表7-1）。餌に相当するものとしては水素や硫化水素、鉄やマンガンなどがある。従属栄養生物にとってはむしろ有毒な成分であっても化学合成細菌にとってはエネルギー源となる。酸素を利用する化学合成細菌も多いが、酸素を利用する細菌は好気性細菌と呼ばれ、酸素以外を用いる細菌は嫌気性細菌とも呼ばれる。嫌気性の化学合成細菌は硝酸イオンや硫酸イオン、炭酸イオンを酸素の代わりに利用する。こうした、さまざまな組み合わせの化学合成細菌が細菌と古細菌の進化にともなって誕生していった（図2-13）。

化学合成細菌の中には硫化水素を使う細菌がある。そういう化学合成細菌が進化して光エネルギーを吸収できる生物、光合成細菌が誕生したのかもしれないがまだよくわかっていない。また光合成細菌の中から水を分解できる仕組みを獲得したシアノバクテリアが誕生したのだろうと推定できるが、シアノバクテリアがどのように誕生したのか、特に水を分解して酸素を発生する仕組みがどのように誕生したかもわかっていない。

酸素を利用できるような細菌の誕生時期もきちんとわかっていない。酸素と反応する酵素の誕生はかなり古く、全生物の共通祖先は酸素と反応する酵素をすでに持っていた。しかし、当時の地球にはほとんど酸素がなかった。酸素と反応するこれらの酵素は、酸素を還元して解毒するために使われていたと推定されている。

ミトコンドリアのもとになった好気性細菌は、アルファプロテオバクテリアという名前の細菌の仲間なのであるが、この細菌群には紅色硫黄細菌と呼ばれる光合成細菌が入っている。ミトコンドリアの呼吸の仕組みと紅色硫黄細菌の光合成の仕組みには非常に似たところがある。ミトコンドリアの呼吸系は光合成細菌がもとになって誕生した可能性が高い。

3 生命進化には酸素が必要

生物はさまざまなエネルギー獲得系を進化させた。さまざまなエネルギー獲得系の進化は地球の環境を変えた。また、地球の環境が変わって初めて、生物の次の進化が可能となった。こうした生物と地球環境相互作用の鍵は酸素濃度の上昇である。地球の酸素濃度を上げたのは生物であるが、生物は酸素濃度の上昇に依存してすがたを変えていった。地球と生命の共進化と呼ばれている。

酸素の起源

酸素濃度がどのように上昇してきたかということはある程度わかっている（図7-4）。地球形

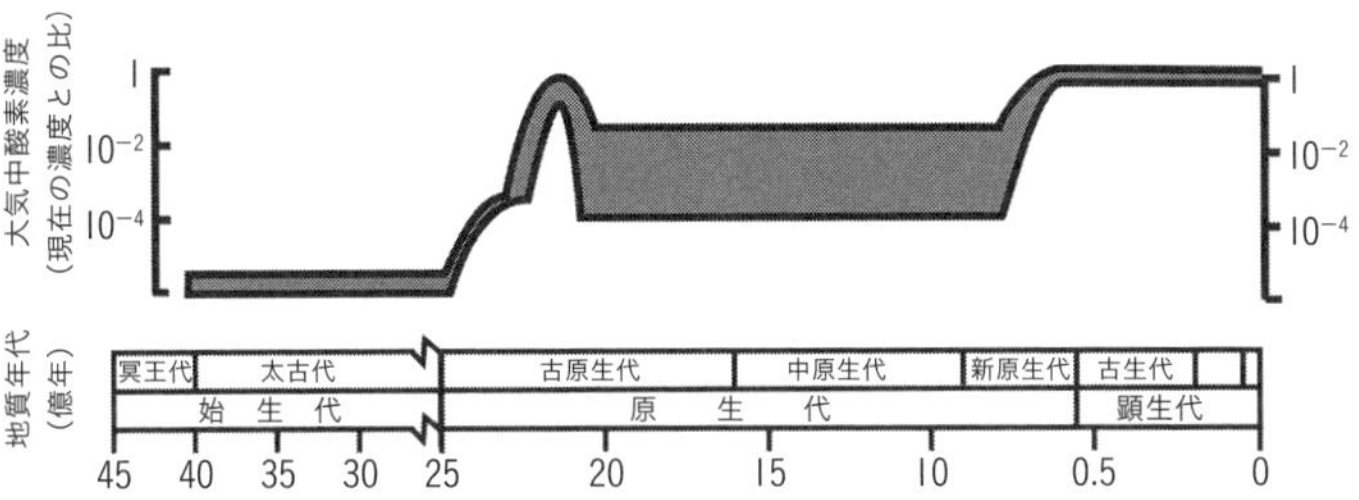

図 7-4　酸素濃度の変化

酸素濃度は現在の酸素濃度の比で表している。太古代の酸素濃度は現在の 10 万分の 1 以下であった。今から 23 億年ほど前に酸素が急上昇し、今の 1% 前後となった。今から 7 億年ほど前に再度、酸素濃度の急上昇があった。

T. W. Lyons *et al.* "The rise of oxygen in Earth's early ocean and atmosphere" *Nature*, **506** (2014) 307-315, Fig 1 を改変

成初期から最初の20億年間の酸素濃度は極めて低かった。今から23億年前頃に急速な酸素濃度の上昇が起きたが、その後も、せいぜい現在の酸素濃度の1%程度で高濃度とは言えない。今から数億年前、カンブリア紀の直前にほぼ現在と同じ濃度にまで酸素濃度が上昇した。しかし、それぞれの時代の酸素濃度の推定値は非常に大きな幅を持っていて、酸素濃度は重要な研究課題となっている。

酸素の発生はシアノバクテリアによっているはずであるが、シアノバクテリアのはっきりとした細胞の化石が発見されているのは今から21億年前で、その頃にはシアノバクテリアが糸状に多細胞化していた。おそらくそれ以前に単細胞のシアノバクテリアが誕生していたはずであるが、化石としては発見されていない。

今から20億年前頃、および今から数億年前、何らかの理由により酸素濃度の急上昇が引き起こされたが、その理由は長らく不明であった。その解明の鍵となっ

たのが全球凍結という現象である。

全球凍結

地球は液体の水を宿す惑星である。液体の水は凍るときに多量の熱量を出し、蒸発するときには多量の熱量を吸収する。この性質によって液体の状態が保たれる。液体の水を持つ地球の温度は一定に保たれてきた。

一方、水は危険な性質も持っている。太陽光をどれだけ吸収するかが地球の温度に大きく影響する。温度が低下すると、全地球が氷や雪に覆われる。すると地球が真っ白になり太陽光を反射してしまうために、温度がさらに低下してしまうのである。地球がいったん凍ると二度と溶けることはない。したがって、地球はこれまで地球全体が凍ることはなかった、とごく最近まで信じられていた。

ところが、驚くことに地球の歴史で全地球が凍結した証拠が発見された。それは氷河の発見である。氷河の存在そのものは、現在でも氷河があることを見ればわかるように、特に驚くべきことではない。驚くべきは、当時赤道直下にあった場所で氷河の跡が発見されたのである。このことは当時地球全体が凍結していたこと、全球凍結が起きたことを示している。しかもこうした時期は1回ではなく、今から約23億年前、約7億年前、約6億年前、少なくとも3回起きていたことがわかってきた。

この時期はしかも酸素の濃度変動の時期と一致している。全球凍結が起きた時期が、地球全体の酸素濃度が上昇した時期と非常によく対応しているのである。全球凍結と酸素濃度の関係が研究された。

全球凍結の起きた理由はよくわかっていないが、全球凍結のきっかけはメタンハイドレートの融解だったかもしれない。メタンハイドレートというのは、メタンを高濃度に含有した氷のことである。生物遺骸が地下深くで分解するとメタンを発生する。メタンは低温の環境では氷の中に閉じ込められメタンハイドレートとなり深海底に蓄積されている。温度が上がるとメタンが放出される。あるとき何らかのきっかけでメタンが放出されると、メタンは温室効果の非常に強いガスなので、地球の温度は上昇する。温度が上昇すると氷が溶けてメタンがさらに放出される。これだけだと温度が上昇しておしまいである。しかし、メタンハイドレートが枯渇してメタン放出が終わると、メタンは不安定なので分解される。メタンガスの温室効果が失われて急速に低温下して全球凍結したという可能性である。

さらに重大な問題点は、いったん凍結した地球がどのように溶けたかという問題である。地球はいったん全球凍結するとそう簡単には溶けない。地球が溶けるためには、温室効果ガスが高濃度（現在の数百倍、0・1気圧程度）になる必要がある。

しかし、全球凍結した地球では光合成が停止している。そこで、地熱活動によって大気中に放出された二酸化炭素は、数百万年かけて大気中に蓄積していった。温室効果ガスが十分蓄積すると、温度が上昇し全球凍結から脱出した。

温度が上昇すると、陸の浸食が進んで陸から海水中へ栄養塩が供給された。海水中栄養塩濃度の上昇はシアノバクテリアの大量発生を引き起こす。シアノバクテリアにより二酸化炭素濃度は低下、酸素の大量発生が起きた。これが、現在検討されている全球凍結と酸素濃度上昇の関係である。

細胞の進化と酸素濃度

さて、酸素濃度の上昇が、生物細胞の大型化、多細胞生物の誕生の引き金となったと信じられている。直感的にはわかりやすい酸素と細胞大型化、酸素と多細胞化の関係であるが、どちらかというと状況証拠によるところが大きい。状況証拠から、おそらく酸素濃度の上昇が、細胞の大型化と多細胞生物の誕生の引き金となったと信じられている。

まず、状況証拠として、化石の証拠がある。多くの大型生物の化石は、カンブリア紀以降ここ数億年間、顕生代と呼ばれる時代の地層に限って発見される。その少し前の先カンブリア末期、今から5億7000万年前の地層からエディアカラ生物群と呼ばれる多細胞生物化石が発見されている。これが、大型多細胞生物誕生時期の重要な証拠である。5億2000万年前の地層からは発生途中の動物の化石が発見された。この発生途中の動物（胚）の化石がどのような動物かはわからないが、多細胞動物であることは間違いがない。動物の胚の化石も、それまでには多細胞動物が誕生していたことの証拠となる。その直前までの酸素濃度は現在の1%程度であったが、この時期に酸素濃度が急上昇して、現代と同程度の酸素濃度となった。この化石と酸素濃度の関係から、多細胞生物の誕生には高濃度の酸素が必要であったと推定されるようになった。

大型の動物誕生には、酸素が必要な理由がある。それは、多細胞化する際に細胞と細胞をつなぎとめるための構造、細胞外マトリックスが必要になるという点である。細胞外マトリックスの代表にコラーゲンというタンパク質がある。化粧品の中の保湿剤として、あるいはダイエット食品としてご存知の方もいるかもしれない。コラーゲンができるためには、アミノ酸だけではだめで、酸素分子が必要である。したがって、酸素分子がないと多細胞動物が誕生できないのではないかと考えられている。しかし、コラーゲンは細胞外マトリックスの代表ではあるが、細胞外マトリックスはコラーゲンだけではない。ほかのタンパク質ではいけない理由もはっきりしないので、コラーゲンを多細胞化の必要因子と考える仮説はもう少し検討が必要かもしれない。

真核生物細胞誕生の時期は、大型生物の誕生時期に比べるとさらに曖昧な点が多い。35億年前以降には細胞の化石が複数報告されている。それらは、核を持たない原核生物の化石と信じられている。しかし、中には真核生物と同程度の大きさの化石も発見されている。そもそも、細胞の形と大きさから、その生物がどのような生物であるかを判定することはとても難しい。

もう少し大型の細胞化石として、グリパニアという名前の化石が21億年前の地層から発見されている(図7-5)。これは、大型の細胞が渦巻き状に多細胞化した化石である。グリパニアはお

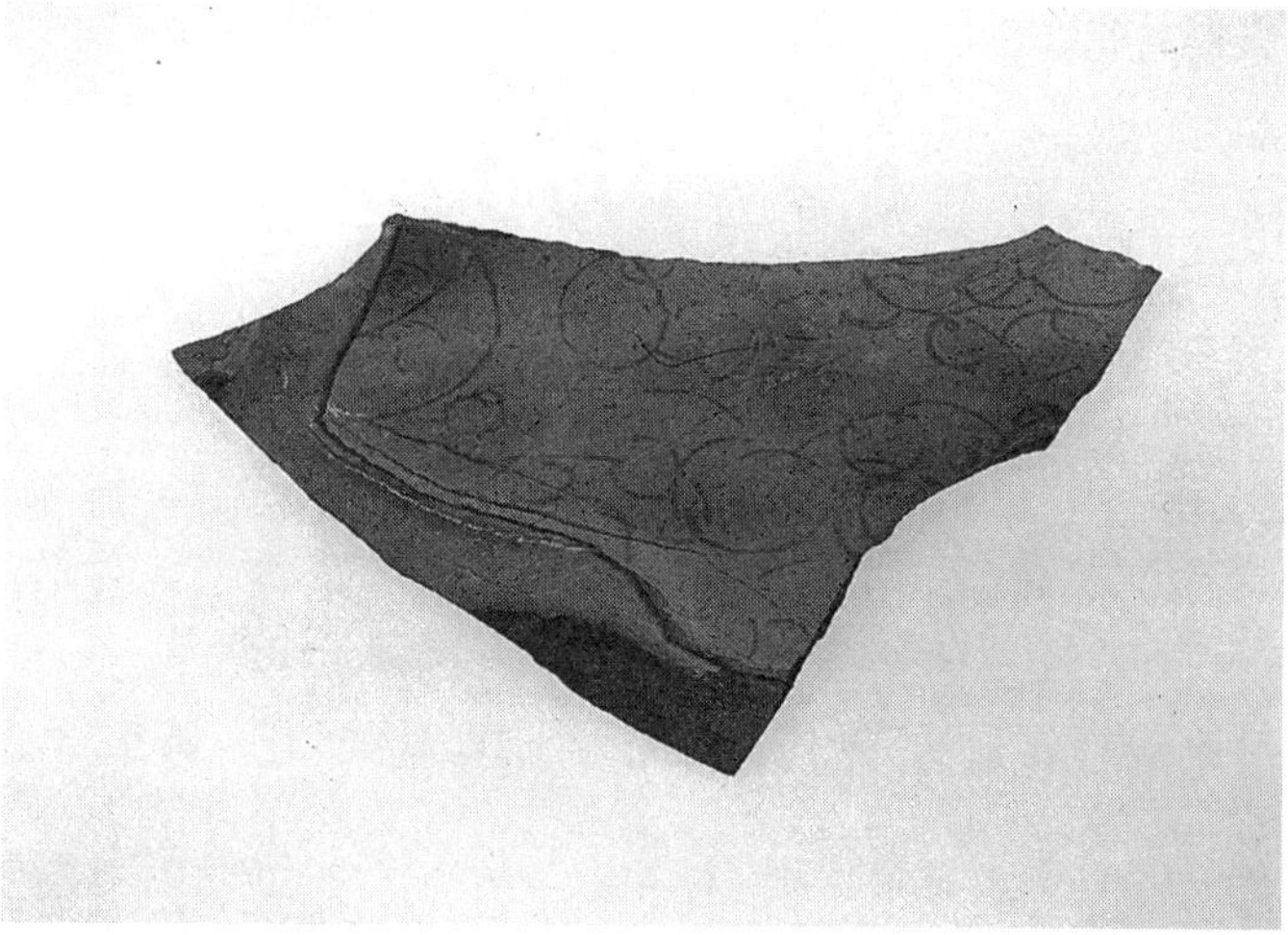

図 7-5　グリパニア
アメリカ合衆国ミシガン州の 21 億年前の縞状鉄鉱層から発見された。
提供：生命の海科学館

そらく真核生物であろうと推定されている。これが真核生物誕生時期の状況証拠となっている。

真核生物細胞の特徴としては、細胞が大型であることが酸素濃度の上昇と直接関連付けられる。細胞が大型になると酸素の拡散によって内部の酸素濃度を上げることが難しいのではないかという推定である。特に細胞が大型になると、表面積と内容積の比率が小さくなるので、酸素を取り込む効率は悪くなる。酸素濃度が高くなければ細胞の大型化が難しいのではないかと推論されている。

もう一つ、真核生物細胞にはステロールと呼ばれる脂質が使われている点が指摘されている。ステロールは真核生物だけが持つ脂質で、化石が真核生物かどうかの指標にされることもある。ステロールの合成にも酸素分子が必要である。真核生物はステロールを細胞膜の成分として使っている。しかし、真核生物の細胞膜がなぜステロールを必要とするのかわかっていない。したがって、これも検討が必要である。

酸素と生物大型化の関係はまだあまりよくわかっていない点もあり、今後の検討が必要である。

真核生物の誕生

真核生物の誕生では、真核生物細胞の起源となる古細菌に細菌（真正細菌）が共生してミトコンドリアになったという点は、いくつかの証拠によって支持されている。しかし、どのような古細菌がミトコンドリア共生の宿主となったかという点はさまざまな説があり、確定していない。多くの生物のゲノムドリア配列が解読される前には、部分的な証拠により10近い真核生物誕生のモデルが提案されていた。ゲノム解読によってそのいずれのモデルも支持されなかった。ゲノム解読の結果、真核生物の形成過程がかなり複雑であったことが浮上してきた。

おそらく、古細菌のいくつかの種が融合し、真核生物のもとになる種が誕生した。それに、アルファプロテオバクテリアという真正細菌の仲間が共生してミトコンドリアになり、シアノバクテリアが細胞内共生して葉緑体になった。しかしまだ、古細菌の中のどのような種が真核生物のもとになったのかは、研究が進行中である。

原生生物の二次共生

細胞内共生などというとたいへん特殊な、めったに起きないことであるような印象を受ける。しかし、細胞の中に細胞が共生することは、頻繁に起きることが明らかになっている。

植物の葉緑体は2枚の膜に囲まれている。これは細胞内共生の一つの証拠と考えられている。2枚の膜のうちの内側の膜は、共生したシアノバクテリアの膜に由来している。外側の膜は、宿主の細胞膜由来である。シアノバクテリアを細胞内に取り込むときに、細胞膜でシアノバクテリアを取り囲んだ結果、葉緑体が2枚の膜に囲まれていると理解されている。

ところが、クリプト植物のクリプトモナス（図7-6）という単細胞の藻類の葉緑体は奇妙な構造をしている。葉緑体のまわりの2枚の膜は葉緑体として普通だが、葉緑体のまわりにさらに2枚の膜があるのである。極めつけはその間にあたかも核のように見える構造があり、これはヌクレオモルフ（核様体）と呼ばれている。ヌクレオモルフの中にはＤＮＡが入っていたがその遺伝子を調べたところ、その遺伝子は紅藻と呼ばれる藻類のものであった。核の遺伝子は、紅藻とはまったく別の原生生物アカントアメーバの遺伝子であることがわかった（図7-7）。つまり、クリプトモナスという藻類は、アカントアメーバが別の藻類、紅藻を取り込んで誕生したのである。

藻類がもともと葉緑体を取り込んだことを一次共生と呼び、その藻類をアカントアメーバが取

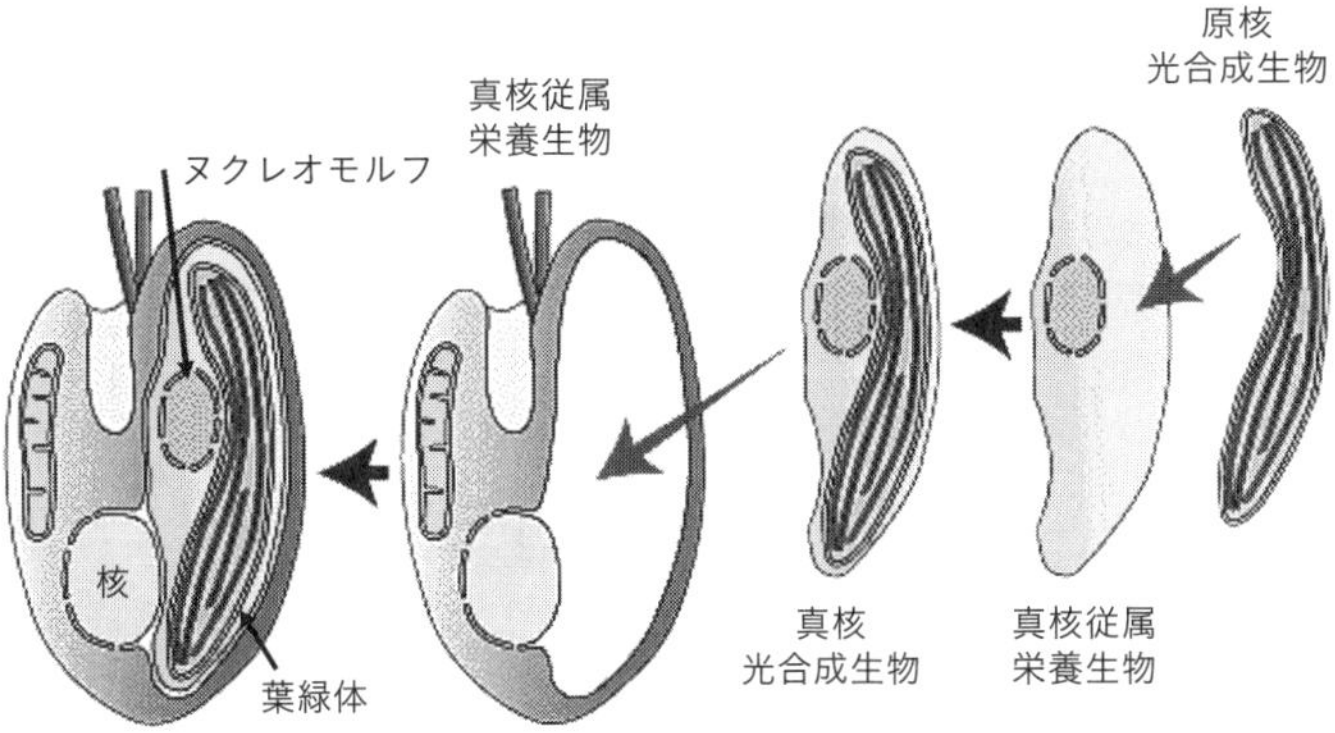

図 7-6　クリプト植物の細胞構造と共生過程
　クリプト植物の細胞（一番左）には葉緑体がさらに 2 枚の膜に囲まれている。2 枚の膜の内側にはヌクレオモルフ（核様体）がある。まず、原核光合成生物（シアノバクテリア）が真核従属栄養生物に取り込まれて（一次共生）誕生した真核光合成生物が再度別の真核従属栄養生物に細胞内共生（二次共生）したと考えられる。
原図提供：井上　勲 氏（一部改変）

り込んだことを二次共生と呼んでいる。

　この現象は驚くにはあたらない。ほかの藻類を取り込むという過程は、頻繁に現在も起きている。それは、ハテナという藻類である。この藻類は、細胞の中にほかの藻類を宿している。分裂をすると娘細胞の一方にはその藻類がなくなってしまう。すると、色がなくなる。しかし、環境中にほかの藻類がいればやがてそれを細胞内に取り込み、共生させて色を取り戻す。二次共生は特に珍しい現象ではなく頻繁に起きている。

　細菌類が真核生物に共生するたくさんの例も知られている。原生生物のアメーバに共生しているたくさんの種類の細菌が知られている。昆虫にも、しばしば細菌が共生している。共生している細菌が昆虫に必要

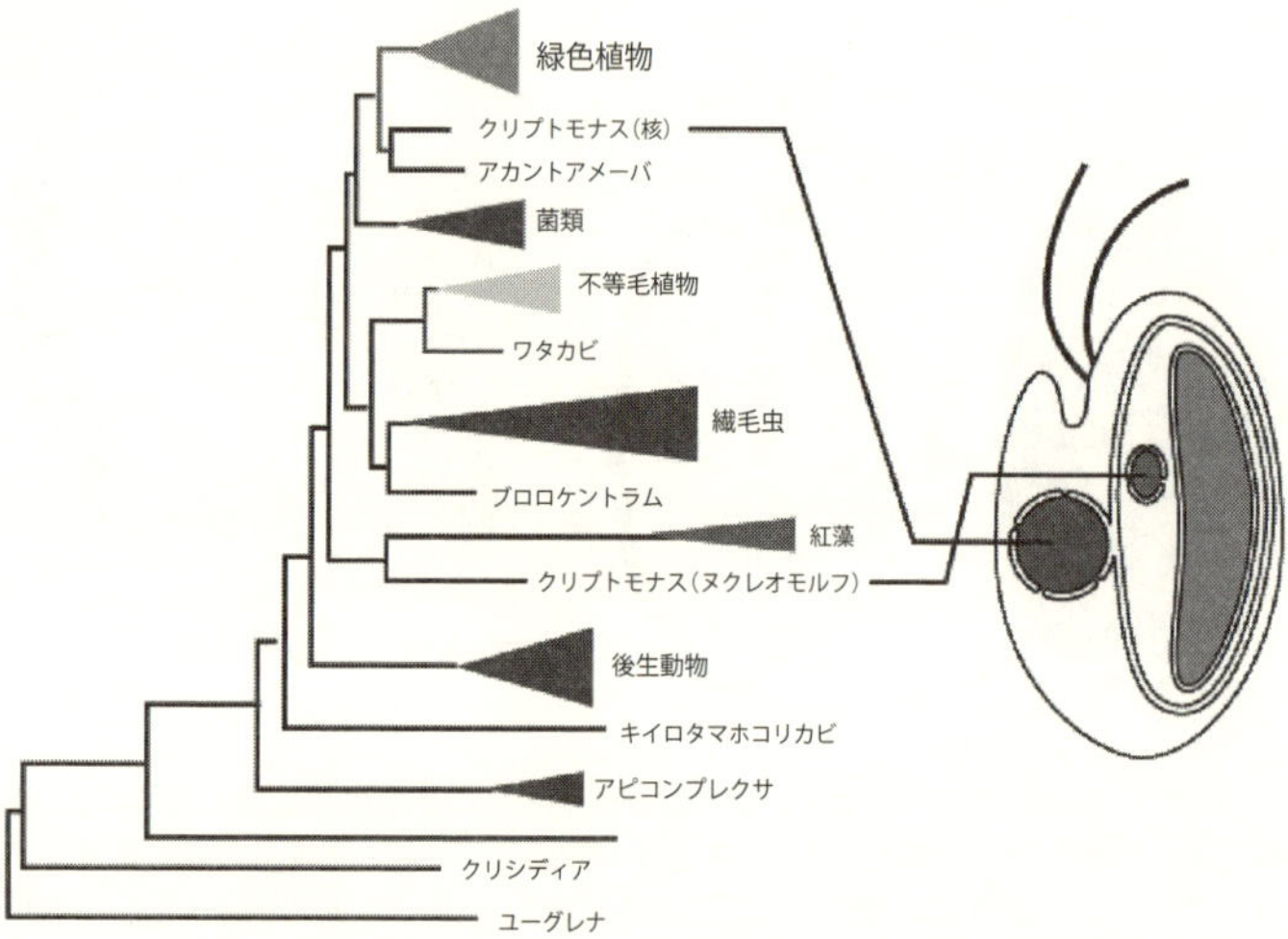

図7-7　クリプト藻（クリプトモナス）の核とヌクレオモルフの系統樹
　クリプト藻の核とヌクレオモルフの遺伝子を調べて系統樹を作成すると、ヌクレオモルフは紅藻に近縁であり、核はアカントアメーバに近縁であった。葉緑体を持つ紅藻がアカントアメーバに二次共生した証拠になる。
提供：井上　勲 氏

な栄養素を供給している場合も多い。

　細菌類が真核生物に共生すると、細菌のゲノムの大きさがだんだん小さくなることが知られている。共生した細菌はさまざまな栄養素を宿主から供給されるので、自分でつくる必要がなくなる。それをつくるための遺伝子ももはや不要なのでゲノムからその遺伝子が失われてしまう。ゲノムが小さくなってしまった共生細菌はもはや宿主の外では生きていけなくなる。ミトコンドリアや葉緑体のゲノムは極めて小さい。共生細菌で、その途中の過程が観察できているとも言える。

つまり、細胞内共生は自然界で特別のプロセスではなく、頻繁に起きていることがわかる。

なぜ真核生物なのか

真核生物は原核生物、細菌や古細菌に比べて細胞の体積が約1000倍大きくなっている。真核生物は細菌や古細菌に比べてゲノムも約千倍大きくなっている。真核生物は大きなゲノムと細胞を維持するための仕組みを進化させている。

真核生物は1000倍の大きさの細胞を維持するための仕組みを持っている。細胞を維持するためにはエネルギーが必要である。必要なエネルギーを細胞内に供給するために、細胞内にはミトコンドリアが張りめぐらされている。ミトコンドリアの日本語訳は糸状体である。糸状のミトコンドリアが細胞内に配置されて細胞内各所にエネルギーを供給している。

細胞が大きくなると、分子の拡散では移動速度が足りなくなる。細胞内でのタンパク質の移動のためにレールが張りめぐらされている。チューブリンというタンパク質のレールの上をダイニンとキネシンいう名前のタンパク質がほかのタンパク質を乗せて行き来している。真核生物細胞ではタンパク質分子を細胞内で移動させるための仕組みが進化している。

真核生物細胞は約1000倍大きくなったゲノムDNAを娘細胞にきちんと分配する仕組みも持っている。100分の1ミリメートルほどの大きさの真核生物細胞の中にはヒトの場合で言えば約2メートルの長さのDNAが収納されている。それを何重にも巻きとり顕微鏡でも見える短い棒状になったものが染色体である。染色体を二つの娘細胞に分配するのもチューブリンを使って行う。大きくなったゲノムDNAを分配する仕組みも真核生物で進化した。

しかし、真核生物特有の細胞内装置は必ずしも必須なものではない。例えば、ミトコンドリアを持たない原生生物は多数存在する。初期に大型化した真核生物祖先細胞の中で、ミトコンドリアやそのほかの細胞内の装置は、自然選択によってだんだんと獲得されたのかもしれない。

真核生物の誕生で最も重要な変化はゲノムの1000倍化である。これによって、さまざまな変化が可能になった。ゲノムの大型化は簡単ではなく、大型化した細胞を維持するための機構がさまざまに獲得された。これらの装置をつくるための情報がゲノムに収められなければならず、そのためには大型のゲノムが必要でもあった。ゲノムの大型化と、装置の複雑化のどちらが先かはわからないが、両者によってその後の多細胞化が可能になった。

なぜ多細胞なのか

初期に誕生した真核生物、原生生物は多細胞生物の細胞よりも大型化した細胞を持ち、細胞の中にさまざまな機能を持っている。その代表例を原生生物ゾウリムシに見ることができる。ゾウリムシは一つの細胞でできた単細胞生物である。

ゾウリムシには口があり、そこから餌を取り込む（図7-8）。餌を細胞食道を通して食胞にはこぶ。食胞内で消化された有機物は細胞質に取り込まれる。消化しきれなかったものは排出され

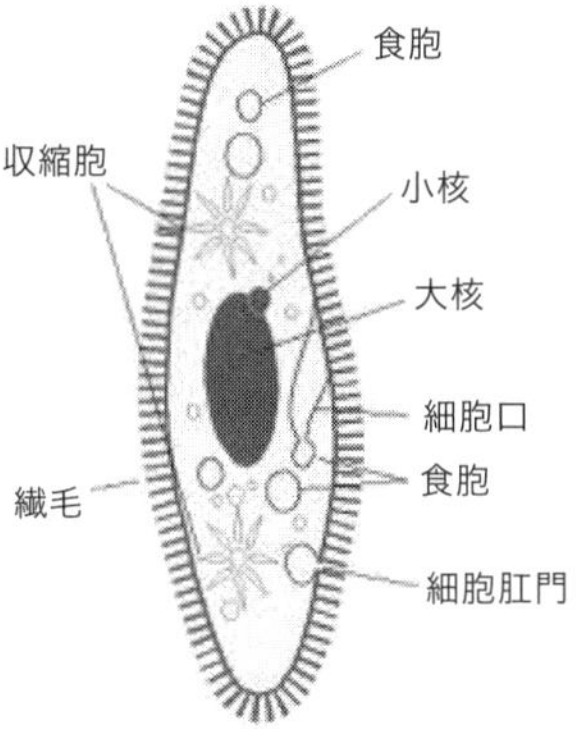

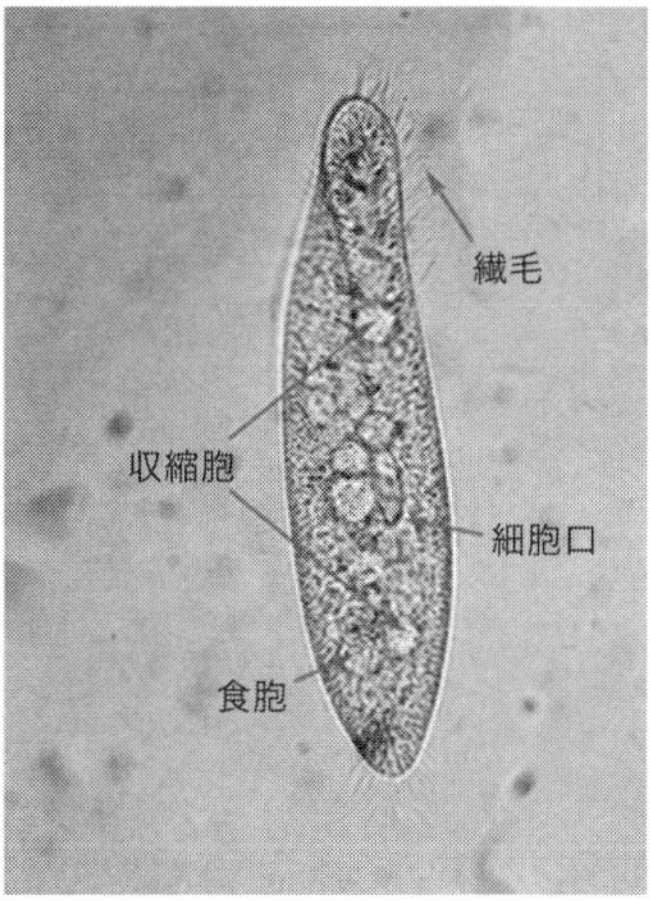

図 7-8　ゾウリムシの細胞内構造
細胞口から取り込まれた餌は食胞に取り込まれて消化される。消化されなかったものは細胞肛門から排出される。収縮泡は細胞の浸透圧の調整をしている。
提供：（左）法政大学自然科学センター　月井雄二 氏
（右）慶應義塾大学自然科学研究教育センター

る。多細胞動物では消化管で行っている消化作業が一つの細胞の中で行われている。

単細胞原生動物は、企業でいえば家内工業の社長である。社長が仕入れも会計も製造も営業もゴミ出しもすべて一人でこなす。しかし、一人でこなせる仕事量には限界がある。一つの細胞では大型化に限界がある。細胞の集団で分業する体制、多細胞生物が生まれた。

多細胞生物は、分業化した組織を生み出した。最初の分業が、腸の形成である。同時に神経も形成された。カンブリア大爆発の時期にはさまざまな体制の動物がいっぺんに出現しており、分業化した組織や器官の誕生時期や順はほとんど同時である。この時期に、脚、鰓、眼などのさまざまな構造が誕生している。

なぜ有性生殖なのか

原生生物は、さまざまな有性生殖を試みている。有性生殖の原型をゾウリムシに見ることができる。ゾウリムシは小核と大核を持っている。小核にはゲノムの一揃いが入っているが、そこからゲノムは複数セットとなり、大核を形成する。通常の環境では、大核と小核の複製を行い、細胞分裂によって増殖する。環境が悪化すると、ゾウリムシの大核は消失し、小核は四つに分裂する。ゾウリムシはほかの細胞と並んで、四つの小核のうちの一つを交換する（図7-9）。この過程は接合と呼ばれる。接合したそれぞれの細胞は、接合によってもとの遺伝子セットとほかの細胞の遺伝子セットの二つのセットを持つことになる。

多細胞動物の場合にも、遺伝子の交換を精子と卵子という特殊な細胞で行う。多細胞動物の場合には、ゲノムの一揃いを持つ卵子と精子ができあがる。精子は卵子と受精することによって、受精卵は父親の精子由来のゲノムと母親の卵子由来のゲノムの二揃いを持つことになる。

多細胞動物の場合には、親のゲノムが変わる訳ではない。親はやがて寿命で死んでしまう。しかし、精子と卵子が受精して母親と父親の両方のゲノムを持つ受精卵ができると、受精卵は発生して新しい個体となる。

ゾウリムシと多細胞生物で類似していることは、二つの細胞あるいは個体の間で新しいゲノム

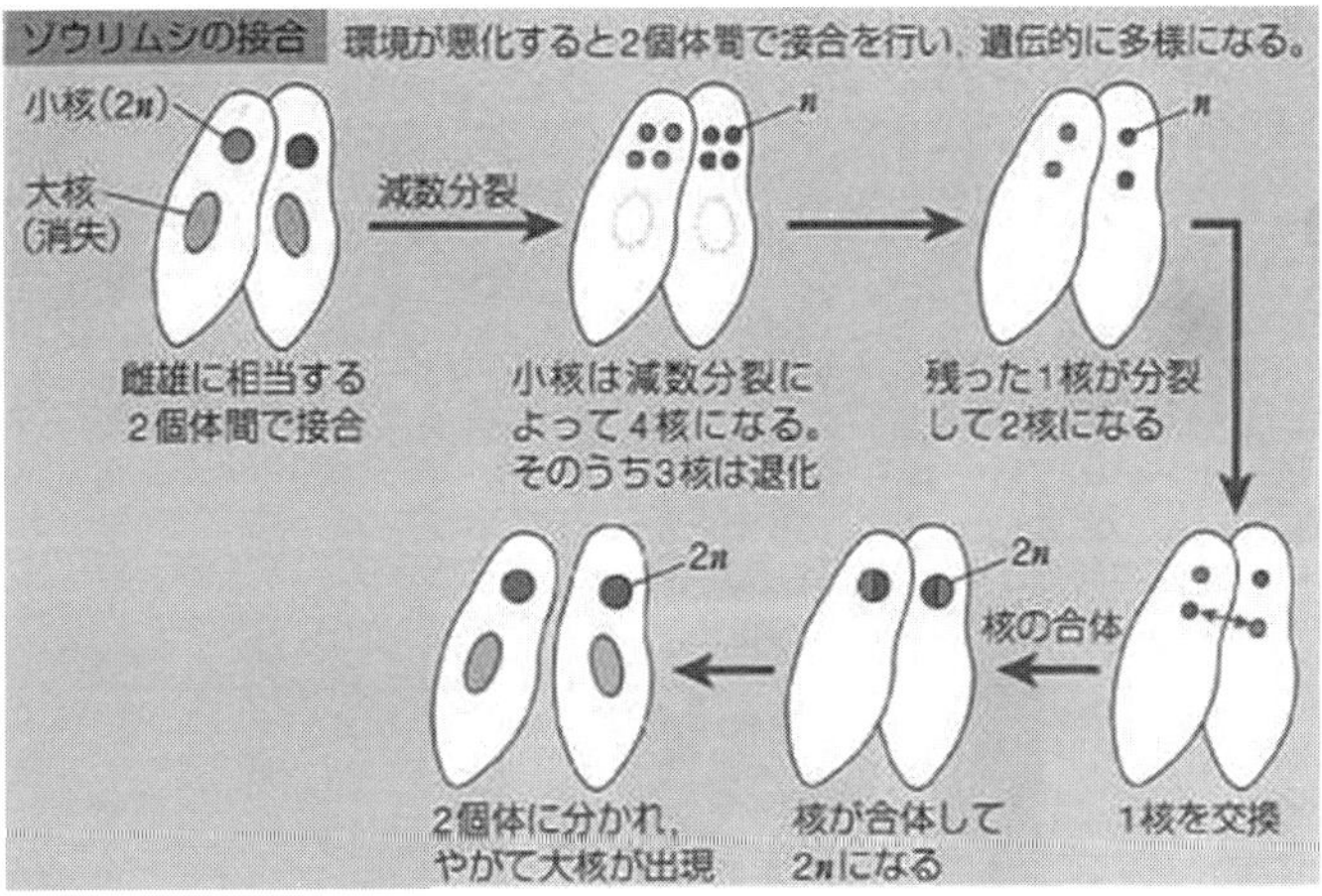

図 7-9　ゾウリムシの生殖

ゾウリムシは大核と小核（複相 2*n*）を持っている。環境が悪化すると二つの細胞が近接する。大核は消失し、小核の分裂で単相核（*n*）四つになったあと、一つを残して三つの小核は消失する。残った小核が分裂してそのうちの一つを交換する。別の細胞由来の二つの核が融合して一つの小核（複相 2*n*）になる。2 個体に別れ、やがて大核が出現する。

出典：鈴木孝仁監修『改訂版　フォトサイエンス生物図録』数研出版

の組み合わせをつくることである。この仕組みがないと、大きくなったゲノムの中には変異が蓄積していく。真核生物は原核生物に対して、ゲノムの情報量を１０００倍に増加させた。すると、その中に起きる突然変異の数も単純計算だと１０００倍近くに増加することになる。突然変異によって、遺伝子の機能がよくなることはもちろんあるが、すでに高度に進化してしまった遺伝子の場合には、突然変異によってよくなることよりも悪くなる場合のほうが多い。さらに深刻な問題は、たくさんの遺伝子を持つと、複数の遺伝子に突然変異が起きてしまう。するとたまによくなった遺伝子が誕生しても、ほかに多数の悪くなった遺伝子がある可能性が高い。するとせっかくのよい遺伝子を持つ個体が誕生しても、その個体が自然選択されなくなってしまう。

そこで、誕生した方法が有性生殖という方法である。重要な点は、もとの細胞の2セットの遺伝子から1セットの遺伝子の組み合わせをつくる過程にある。もとの細胞は遺伝子2セットを持っている。そこから遺伝子1セットをつくるとき、その2セットのうちのどちらから個々の遺伝子を組み合わせるかによってさまざまな組み合わせの遺伝子1セットができあがる。もとの細胞の片側のセットに悪くなった遺伝子があったとしても、もう一方のセットには変異のない遺伝子があるはずなので、1セットをつくる過程で悪くなった遺伝子を取り除いたセットもできる。この仕組みによって、蓄積していく不都合な突然変異を持つ遺伝子を取り除くことができるようになっている。その後、ある細胞の遺伝子1セットと別の細胞の遺伝子1セットの2つの遺伝子セットの組み合わせを接合あるいは受精でつくり出すことで、よくなった遺伝子を持つ遺伝子セットが誕生する。

生命進化の道筋の理由

こうして見てくると、まだ理由のわからない進化プロセスが多数ある。しかし、細胞内共生、多細胞生物における組織化、有性生殖の方法など、進化のそれぞれ過程でたくさんの可能性を試していることがわかる。例えば、我々がよく知る脊椎動物が採用している方法は、その一つであるが、それ以外のさまざまな方法が可能であり、脊椎動物に至った道はそれらのただ一つにすぎない。

これは二つの見方が可能で、実際研究者によって二通りの解釈が行われている。その一つは、例えばヒトに至る進化が、極めてまれな出来事であるという解釈である。先に紹介した、極めて多数の進化過程の中から、ヒトにたどり着いたのは、それぞれのステップでただ一つの系列だけだった。したがって、いくつもの選択肢の中で、たった一つが偶然選ばれてこなければヒトへの進化は起きない。その偶然の繰り返しの確率を考えるとヒトに至る進化の可能性は極めて低いという解釈である。

もう一つの見方は、ヒトへの進化は必然であるという考えである。ヒトへの進化はたくさんの可能性の選択の中から一つずつが選ばれることの繰り返しであった。しかし、それぞれの分岐では多数の可能性を試しているので、その環境が同一であれば、それぞれの段階で最適なものは必ず選ばれるであろう、という解釈である。つまり、それぞれの分岐点で多数の可能性の探索はランダムに行われるが、最適な選択は必然的に実現すると言える。この解釈であれば、ヒトに到達する道も多数の進化の道の中には必然的に開かれることになる。

この点は最後の章で再び検討することにしよう。

コラム　テラフォーミング――火星移住計画

火星に移住しようとする場合、最初はさまざまな資源を地球から持っていくしかない。しかし、最後は火星で自給自足を可能にしようというのがテラフォーミングである。テラは地球の意味で、テラフォーミングは地球に似た環境をつくるということを意味する。

火星には氷の状態で水は大量にあるので、水には困らない。大気圧が低いが、主成分は二酸化炭素であるので、光合成のための材料はそろっている。平均温度はマイナス50℃で、温度を上げることが最大の問題となる。

外気圧が低いので、ビニール風船あるいは東京ドームのような温室をつくり、内圧を高めれば構造を維持して農業を行うことができる。エネルギーは太陽電池が当面のエネルギー源となるNASAの探査車キュリオシティはメタンガスを検出した。2016年には欧州宇宙機構が火星の大気成分を分析する衛星トレース・ガス・オービターを打ち上げる予定である。この衛星でメタンの放出場所が特定できれば、メタンは有力なエネルギー源となる。

火星の温度を高めるためには、温室効果ガスと太陽光の吸収効率が鍵になる。太陽光の吸収効率を上げるために、火星表面にコケを生やすという作戦もある。温室効果ガスとしては、二酸化炭素が有名であるが、メタンも強力な温室効果ガスであり、水蒸気もその効果を持っている。水と二酸化炭素は火星地下にあるが、十分な温室効果を出すだけの大気中濃度を得るのはなかなかたいへんな課題である。

NASAは人工的な温室効果ガスを用いれば100年でテラフォーミングが可能であるという計画を提案している。しかし、そもそも何のための火星移住なのか、必要性がなければ、費用とエネルギーをかけて実現する意味はない。探査や鉱物採掘のためであれば局所的な居住場所を確保するだけでこと足りるはずである。

地球の人口増加、地球の環境悪化の深刻な事態となれば、火星移住も考えなければならない選択肢になるかもしれない。それでも、よっぽどのことがなければ、地球での問題解決のほうが費用対効果は大きいかもしれない。現在のところは、あらゆる可能性を検討しておくうちの一つと考えるべきであろう。

4　生命進化における外部記憶――遺伝子から文字へ

遺伝情報は、親細胞から娘細胞へ伝えられる。娘細胞によりよい遺伝情報があれば、その細胞は自然選択され、子孫に伝えられる。多細胞生物では遺伝子は親から子へと伝えられる。たくさんの子供の中に生存に有利な性質があれば、その個体は自然選択されその性質は子孫に伝えられる。伝えられる情報は遺伝情報だけである。進化は、突然変異と自然選択以外の方法で起きることはない。

いかに巧妙に見えても、進化は突然変異と自然選択によってしか起きない。例えば、ミツバチの働きバチは、蜜を発見すると巣に戻り、巣の中で踊りを踊ってほかの働きバチに蜜のある方向を教える。この方法は、ほかの働きバチに習うのではなく、生まれながらにして踊り方も、ほかの働きバチの踊りの意味を理解する方法も遺伝子の中に記録されている。

条件反射

多細胞生物の中には、遺伝情報には記録されていない情報を記憶できるものが出てきた。ネズミやイヌなどの哺乳類の場合には、何かの刺激とご褒美（餌）を繰り返しセットで与えることによって、それを記憶する。その結果、その刺激だけでご褒美を期待するようになる。反対に、何かの刺激とともに危害を加えると、その刺激だけで逃避行動をとるようになる。これらは条件反射と呼ばれる。遺伝子の情報を変えるためには、最低でも親から子へ一世代の時間がかかる。条件反射の場合には一世代の中でその行動を変えて、環境の変化により迅速に対応できるようになる。しかし、条件反射による情報の蓄積は一代限りで、親の条件反射が子供に伝えられることはない。したがって、条件反射の情報が世代を追って蓄積されることもない。

教育・学習

それと異なり、親から子へ情報が伝えられることがある場合には、その情報が蓄積し情報そのものの変化あるいは進化が起きる可能性がある。人間の親は、かなり原始的な社会であっても、狩りの仕方を子供に教え、どのような場所に獲物がいるか、どのような方法で獲物をとるかを子供に教える。

最初は、簡単な道具、骨や石で狩りをしていた。やがて、骨を削って針をつくり、魚をとるような方法を発明すると、それはほかの個体へ伝わり伝承する。石を割って、槍先をつくる方法を発明すると、それはほかの個体へ伝わり、伝承する。その方法を受け継いだ個体は、あるときその方法を改良して、ほかの個体へ伝える。情報の伝達は親から子には限定されない。師からたくさんの弟子に伝えられ、その中からよりよい方法が自然に選択され、さらにその弟子に伝えられる。これは遺伝子の伝達ではないが、情報のダーウィン型進化と言ってもよい。

それまで、遺伝子だけがダーウィン型進化していた時代を終え、遺伝子以外の情報、行動がある個体から別の個体に伝えられダーウィン型進化を始めたと言える。最初の技術の進化速度は遺伝子の進化と同じか遅いくらいだったかもしれない。石器の形状は数万年、数十万年かけてゆっくりと進化している。

親から子へ、師から弟子への技術の伝承は、最初は「見習う」という方法によって行われていたかもしれない。あるいは、手取り足取りという方法だったかもしれない。いずれにせよ、この方法で「コツ」を教えることは難しい。やがて言語が誕生すると、手取り足取りよりも少し教える情報が増えていった。

言語の最初の重要な寄与は情報伝達の同時性、遠距離性にあったかもしれない。言葉は狩りをするときに、お互いの位置を知らせ、獲物に襲いかかるタイミングを知らせるためには極めて効果的だったはずである。

言語が複雑化すると、伝承という形で、世代を超えた情報の伝達も可能になる。技術的な情報は依然、手取り足取りだったかもしれないが、より抽象的なより感情的な情報は歌や詩によって世代を超えて伝えられる。この情報は、人間の集団同士が競争する、あるいは争う場合に有効な情報を伝えていたかもしれない。

口頭での伝承の限界は、伝えるという操作がその現場、その一時に限定される点と、伝える内容の正確な伝達が難しい点にある。しかし、人間の記憶力は驚くべき量で、アイヌのユーカラやギリシャ古典詩イーリアスは口承によって伝承された。

文字

文字の発明は、この状況を一変する。それまで、生命がデジタルで保存できる情報は遺伝情報だけであったが、文字というデジタルな形式で情報を記録できるようになった。石に刻まれたヒッタイト文字、粘土に刻まれたくさび形文字、木簡に書かれた漢字、物理的限界はあっても、原理的には無限の情報の記録が可能となった。

文字情報のもう一つの長所は世代を超えて、情報を伝えることができるようになった点である。口頭での伝承が、伝わる間に大きく内容を変える可能性があるのに対し、文字を判読理解できるかどうかという問題はあるもの、文字によりデジタルな情報としては長期間伝達可能となった。

さらに、印刷技術の発明と発展により、情報の多数の受け手への伝達を可能にした。ここにきて、文字情報はダーウィン型進化に似た様相を持つようになった。

文字情報は文字情報としては、「機能」を持たないので、自然選択がかかることはない。文字情報は、読み手に解読され、理解されて初めて意味を持つ。文字情報は多くの場合、理解される段階で取捨選択される。その情報は、会話に使われて相手の反応を見たり、行動の参考にされる。有用な情報は何回も会話に登場し、行動の規範となり、再度文字情報として記録される。その間に、有用な情報が残り、多くの人間に伝わり、情報の改良が行われる。これはダーウィン型進化と言ってよいであろう。

さらに、文字情報の専門家も誕生している。報道関係者、文筆業、科学研究者たちである。彼らは、すでにある文字情報を解読理解し、現実に当てはめて評価し、そのまま発信したり、あるいは改良して発信する。報道関係者は現場取材という形での情報収集、文筆業は作者の経験からの創造、科学研究者は実験からの発見という形で新たな情報を付け加えて発信する。

発信者としては教育者が重要な役割を担っている。教育者は自分が入手した情報から、教育経験に基づき、取捨選択し、情報を整理して子供たちに発信する。

文字情報は、そのままでは機能を持たず、受け手によって情報の持つ機能が評価され、自然選択が行われる。人間が選択するのであるから、人為選択と言いたいところであるが、文字の受け手は無意識に有用な情報を取捨選択しているので、自然選択と言うべきであろう。

記憶装置

情報伝達と情報の記憶は今や電子的な伝達（インターネット）と記録に取って代わられつつある。かつての図書館に保存されている図書もデジタル情報化が進んでいる。

ここでも、情報が情報として保存されているだけでは、意味を持たない。情報は検索され、解読・理解されて、個人の行動の参考になる。インターネットでレストランを探し、グーグルマップでたどり着き、「いいね」を参考にして料理を注文する。アクセス数の多い情報は検索上位に行くという形で、ソフトウェアがダーウィン型進化を実現している。

情報処理の自動化もどんどん進んでいる。株価の変動は自動的に解析されて、あらかじめ定めたプログラムに従って、株価が下がれば売り、大幅に下がれば買う。ここではプログラムの成果が評価されることで、プログラムの改良が行われプログラムの進化が起きている。電子化した情報を利用する過程で情報処理プログラムが進化している。

設計と計画

人間の思考によって、アイデアに関しては最も急速な進化が可能になった。何かを設計する過程、何かを計画する過程では、頭の中で設計あるいは計画する。その過程で経験と知識に基づいて、その設計が適切であるか、問題がないかを思考、理論、計算によって検討する。この過程は、速ければ瞬時に行われ、問題があれば別の案が検討される。

設計や計画は一人で行われるとは限らない。異なった知識を持つ複数の専門家の共同作業として設計や計画が行われる。そこでも、いくつもの案が提案され、検討によって選択され、よりよいものが選ばれていく。

ダーウィン型進化は、遺伝の変異によって情報が変化し、その機能が試されることによって自然選択された。その1回の選択にかかる時間は世代交代、つまり親から子への遺伝情報伝達の時間で決まり、進化速度がその速度を超えることはない。

それに対して、一人の頭の中での思考実験は場合によっては瞬時に行われる。最後は計画を実施し、設計に従って製造することによってその機能は確認され、次の設計や計画に反映される。最終的には最後の実施によって、設計や計画のときに用いられた理論やデータが検証され、その理論やデータがダーウィン型進化する。計画、設計という方法によって、思考段階の速度は遺伝的な変異に比べて何桁も速くなった。

情報蓄積、情報進化速度の加速化

100年前の生活と比べたとき、我々の生活は大きく変わった。交通機関の発達、電気・水道・ガスに代表されるインフラストラクチャーの大きな変化や有線電話とラジオによる時代からテレビを経て、インターネットや携帯電話の時代になった。

さらに、こうした変化速度そのものすら速くなっている。変化が加速しているのではないかという実感がある。これを可能にしたのが、多量な情報をインターネット上の外部記憶におくシステムの進化、さらにシステムを開発するシステムの進化である。今やさまざまな製造分野では、新製品の発売と同時に次の世代の製品の開発が行われている。現在の生産システムの進化を農耕時代の農耕技術の進化と比べれば明白である。鍬によって農耕を行う時代は数万年続いた。現在の生産システムの進化は、10年単位で起きている。

生物そのものの進化は、はるかに遅かった、真核生物誕生までは20億年、多細胞生物誕生までその後10億年、陸上への上陸にその後5億年。これらの、進化速度の違いの一つはダーウィン型進化での変異とテスト時間が少なくとも一つの因子として関与している。

第八章 我々は未来を目指す
――宇宙を目指す

本章では、これまでの章をまとめてドレイクの式の値を再検討する。すると、なぜ人類は宇宙を目指すのか、答えとはいかないまでも、ヒントは見えてくる。そこでは、進化の偶然と必然が重要な鍵になる。我々人類は極めてまれな存在なのだろうか。

1　ドレイクの方程式

ドレイクの方程式（図8-1）が提案されて以来、何人もの研究者がドレイクの方程式を批判した。また、さまざまな研究の発展もあり、何人かの研究者がこの方程式の値の修正を行っている。

ドレイクの式の扱う範囲は一人の研究者のカバーできる範囲をはるかに超えている。ドレイクの検討も10人の研究者の共同作業であった。それにならって、日本の20人ほどの研究者集団で数年に及ぶ検討が行われた。その成果をもとに海部宣男博士がまとめた結果を、この節で紹介しておく。この検討には筆者も参加した。

知的生命の数：N

電波文明を持つ惑星が銀河系に何個あるのか。銀河系で強い電波を出し続ける文明を持つ惑星の数（N）は、次の式で計算することができる。すなわち電波文明を持つ惑星の数は、銀河の生存可能領域で毎年誕生する恒星の数に、さまざまな確率を掛け、最後に電波文明の寿命を掛けて推定することができる。以下の項目では個々の値を検討して、銀河系で電波を出し続ける惑星の数を推定する。

$$N = R^{*}_{CHZ} \times f_s \times f_p \times n_e \times f_l \times f_i \times f_e \times L$$

図8-1　ドレイクの方程式
各項の意味は本文を参照。

銀河系で生命が生存可能な領域に恒星が誕生する確率：R^{*}_{CHZ} = 1・25

この数字は、当初ドレイクが考えた項（R^*）を少し修正している。ドレイクは銀河系全体で1年に誕生する恒星の数を考えた。しかし、銀河の中には生命生存に適さない領域がある。そこで、考える領域を生命生存可能な領域に限定して係数を計算することにする。

銀河系の内側部分は銀河中心からのガンマ線や超新星爆発の影響で生命には適さない。また、銀河の最外側領域も生命に適さない。銀河は中心部から誕生して周辺部へ星形成が進んでいるので、最外側部分には重元素がまだ蓄積されていないからである。したがって、銀河の内側と最外部を除く10％ほどが銀河の中で生命生存に適している。

すると、全銀河の恒星の数、約1０００億個のうちの10％が生命に適した場所となる。その領域で恒星は80億年前から形成されている。したがって、その領域にある恒星の1００億個を恒星が形成されている時間80億年で割って、生命生存可能領域に1年に誕生する恒星 R^{*}_{CHZ} の数は1・25個となる。

恒星が生命生存可能である確率：f_s＝0・3

生命が誕生して、ある程度進化するためには、ある程度の時間が必要である。必要な時間は最低10億年と考えると、それ以上の寿命を持つ恒星は48％である。ただし、その中にはX線の強い恒星があるので、その分を引くと、30％となる。つまり、恒星が生命生存可能である確率f_sは0・3となる。

惑星系を持つ確率：f_p＝0・5

系外惑星が多数発見され、この数字はかなり正確に推測できるようになってきている。かなりの恒星が惑星を持つので、恒星が惑星系を持つ確率は0・5として大きな間違いはない。

惑星系にある生命を宿す惑星の数：n_e＝0・5

太陽系には水をたたえた惑星は地球のみである。火星初期には海があった可能性が高いが、十分に進化が進むまで海は続かなかったので、水を常にたたえた太陽系惑星は1個。太陽系以外の惑星系には大質量の巨大惑星を生む惑星もあり太陽系型とは限らない。そこで、岩石惑星を生む惑星系の確率0・5に太陽系の水を持つ惑星の数1を掛けて、惑星系にある生命を宿す惑星の数は0・5となる。

生命が誕生する確率：$f_l = 1$

ドレイクもこの確率は1としていた。地球で40億年前に後期重爆撃が終わって、おそらく1億年以内には生命が誕生している。1億年という比較的短時間で生命が誕生していることを考えると、この確率を1とするのは問題がなさそうである。また、もし火星に生命が今後発見されることがあれば、この1という確率はいっそう確かになる。その場合には前の項の数字 n_e は1にする必要も出てくる。

知的生命体になる確率：$f_i = 0.1$

この項の推定値の幅が最も大きい。生命は原核生物から真核生物、多細胞生物へと進化して、陸に上がり、四足動物を経てヒトに進化した。何段階ものステップを経て、地球上で知的生命が1種しか誕生していないことをもって、知的生命の誕生が極めてまれな現象であるという議論がある。しかし、それは進化のすべてのステップが偶然の産物であるという考えに立つ議論である。それぞれの段階で起きる突然変異は偶然であるが、その中から環境に応じて同じような形状の生物が誕生する収束進化の例を我々は多数知っている。同じ環境であれば、同じような生命が誕生する確率は高いとも言える。

また、言語体系と呼ばれる言葉まで到達したのはヒトだけであるが、極めて単純な言語であれば、ジュウシマツが言語を持つことが知られている。ヒトが誕生してから文明と呼ばれる文字を持つ文化であれば、代表的な文明だけでも地球上で4回誕生している。

この分野は、理系だけでなく文系の研究者との連携での研究が必要な分野である。さまざまな研究者の推定値は0・1から1まで開きがあるが、ここではカール・セーガンの推定値をとってf_iを0・1とした。

電磁波を用いる確率：$f_e=1$

知的文明を実現するうえで情報通信の重要性と、その場合の電波の有用性を考えると、電波を利用して、その電波が宇宙空間に漏れ出すようになるのは必然であろう。知的生命が、世界観を探求し、自然の原理を研究し、物理法則を知って、電磁気的現象にたどり着くのは自然の流れと言える。電波を用いた情報伝達によって、知的生命体集団は大きな利益を得ることができる。したがって、知的文明が誕生すれば、必ず電波を用いるようになるであろうと考えれば、f_eは1となる。

2 人類の未来

ドレイクの式を知った、セーガンはショックを受けた。文明がどのくらい永続するか、つまり知的文明の寿命によって、知的生命の推定数が非常に大きく影響を受けることを知ったからである。

ドレイクの式は電波文明を宿す惑星の数を推定する式である。しかし、この式にはその文明の平均継続時間、文明の寿命が項Lとして掛かっている。したがって、この式の右辺と左辺を入れ替えると、この式は文明の寿命を推定する式になる。つまり、もし銀河系での電波文明の数がわかると、電波文明の寿命、つまり我々の文明があと何年で尽きるかが予測できることになる。

人類の未来

前節で検討したドレイクの式の各項のうち、知的文明の寿命L以外の項をすべて計算すると、0・009となる。したがってドレイクの式は次のようになる。

$$N = 0.009 \times L$$

まず、知的文明ではなく、ともかく生命が存在する数を計算してみよう。ドレイクの式を少し変更すると、生命が存在する惑星の数が計算できる。

銀河系の中で生命が生存可能な場所ということで太陽系の周辺だけを考えることにすれば、銀河系で生命生存を考えるR^*_{CHZ}を考えるときに考慮した10％は考えなくてもよいので、生命生存確率は10倍となる。生命生存可能領域では右の式の0・009は0・09になる。その代わり、その領域の恒星の数は100億個になる。ともかく生命がいる恒星ということであれば、生命が生存し続ける時間Lは地球で生命が生存した時間と同じと考えてよいので、Lは40億年となる。生命を宿す惑星を持つ恒星の数Nは0・09掛ける40億（年）で、3・6億個となる。銀河系生命生存可能領域にある恒星の数は約100億個なので、30個の恒星のうち1個には生命がいることになる。カール・セーガンも同じような推定値を得ている。太陽系の意外に近くに地球外生命が見つかる可能性がある。

さていよいよ、電波を用いる知的文明の寿命はどれくらいになるだろうか。推定値の中で、電波文明の寿命Lのばらつきが100年から10億年までと最も大きい。人類に対する見方によって、この推定値は大きく影響を受けてしまう。

戦争を繰り返し、核爆弾を溜め込んだ愚かな人類という認識に立つと、人類はすぐにも滅びてしまう、寿命は100年という悲観論が最も短い予測である。この推定値には、個人の世界観が色濃く現れてしまう。仮に現在のヒトの知的文明が滅んでも、ほかの生物による知的文明が誕生するかもしれない。その繰り返しを考えると電波文明の継続時間ははるかに長期間になるという考えも成り立つ。

ヒトの祖先アウストラロピテクスの誕生は今から数百万年前であるので、また数百万年経てばほかの生物から知的生命が誕生してもよい。そう考えると、我々人類が滅びたとしても、地球上にはまた別の知的生命が誕生するかもしれない。それを、知的生命の寿命に入れて考えれば、文明の寿命ははるかに長期間になる。

今、電波文明の寿命としてドレイクと同じ1万年を仮定すると、銀河系の中の電波文明の数Nは90となる。銀河の大きさから、文明間の平均距離は3200光年となる。しかし、寿命が100万年であれば、平均距離は320光年となる。反対に寿命が100年であれば銀河の中には地球一つしか電波文明はいないことになる。これが、海部宣男博士のまとめた20名の研究者グループの検討結果である。

法則を知る

さてここまで検討を進めると、何かの予測をするためには、データ、何かの知識が最も重要であることがわかる。系外惑星の観測が進んで、たくさんの系外惑星のデータが手に入り、惑星に関する推定は50年前に比べてはるかに正確になった。

生命に関する知識も50年前に比べて、各段に進歩した。遺伝子に関する知識と、遺伝子工学の進歩によるところが大きい。しかし、惑星系に関する知識と比べたとき、生命に関する知識が地球生命に限定されているという点が、非常に大きな制約になっていることがわかる。もし今後、どこか地球以外で生命体が発見されるならば、我々の生命に関する知識は飛躍的に増大する。

それまでは、地球生命に関してできる限りの知識を集めるほかない。その中で、重要なことは、地球生命の法則、生命の進化の法則を知ることである。物理法則の知識は機械文明の基礎となり、宇宙に関する知識の源となった。生命法則の発見は今後、我々の世界での生命に関する文明の基礎となるはずである。

以下では、まだ「法則」とはとても言えないが、生命進化の様子を、大きく見る試みをしてみよう。

3　生命の進化

生命の進化は段階を追って進行した。それぞれの段階では適応放散すなわち大々的な変異の発生とその中での最適解の探索を行っている。それぞれの適応放散は完全にでたらめ（ランダム）に試しているが、最適解はそのときと場所の環境によって選択される。したがって、環境が類似しているときには、類似の生命形態が選択される可能性は高い。地球上でたびたび起きている収束進化にその証拠を見ることができる。

ここまでは、それぞれの出来事が起きる確率の議論をしてきたが、ここでは、どの程度起きやすいかという論拠とともに、誕生した知的生命が我々とどの程度似ているかを検討していく。これまでの議論にも増して、広い分野の知識が必要である。何よりも、まだ研究が行われていないという難問も多く含まれる。

生命が誕生・進化する環境

太陽と同じくらいの大きさの恒星はG型星に分類される。G型星は銀河系で普遍的に存在する星の種類の一つである。中心星、その惑星系の太陽の大きさが我々の太陽と同じだと、温度が同じである。すると放射される光のスペクトルも同じで可視光線が最も強い。寿命も同じくらいで100億年以上になる。

系外惑星の探査の結果から、地球型、地球と同じくらいの岩石型が複数見つかっている。G型星にも地球型の岩石惑星が誕生する確率は低くない。水の量に関してはまだよくわかっていないので、どのような機構で適度な量の水が岩石型惑星にもたらされるかの検討が進んでいる。惑星系円盤の中で、スノーラインより内側では水は昇華してしまうが、スノーラインの外側から来る微惑星によって水は供給されるかもしれない。太陽系でスノーライン内側の火星と地球で海ができたことを考えると、岩石惑星に海ができることはそれほど難しくなさそうである。

もう一つの不確定な問題は、陸ができたかどうかである。惑星形成初期には地熱活動が活発で、マグマ活動や火山活動はあったはずである。水と火山活動によってできた44億年前のジルコンや花崗岩が見つかっているので火山ができたことはわかっている。問題は水が多すぎて、せっかくできた火山も水の上に先をのぞかせることができたかどうかはわかっていない。それでも、地球でも40億年前には陸地ができた。火星では初期から陸があり、地球でも誕生数億年後には陸ができたことを考えると、陸ができることもかなり高い確率でありそうである。つまり、太陽系型の惑星系に地球に似た岩石惑星があり、そこに海と陸が誕生するということは特に無理のない過程と言える。

生命の材料

陸で誕生する生命の材料は何なのか。銀河系の太陽系がある領域では、元素組成は太陽系と同じである。宇宙には多量の有機物があって宇宙塵にのって惑星に到達するので、どの惑星系のどの惑星でも有機物が大量に到達する。したがって、有機物で生命ができることはどの惑星でもまったく無理がない。

どのような種類の有機物で生命ができるのかという点は、少し検討が必要である。しかし地球上で進行した有機物合成でも、隕石中でもアミノ酸は多量に検出されるので、アミノ酸を用いた生命が誕生することも無理がない。

生命がエネルギーを取り込み、自己の維持と複製を実現するために、遺伝情報なしにできる可能性は思いつかない。しかし、遺伝情報を保持するための分子が、DNAなのかRNAなのかあるいはそれとも別の分子なのか、まだはっきりわからない。遺伝情報は必ず用いると思うが、核酸以外の遺伝情報分子を用いている可能性もある。

遺伝情報を記録するためだけであれば、AとT(U)、GとCのように組み合わせをつくる分子構造があればよい。実際、これ以外の組み合わせが、天然にも人工的にも多数見つかっている。一方、アデニン、ウラシル（チミンの代わり）、グアニンとシトシンはほかの分子構造と比べて紫外線に強いという実験結果もある。ほかの組み合わせは可能であっても、何か生命が誕生する場所での適応で四つあるいは五つの塩基が選ばれた可能性もある。

膜の材料は現在もさまざまな脂質が使われているので、脂質分子は何であってもよい。しかし、どのような生命も脂質分子でできた膜は持っているはずである。その細胞の大きさも、細胞内の機構を持たない原核生物の場合には、あまり大きな細胞は分子の拡散に時間がかかるので、大きさは1マイクロメートル程度、真核生物の様に細胞内部にさまざまな機構を持っても10マイクロメートル程度の大きさになる。

つまり、誕生する生命が持つ遺伝子がどのような分子になるのかという点はよくわかっていないが、生命が有機物でできおそらくアミノ酸も利用している。細胞は脂質で囲まれ、大きさは1から10マイクロメートル程度である可能性が高い。

多細胞生物となった生物

生物が多細胞化して、動き始めた場合には、餌をとるための口と排出するための肛門が必要である。各所の細胞の動きを統率するための神経系も必要になる。多細胞でない原生動物の場合にも、細胞内に同じ機能を持つ構造がつくられていることは、こうした機能を持つ必然性を示唆している。

さらに大型化した場合には、物質運搬のための水管系あるいは血管系も必要になる。節足動物では、血管系は閉じているわけではなく、血液を送る管はあるが、心臓に戻る管はなく体腔の中を通って血液は心臓に戻ってくる。しかし、いずれにせよ液体がものを運ぶために用いられているという点は共通している。液体の物質運搬系という意味での血管系は必然なのであろう。

海の中で餌を食べるためには泳ぐという動作が有効である。水中では浮力を調節すれば、体を支える必要はない。水を適量持つ惑星の大きさと温度はある範囲内になるので、その海の密度と粘度は地球の海と同程度になる。高速で泳ぐためには、流線形の体となる。水の密度と粘度にあった形は流体工学的に決まってしまうので、地球でもさまざまな生物種での収束進化が見られている。

移動するためにはひれが有用である。ひれの数と形はさまざまであるが、筋状の構造体とその間をつなぐ丈夫な膜でできている点は魚類で共通している。

陸上に上がると、移動のためには蛇のような蛇行運動と、脚を使った移動のどちらかが必要になる。脚のほうに利点があるのだろうと思うが、蛇行運動する爬虫類が陸上にもいることを考えるとその利点もあるはずである。ここでは、脚を持つ動物も誕生するであろうということにしておく。

脚の数が奇数の動物はいない。たまにカンガルーなど尾を使って奇数本の支えを持つ場合がある。1本脚は蛇行運動を除くと見当たらない。脚の数は2本から数百本の可能性があるが、大型の動物はすべて4本である。脚を多数つくること、脚を多数動かすことのコストがあり、少数の脚のほうが効率的なのかもしれない。すると脚の数は脊椎動物型の4本か、昆虫の6本である可能性が高い。

手と道具の利用

我々ホモ属は、手を使い、道具を作成し、ものを投げて狩りをするようになった。そのプロセスはまだ研究の最中のようであり、いよいよ筆者の情報の範囲を超えるので、そのプロセスには残念ながら詳しく触れることができない。道具を作成し、ものを投げて狩りをするという例はヒトの成功例しかないので根拠は乏しいが、生態系では有利であると思われる。ものを投げるだけであれば、手の数は1本でも足りるが、道具を作成するためには手は最低2本必要である。ここでもコストを考えれば2本で十分ということになる。

感覚器官

ほかの惑星でも、太陽からの距離と惑星の大きさが我々の地球と同じくらいであれば、同じような気圧の大気を持ち、太陽からの可視光線が当たっている。まわりの環境を把握する手段として、眼と耳を持つことは生存に極めて有利になるはずである。感覚器である眼は、大概の動物が持っている。地球程度の大気があれば、音波も外界探知の有効な手段となる。感覚器としては、眼と耳を持つ可能性が高そうである。

眼と耳が二つであることは、それなりに理由がある。眼が一つでは、距離を知ることができない。耳が一つでは方向を知ることができない。また、生存に非常に重要な器官は二つ持つことで、一つが機能を失った場合にも何とか生存できる。他方、三つ以上あった場合の利点はなく、コストがかかるので三つ以上はむしろ不利になる。

また、動物にとって捕食と呼吸が極めて重要であることから、捕食器「口」と呼吸器「鼻」を1カ所に集め、その周辺に感覚機能、視覚、嗅覚、聴覚、味覚を集めていることは合理的である。これらの機能は進化的にはむしろあとから別の器官となったもの（例えば口と鼻はのどでいっしょになっている）も多いので、進化的な理由もあるが、それにしても口と感覚器を1カ所にまとめておくことは合理的である。

これらの器官の中で、口は固体や液体を取り込むので、それよりも下部に感覚器官がくることはリスクがある。こぼれた食べ物が眼や鼻にかかっては危険である。つまり眼や耳、鼻よりも下側に口がくるのも理由がある。口と鼻が接近している点は、発生進化的にもともとつながっている点に由来しているかもしれないが、食べ物の匂いを嗅げるメリットは大きい。

ハチやトンボなどの昆虫の体がつくられる仕組みは、脊椎動物とはかなり違っている。昆虫の眼が、カメラ眼でなく複眼であることはよく知られている。それにもかかわらず、ハチやトンボの頭には口の上に二つの複眼がついている。ついでに、昆虫の重要な感覚器である触角も頭についている。感覚器を口の近く、口の上側にもつという進化は、地球で複数回誕生していることになる。

体の大きさ

その知的生命の大きさの下限は脳細胞の数によっている。細胞の大きさには10マイクロメートルという下限があり、高度な知的活動のために脳細胞の数がある程度以上必要であれば、脳の大きさには下限ができる。ホモ属の進化が脳容積の増大の歴史であったことを考えるとヒトの脳の大きさくらいが必要な大きさなのかもしれない。

脳のある程度の大きさが必要であれば、その代謝を支える内臓系が必要となる。ヒトと同じ程度、10センチメートル程度の脳の代謝を支える内臓系を考えると、1メートル以下の知的生命体は考え難い。

上限のほうは、物理的強度に依存する。恐竜は巨体を支えるために、強大な骨を持っている。あまり大きな体では、体を支える骨とそれを動かす筋肉量が大きくなりすぎる。筋肉量が増えるとさらにそれを支える丈夫な骨がいるというジレンマに陥る。つまり体の大きさには限界がある。地球と同じような大きさの惑星には同じような重力があるので、恐竜以上の大きさの生命体は考えがたい。つまり、太陽系外惑星の知的生命体は1メートルから20メートル程度のはずで、かなり無理をすればたぶん握手ができるはずである（悪意がなければ）。

道具の利用

道具の進化は石器の進化として記録されている。最初の石器は単に石を割ってつくったものであるが、その割り方が時代とともに複雑巧妙になる。その過程には何万年もの時間がかかっている。石器を磨くようになり、土器を使い始める。やがて、金属を利用するようになると数千年で、青銅、鉄と急速に道具そのものの改良、進化が起きている。

石器の材料となるケイ酸を主成分とする岩石は、地球地殻にも隕石中にも見つかる。土器をつくる材料となる粘土鉱物も地球と火星で見つかっている。鉄は鉄隕石として地球にやってくる。道具をつくる材料は、岩石型惑星であればおそらくそろっている。

動物が餌をとるための手立て、牙や爪は進化によって獲得された。ヒトは進化によらず、道具をつくるという手法でトラやライオンの牙に勝る鋭さの石器や金属器をつくることができるようになった。道具の発達は、遺伝子の進化には依存しないので、進化よりはるかに早く、数万年、数千年で起きている。

いったん道具を使い始めれば、急速な道具の進化が起きる。道具を使うことによるほかの生物に対する優位性は疑いようもない。

通信手段

狩りをするうえで、あるいはほかの個体集団とニッチを争う場合には、道具とともに情報伝達が重要となる。手ぶり、声、音、のろし、伝書鳩、伝令、さまざまな手段が用いられる。道具を使うようになると、情報伝達のために太鼓やほら貝などが使われた。電子機器が利用可能となると拡声器で音波を使った手段が使われるようになる。音以外で例えば光を使った手段はネオンサインに見られる。さらにエレクトロニクス技術を獲得すると電磁波を使った手段としてラジオ、テレビ、携帯電話と多数の方法が利用されるようになった。

文明の発展によってより効率的な通信手段を発明し、それによって文明の発展が促進される。通信手段としてのエレクトロニクスと媒体としての電磁波の利用は必然と言ってよいのではないだろうか。

コラム　宇宙移住計画

太陽系の太陽の寿命は約１００億年である、すでに46億歳になっている太陽はあと50億年ほどで寿命を迎える。恒星の最後はその大きさによって異なる。太陽の場合には、超新星爆発は起こさないので安心してよい。ただし、太陽が最後を迎えると赤色巨星という巨大な星に変わる。大きくなった50億年後の太陽に地球は飲み込まれてしまう。その前に、地球の温度はどんどん上がってしまう。地球からの脱出を考えなければならない。

・地球丸ごと脱出計画

地球を丸ごと移動させる方法である。その場合の問題の第一は移動のためのエネルギーである。地球に衝突する1キロメートル程度の隕石の軌道をそらすために核爆弾を打ち込んでも簡単には軌道変更できない。地球の軌道を変えることは、現在の技術では不可能である。50億年の科学技術の進歩に賭けるしかない。次に隣の恒星に到達するまでの時間、生態系を維持する必要がある。生態系維持のために、消滅する太陽の代わりのエネルギー源をつくる必要がある。移動する何十万年かの時間エネルギー源を維持することがどのような脱出計画でも最大の課題となる。

・ノアの箱舟方式

移住した先にさまざまな生物でできた生態系をつくらなければ移住先で人類の生活が維持できないというのがその発想である。問題は、移動する数十万年間どのように、生命を維持し続けるかである。生物を冷凍して移動する方式は、数十万年間装置が動き続ける必要があるので、ありえない。冷凍装置の中で保存されている生物を維持するために時々、生き返らせて個体の修復をする必要がある。その間のエネルギーと補修のための材料を積んでいく必要がある。

・宇宙船団方式
宇宙船団を組んで移住する。ノアの箱舟方式では人間は夫婦一組かせいぜい一家族である。これでは高度に発達した人間社会の移住は不可能である。少なくとも製造業、建設業についてひととおり知識を持った社会で移動しないと移住した先で原始生活からやり直さなければならない。法律家も教育者も必要かもしれない。小さくても高度に発達した社会一式を宇宙船団に分乗して移動する。この場合にも、エネルギー源と修理のための資源を十分に同時に持っていく必要がある。

・火星への移住
地球の環境が悪化しても、短期間であれば火星は温暖化してむしろ住みやすい環境になる。一時的に火星に移住するのはよい方法かもしれない。太陽がさらに巨大化したら、木星の衛星、土星の衛星、天王星、海王星と移住していく。移住するための手段をロケットに頼るのではお金がかかりすぎる。それまでには宇宙エレベーターが実現しているはずなので、それを使うことになる。

4　進化の偶然と必然

さまざまな進化は偶然なのだろうか、必然なのだろうか。本書でもここまで何回かこの点に触

図 8-2　集積回路

抵抗やコンデンサ、トランジスターなどの個々の部品をつなぐのではなく、半導体上に光学写真技術で回路を焼き付けて作成したものを集積回路と呼ぶ。1,000万個以上の電子素子を持つものもある。

写真提供：芝浦工業大学　山口正樹 氏

れてきた。ここでは、いくつかの進化の偶然と必然を検討する。

コンピュータの誕生

複雑な情報を持つものが突然誕生することはあり得ない。今、日常的に使っているコンピュータが突然開発されることがありうるだろうか。現在の電子機器開発の歴史をさかのぼると、半導体を用いたダイオードにたどり着く。携帯ラジオはダイオードを用いて開発された。ダイオードはやがて組み合わされ、回路一体型のチップとなり、チップを用いた計算機が開発された。チップに埋め込まれる計算素子の数とその処理能力は指数関数的に増加した（図8-2）。計算チップや記憶素子の能力は数年ごとに更新され進化していった。毎回の進化は、設計とテストを繰り返すダーウィン型進化であり、それぞれのステップは必然であったと言ってよい。その必然的なステップの何回にも及ぶ繰り返しによって驚くべき性能を持つコンピュータの発明にたどり着く。驚異的といえる進化であるが、一歩一歩の必然の積み重ねで実現したと言える。

タンパク質の誕生と生命の誕生

生命が偶然に誕生することはありえない。もし、生命の誕生や進化が完全な偶然だとすると、タンパク質の一つすら誕生しえないのである。タンパク質の中でも小さいものはアミノ酸が100個、遺伝子に決められた配列で並んでいる。もしでたらめにアミノ酸を並べると20を100回掛け合わせただけの種類のアミノ酸配列がありうる。遺伝子で決められたアミノ酸はその中のたったの1種類なので、そのタンパク質が得られる確率は20を100回掛け合わせた数の中でのたった1回だけになる。これは、全宇宙の物質を使って、1秒に1回組み合わせを試したとき、宇宙時間を掛けてもそのタンパク質一つを得ることはできないことを意味している。つまり、永遠にタンパク質1個すら誕生しないことになる。

最も単純な細菌、マイコプラズマはタンパク質500個ほどでできている。500回宇宙時間を繰り返しても、マイコプラズマ1匹も誕生しない計算になる。生命はもちろん、タンパク質一つといえども偶然には誕生しえない。

この計算結果は、タンパク質がまったく異なる過程で誕生したことを示唆している。この計算結果は、「タンパク質や生命の誕生がありうる可能性をすべて試す」という方法ではなかったということを意味している。

タンパク質は、最初は一つのアミノ酸が機能して、それにアミノ酸が一つずつ追加されるという方法で誕生した。この過程ならば、毎回試すアミノ酸の種類はたかだか20種類で、それを100回繰り返すことによってタンパク質が誕生する。

タンパク質が一つ誕生すれば、そのタンパク質を少しずつ変えることで機能をだんだんと高め、最適化することができる。こうして誕生したタンパク質がいくつかできれば、すでにある複数のタンパク質をつなぎ変えることで新しい機能を持つタンパク質も誕生する。

つまり、タンパク質は突然に偶然誕生したのではなく、何回も必然的進化を繰り返す中で誕生した。

ヒトの誕生

地球の知的生命の誕生が非常にまれな出来事であるというときに行われる議論の一つに、さまざまな出来事がしかるべきときに起きる必要があるという議論がある。ヒトの誕生に至る生命の進化、文明の誕生、歴史的出来事が、とてもまれな偶然であるという議論である。例えば、地球では全球凍結が起きて、それが溶けるときにちょうど酸素濃度が上昇して、うまい具合に真核生物細胞の誕生、多細胞生物化が起きている。また、古生代の末期に大量絶滅が起きて、中生代の爬虫類の時代へ移行し、中生代の末期に隕石が衝突したゆえに哺乳類の時代を迎えることができた。したがって、ちょうどよい大きさの隕石がちょうどよいときに衝突しなければ、哺乳類は誕生しなかったであろうという議論である。

しかし、これはある偶然によって起きた出来事とそれがいつ起きるかということの偶然性を混同している議論に思える。同じような出来事が、2億年早く起きていれば、人類は2億年早く誕生していたかもしれない。同じような出来事が、5億年遅く起きていれば、人類の誕生は5億年遅くなったかもしれないが、やはり人類は誕生したのではないだろうか。

ちょうどよい大きさの隕石でなく、もっと大きな隕石であったら、哺乳類ではなく海の中に棲む生物、魚類からやり直しだったかもしれない。しかし、哺乳類でなくてもほかの動物から知的生命が誕生したのではないだろうか。

さて、このように見てくると、同じような出来事がどれほど頻繁に起きたのかを知ることは非常に重要である。細胞内共生にせよ、多細胞化にせよ、言語の発明にせよ、複数回起きている事象であれば、必然的に起きる可能性が高い。例えば、細胞内共生であれば今のミトコンドリアとなった細胞とは違う細菌の細胞内共生かもしれないが、やはり共生は起きたのではないだろうか。

コラム　ダイソン球

ダイソン球というのは、フリーマン・ダイソンという物理学者が予測した知的文明の住む惑星の究極的すがたのことである。

生命の進化、人類の誕生と進化、文明の発達と進化を考えると、その中でエネルギー使用量が指数関数的に増加してきたことが知られている。人類の最初のエネルギー源は植物に由来する薪であった。その後、化石燃料（石炭、石油、天然ガス）を利用するに至っている。これらの化石燃料はやがて枯渇する。文明はさらに大量にあるエネルギー源に頼ることになる。それは、核分裂、核融合と太陽光である。しかし、ここまでエネルギー使用量が増加すると、エネルギーそのものではなく、エネルギー消費に基づく地球の温度上昇が深刻な問題となる。

地球の温度を下げるための方法は一つしかない。それは、宇宙空間に放熱するという方法である。実際、いま宇宙空間を移動する国際宇宙ステーションは太陽電池をエネルギー源としているが、内部の温度を低く保つために巨大な太陽電池に匹敵する大きさの放熱板を備えている。

太陽光と核エネルギーを大量に使うようになると、地球を冷やすために地球全体を放熱板で覆うようになるはずだというのがダイソン球という予測である。放熱板からは赤外線が大量に放射しているはずである。これが、ダイソンの予測した文明惑星の究極のすがたである。赤外線を全球から放射している惑星を探査すれば、高度に発達した文明を持つ惑星を探査することができる。

5　なぜ宇宙なのか

宇宙に多数の惑星が発見されたことは、我々の意識を変えた。太陽系だけでなく、たくさんの恒星に惑星があり、海がある可能性のある惑星も複数見つかっている。その中に、生命が誕生した惑星があってもおかしくない。

知的生命が誕生している可能性も、銀河系全体を見るならばないとは言えない。また、その存在を探査することが地球人類の未来予測にもつながっている。

生命の起源、進化、伝播および未来

NASAがアストロバイオロジー研究分野を「生命の起源、進化、伝播および未来」であると定義した。筆者の印象は、いくつかあった。「あ、これは私の研究そのものだ」、「面白い研究はすべて取り込んでいる」、「だけど、未来が科学研究になるのか」。この最後の「未来への研究」が、アストロバイオロジー究極の目的であると今は思っている。

未来そのものは、今もまだ研究対象にはなりえないが、未来の解明を目指すのが現在および過去を研究することの意味であろう。温故知新。過去を知ることで未来を知ることができる。

過去を知り、そこで起きた出来事、そこで起きた生命史を解読して、その法則を知ることから、未来予測の手立てが得られる予感がある。天気予報と同じ精度での予測はもちろん無理であるが、どの方向へ人類が進化するかがわかるだけで、我々のしなければならないこと、してはならないことがよりよくわかることになる。

宇宙で生命は我々だけか

中でも、地球外の生命が発見されれば、我々の生命に対する知識を増やし、生命史に対する理解を飛躍的に深める道を開く。生命の誕生は必然なのか、偶然の奇跡なのか、生命はどこでも有機物でできているのか、アミノ酸を使っているか、DNAを使っているか。現在は、地球生命の知識でしか考えられない単なる推測に対して、多くの答えが得られることになる。

NASAの主催したシンポジウムでNASAの複数の幹部は、「今から30年程度の間にはどこかで地球外生命が発見されるのではないか」という予測を発言した。具体的にどこでどのようにということの発言はないが、今そういう予感を発言してもよい時期に来ているということであろう。

知的生命が今後30年の間見つかるとは思っていないが、単純な生物であっても発見されるならば、さまざまな知見が増えることになる。現在はまだ多数の不確定な予測のうえに成り立っているドレイクの方程式の答えが、その発見によってずっと正確に予測可能になる。

なぜ宇宙に行く

ある著名な登山家にジャーナリストが質問した。「あなたはなぜ山に登るのですか」。登山家の答えは「そこに山があるからさ」であった。我々が宇宙にいく理由も「宇宙に行けるようになったから」かもしれない。

もし、古生代の両生類に、「あなたはなぜ陸に上がったのか」と聞くならば、「陸があるから」とやはり答えるかもしれない（言葉はしゃべれないだろうが）。この点で、ダーウィンの進化は「多数の子孫を産み」「最適者が生存する」ということしか言っていない。しかし、これは生存可能な場所があれば、「生命はそこで適応し、生存する」ということを意味している。

20世紀の後半に、人類は宇宙への出発を開始した。同時に、南極での滞在を行い、徹底的な南極大陸の調査研究を行った。21世紀はまだ始まったばかりであるが、国際宇宙ステーションを用いた宇宙への滞在を開始している。さらに月、火星での滞在と調査研究を目指した計画が始まっている。

「なぜ、人類は宇宙へ行くのか」という問いに「人類が宇宙に行けるようになったから」と答えるのは、はぐらかし過ぎだろうか。

コロンブスは新大陸を発見し、マゼランは世界1周を果たした。最初の冒険は、香辛料を探すための旅であった。香辛料は発見できなかったが、新しい農作物と銀がヨーロッパにもたらされた。トウモロコシ、トウガラシ、トマト、今では世界に広がった食物も新大陸からもたらされた。この時代は大航海時代と呼ばれている。

その後、オーストラリアは犯罪者の流刑地、北アメリカは新教徒の移住先、南アメリカはラテン系諸国の移住先となった。

宇宙での調査と探険が終了すると、経済資源と移住先を求める移動が始まるのかもしれない。それは何十年先か何百年先かはわからないが、2000年代は宇宙に向けた大航海時代の幕開けであった、と数百年後の歴史家が書くようになるかもしれない。

索　引

■か行

■た行

■な行

参考文献

本書を読まれて、より詳しい情報を知りたい場合にはすでによい解説書が出ている。また、本書の執筆でもそれらの文献を参考にした場所が多々ある。ここではこうした比較的手に入りやすい文献を紹介する。

・和文

石川憲二 『宇宙エレベーター　宇宙旅行を可能にする新技術』 オーム社(2010)

石川統ほか 訳 『ウォーレス生物学』 東京化学同人 (1991)

石川統、山岸明彦、河野重行、渡辺雄一郎、大島泰郎 『シリーズ進化学３ 化学進化・細胞進化』 岩波書店 (2004)

井上薫『生命の起源を探る』 東京大学出版会 (2010)

海部宣男、星元紀、丸山茂徳 編 『宇宙生命論』 東京大学出版会 (2015)

佐藤勝彦 『ますます眠れなくなる宇宙の話』 宝島社 (2011)

鈴木孝仁 監修、数研出版編集部『改訂版　フォトサイエンス生物図録』数研出版 (2007)

田村元秀 『第二の地球を探せ』 光文社 (2015)

中村桂子、松原謙一 監訳 『細胞の分子生物学 第５版』ニュートンプレス (2010)

長谷川真理子、星元紀 『宇宙生命論』 東京大学出版会 (2015)

山岸明彦 編 『アストロバイオロジー』 化学同人 (2013)

・英文

Cowen, R. "History of Life Second edition" Blackwell Scientific Publication, (1995)

Darwin, C. "On the Origin of Species, first edition" (1859)

Deamer, D. W. and Pashley, R. M., "Amphiphilic components of the murchison carbonaceous chondrite: Surface properties and membrane formation" *Orig. Life Evol. Biosph*. **19**, 21-33 (1989)

Freemann J. Dyson "Search for Artificial Stellar Sources of Infra-Red Radiation". *Science* **131**, 1667-1668 (1960).

Harrison, T. M. *et al*., "Heterogeneous hadean hafnium: evidence of continental crust at 4.4 to 4.5 Ga" *Science*, **310**, 1947-1950 (2005)

Koshland, D. E. Jr. "The seven pillars of life" *Science*, **295**, 2215-2216 (2002)

Martin, W. and Russell, M. J., "On the origins of cells: a hypothesis for the evolutionary transitions from abiotic geochemistry to chemoautotrophic prokaryotes, and from prokaryotes to nucleated cells" *Phil. Trans. R. Soc. Lond.* **1429**, 59-85 (2003)

Miller, S. J. and Orgel, L. E., "The Origins of Life on Earth", Printice-Hall (1974)

Mojzsis, S. J., *et al.*, "Evidence for life on Earth before 3,800 million years ago" *Nature*, **384**, 55-59 (1996)

Mulkidjanian, A. Y., *et al.* "Origin of first cells at terrestrial, anoxic geothermal fields" *Proc. Natl. Acad. Sci. U.S.A.*, **109**, E821-E830.

Pizzarello, S. "The chemistry that preceded life's origin: A study guide from meteorites" *Chem. Biodiv.* **4**, 680-693 (2007)

Powner, M. W. *et al.* "Synthesis of activated pyrimidine ribonucleotides in prebiotically plausible conditions" *Nature*, **459**, 239-242 (2009)

Rajamani, S., *et al.* "Lipid-assisted synthesis of RNA-like polymers from mononucleotides" *Origin Life Evol. Biosph.*, **38**, 57-74 (2008)

Sepkoski, J. J. Jr. "A Compendium of fossil marine animal genera" *Bull. Am. paleontol.*, **363** (2002)

【著者紹介】

山岸明彦（やまぎし・あきひこ）

1953年、福井県生まれ。東京薬科大学生命科学部応用生命科学科教授。理学博士。1975年、東京大学教養学部基礎科学科卒業。1981年、東京大学大学院理学系研究科博士課程修了。カリフォルニア大学バークレー校、カーネギー研究所植物生理学部門の博士研究員などを経て、現職。主な研究テーマは、「生命の初期進化とタンパク質工学」。編著に『アストロバイオロジー』(化学同人)、『生命はいつ、どこで、どのように生まれたのか』（集英社インターナショナル）などがある。

アストロバイオロジー　地球外生命の可能性

平成28年2月29日　発　行

著　者　山　岸　明　彦

発行者　池　田　和　博

発行所　丸善出版株式会社

〒101-0051 東京都千代田区神田神保町二丁目17番
編集：電話(03)3512-3265／FAX(03)3512-3272
営業：電話(03)3512-3256／FAX(03)3512-3270
http://pub.maruzen.co.jp/

© Akihiko Yamagishi, 2016

組版印刷・中央印刷株式会社／製本・株式会社 松岳社

ISBN 978-4-621-30000-8 C 0044　Printed in Japan

JCOPY〈(社)出版者著作権管理機構 委託出版物〉
本書の無断複写は著作権法上での例外を除き禁じられています．複写される場合は，そのつど事前に，(社)出版者著作権管理機構(電話03-3513-6969，FAX 03-3513-6979，e-mail：info@jcopy.or.jp)の許諾を得てください．